건설인을 위한
영문서류 작성법

김 종 환

기문당

서 문

21세기에 살고 있는 우리는 국경을 넘나드는 개방시대에 살고 있습니다.

해외건설 및 엔지니어링 업계로 진출하고자 하는 공학도 및 업계에 종사하고 있는 건설인을 위하여 각종 영문 서한 및 계약서, 건설업계에서 국제적으로 사용되고 있는 각종 입찰관련 서류 작성 등에 있어서 조금이라도 도움을 주고자하는 차원에서 본 서를 저술하기로 하였습니다.

치열한 국가 간의 경쟁에서 승리하기 위하여 기술력을 배양하고 또한 프로젝트 관리능력을 함양하기 위하여 부단히 학습하여야 합니다.

저자가 중동, 유럽 등지에 주재하면서 또한 세계적인 미국의 엔지니어링회사와 합작회사를 설립하면서 실무적으로 경험한 것을 바탕으로 한 것을 예문으로 많이 사용하였습니다.

"연습이 대가를 만든다." 는 경구를 생각하면서 여러분들의 끈기 있는 학습을 기대합니다.

2009. 6.

김 종환

차례

Chapter 1 엔지니어링 작문 지침

본 장에서는 서류를 효율적으로 작성하고 도움이 되는 문서를 작성하기 위한 지침을 제시한다.

1. 목적을 분명히 한다.

글을 쓰기 전에 독자와의 정확한 의사 소통을 원하는 것에 대한 아이디어를 가지고 있어야 한다. 자신의 마음속에 목적이 분명히 정의되어 있지 않으면 독자가 분명한 메시지를 얻는 것을 기대할 수 없다.

따라서 목적 진술문을 작성해 보기로 한다.

The purpose of this letter is to :

____

____

(State purpose for writing)

so that __________________________________

(Intended readers)

will ____________________________________

____

(State action reader should take)

예문 1 : The purpose of this letter is to get quotations for the subcontract works of Baghdad–Abu Ghraib Road Project so that subcontractors will submit their best competitive quotations within the designated date.

예문 2 : The purpose of this letter is to get an approval of a Method Statement for the Bored Pile Works so that the Resident Engineer will study the contents and issue a letter of approval as soon as possible.

대부분의 기술적 작문의 목적은 정보를 제공하거나 또는 상대방으로 하여금 특정한 방법 안에서 행동 또는 생각하도록 설득하는 것이다.

N. B. 문서작성의 목적

가. 통지 : 독자의 반응을 기대하지 않고 정보를 제공한다.

나. 신청 : 허가, 정보, 승인, 도움 또는 재원을 획득하기 위하여 신청한다.

다. 지침, 지시, 절차 등의 형태로 정보를 제공하기 위하여 지시한다. 따라서 독자가 행동하도록 한다.

라. 제안 : 행동계획을 제안 또는 제안서 요청에 답변하기 위하여 제안한다.

마. 권고 : 대체 안에 근거하여 조치 또는 일련의 조치를 제안하기 위하여 권고한다.

바. 설득 : 독자의 행동 또는 태도를 변화시키기 위하여 합당한 의견과 증거에 근거하여 독자를 설득한다.

사. 기록 : 연구, 시행, 시험, 변경 또는 수리가 어떻게 실시되었는가를 기록하기 위하여 문서를 작성한다.

2. 독자를 분석한다.

기술적인 작문 시에 필자들은 읽는 사람들에 관하여 부정확한 가정을 하기 때문에 실패하는 경우가 많다.

작품을 읽는 독자들의 요구, 흥미, 전문적 수준 또는 가능한 반응을 고려할 충분한 시간을 갖지 못한 채 글을 쓰는 경우가 많다.

이것은 공손함, 사려 깊음, 민감함에 관한 문제가 아니다. 목적은 독자에게 문서를 통하여 분명한 메시지를 전하는 것을 기획하고, 작문하고, 개정함에 있어서 독자의 능력 및 기대수준을 고려해야 한다.

엔지니어로서 다양한 계층의 사람들, 즉 바로 회사 내에 가까이 있는 그룹 또는 회사 내 멀리 있는 그룹이나 회사 밖에 있는 그룹에 글을 쓸 수 있다. 때때로 전문적 · 기술적 동료 또는 상급자나 하급자에게 글을 쓸 수도 있다. 누구에게 글을 쓰던지 일종의 조치 또는 허가, 이해, 의견의 변경을 기대하기 때문에 글을 쓰는 것이다.

이러한 결과를 얻기 위하여 의사소통은 필자와 목표 청중 사이에 틈을 연결해야만 한다. 업계에서 이러한 틈은 지식, 능력 또는 이해에 있어서 다양성이 원인이 될 수 있다. 다음의 세 가지는 중복될 수도 있지만 글을 쓰기 전에 어디에 서 있는가를 결정하기 위하여 청중이 누구인가를 식별하고 스스로에게 이러한 사항을 질문한다.

지식

- 나의 독자는 기술적 정보를 구하고 있는 나의 전공 분야의 기술자인가?
- 그들은 일반적인 기술적 배경을 필요로 하는 다른 분야의 엔지니어들인가?
- 그들은 나의 전공 분야에 지식을 적게 가지고 있지만 내가 작성한 것에 기초하여 행정적 결정을 할 필요가 있는 관리자 또는 감독자인가?
- 그들은 나의 전문성과 훈련을 가지고 있지 않지만 해당 분야에 강한 실무적 지식을 가지고 있는 기능인인가?
- 그들은 마케팅, 영업, 재무 또는 기타 분야의 엔지니어링 및 기술적 배경이 부족한 그러나 주제에 대하여 흥미를 가지고 있는 비전문가들인가?
- 그들은 전문가와 일반인으로 구성된 심사원 또는 위원회 같은 혼합된 집단인가?

능력

- 나의 청중이 사용할 수 있는 수준에 관한 기술적 정보를 소통하고 있는가?
- 적절한 어휘, 사례, 정의 및 상세사항을 사용하고 있는가?
- 내가 합리적으로 기대할 수 있는 것보다 더 많은 전문성, 스킬 또는 조치를 기대하고 있는가?

이해

- 나의 청중은 왜 이 문서를 읽는데 시간을 할애하기를 원하는가?
- 나의 문서는 나의 청중을 잃어버리지 않고 또는 그들을 싫증나게 하지 않고 청중의 흥미를 유지하기 위한 적절한 수준의 상세내역과 기술을 제공하는가?
- 그들의 태도는? 적극적, 중립적 또는 소극적일까?
- 나의 문서는 그들이 원하는 정보를 그들에게 제공할 것인가?

분명한 메시지를 전달하기 위하여 청중을 평가해야만 한다. 누구에 대하여 글을 쓰고 있는가를 알 필요가 있고 그들의 기술적 지식, 기대 및 주제에 대한 태도에 대하여 분명한 아이디어를 가질 필요가 있다.

3. 문서규격을 충족시킨다.

문서를 작성하기 전에 문서가 충족시켜야만 하는 규격을 알아야 한다. 대부분의 청중들은 그들이 수취할 문서가 특정 제한 범위 안에 있기를 기대한다. 만약 경영자가 간단한 메모를 요구할 때, 장문의 상세한 내용을 문서로 작성 · 제시함으로써 필요 이상의 시간소요로 업무에 방해를 받으면 거부감을 나타낼 수도 있다.

10쪽 이내의 제안서 제출을 요구하는 제안요청서에 회신할 때, 요구사항보다 2배나 되는 분량을 제출한다면 제안서는 경쟁입찰에서 제외될 것이다.

문서에도 다양한 규칙이 있다. 그와 같은 규격은 보고서에서 특정한 주제, 예를 들면 시험상의 문제, 환경영향, 결정사항, 예산 등을 다루는 섹션을 제공하기를 필자에게 요구한다. 엔지니어링 전문지의 편집자가 단어의 수뿐만 아니라 기술적 문서에 포함시킬 수 있는 그래픽의 개수도 제한할 수 있다. 대부분의 보고서는 길이뿐만 아니라 부제목, 공간 및 마진 폭과 같은 것에 대한 요구조건이 있다.

정부기관에서는 그들이 수취하는 제안서가 특정한 형식으로 작성되어야 하고 글자 모양, 문서의 매 줄마다 허용되는 글자 수도 제한하도록 요구한다.

필자가 문서를 작성하기 전에 요구사항을 정확히 파악하는 것이 시간낭비를 예방하고, 문서가 성공할 수 있는 기회를 제공하는 것이다.

4. 요점을 분명히 한다.

문서, 서한 및 보고서를 읽는 사람은 바쁜 상황일 가능성이 있다. 처음부터 끝까지 다 읽을 수 있는 여유를 가지고 있는 엔지니어는 없다. 문장이 직설적일 필요가 있고, 문서의 서두에 중요한 정보를 가지고 있을 필요가 있다. 즉 일반적인 사항으로부터 구체적인 것으로 이동하는 것이다.

독자는 그들이 상세 사항을 읽기 전에 주요점, 불평, 요청, 결론 또는 추천사항을 알고 있을 것이다. 독자들이 알아야 할 필요가 있는 것을 어느 부분에서 말해야 하는지는 문서의 종류에 따라 좌우된다. 서한에서는 시작하는 문장 속에 주요 내용이 있고 메모에서는 전반적인 주제에 대하여 막연한 참조를 언급하기 보다는 제목을 구체적으로 기술해야 한다.

장문의 보고서에서는 독자에게 발견, 결론, 권고, 결과 또는 중요한 정보가 무엇이든지 간에 요약에 의하여 정보를 알리는 타이틀을 통해서 재빨리 분명해져야 한다. 어떠한 종류의 문서를 작성하든지 간에 먼저 독자의 목적을 결정하고, 그 다음에 독자가 가장 효율적으로 접근할 수 있는 곳에 그들이 필요로 하는 정보를 제시한다.

즉 중간이나 마지막 부분에 있는 것보다 서류의 서두에 제시한다.

5. 정확한 정보를 제공한다.

잘 작성된 작문도 전달하는 정보에 오류가 있을 때는 쓸모없게 된다. 타인의 작품에 대한 부정확한 참조는 독자로 하여금 필자의 전체 보고서에 대한 신뢰성을 의심하게 하는 원인이 된다. 또한 필자로서의 정직성도 의심하게 한다. 일련의 지시서 또는 절차에서 부정확한 지침은 절망적이고 최악의 경우에는 재해가 된다. 또한 사실과 의견 사이에 큰 차이점이 있다.

사실은 타인에 의하여 입증될 수 있는 외면적 실체에 대하여 의존할 수 있는 진술이다. 의견은 타인에 의하여 증명될 수 없는 감정이나 인상을 표현한다. 의견이 사실로 진술될 때에는 위험이 따른다.

6. 자료를 논리적으로 제시한다.

문서의 필수적 메시지에 접근하는 것이 쉬워야 할 뿐만 아니라 모든 정보가 올바른 곳에 있어야 한다. 이것은 필자가 자료를 잘 편성하여야 한다는 것을 의미한다. 그래서 각각의 아이디어, 요점 및 섹션이 분명하고 논리적으로 적절한 전반적인 패턴 안에 배치되어야 한다.

문서를 작성하기 전에 항상 생각하고 독자를 염두에 두어야 한다. 만약에 그들이 프로젝트에서 필자가 무슨 진척을 했는가? 여행에서 무엇을 배웠는가? 또는 이행하는 방법을 알기를 원한다면 분명히 그들은 자료가 연대순으로 되기를 기대한다.

만약에 그들이 장비나 시설물의 배치에 대한 기술을 기대하고 있다면, 그들은 논리적으로 하나의 물리적 포인트로부터 다른 포인트로 이동하는 기술이 제공되어야 한다.

한편, 원가절감에 대한 5가지 방법 또는 프로젝트가 취소되어야 하는 6가지 이유와 같이 여러 요점을 가지고 있으면, 그 문제점을 가장 중요한 것으로부터 중요하지 않은 순서로 제시한다. 또는 정반대로 제시한다.

아마도 교안 또는 교재를 집필할 때, 친숙한 것으로부터 친숙하지 않은 순서로 또는 어려운 것부터 쉬운 것 순서로 제시한다. 공장에서 보다 엄격한 안전규칙이 필요함을 진술하고 현재의 불안전한 관행의 사례를 제시하는 메모를 작성할 때 일반적인 사항으로부터 특정한 사항으로 제시한다.

7. 자신을 분명히 표현한다.

엔지니어링은 정밀한 직종으로 간주된다. 비록 실제로 언제나 정밀하기를 원하는 만큼 정밀하지 않다는 것을 대부분의 엔지니어가 인정하지만 예를 들면, 기계부품은 특정한 정도의 변동 또는 오차가 기술된 범위 내에서 허용된다.

기술적 작문을 함에 있어서 자신을 표현하는 방법에 약간의 선택이 있다. 동일한 것을 3~4가지 방법으로 말할 수 있다. 그러나 절대적으로 고려해야 할 점은 분명하게 말해야 하는 것과 요점을 말하는 것이다.

필자가 작성한 것을 파악하기 위하여 독자가 필요 이상으로 힘들게 하도록 강요하지 않아야 한다. 문장은 해석과 오해의 여지 없이 하나의 의미를 전달해야 한다. 기술적 작문은 소설과 시와 다르게 표현해야 한다.

피해야 할 점은 다음과 같다.

– 모호성

모호성은 주로 문장 안에서 한 가지 이상의 지시를 가리키기 위하여 "그들" 및 "그것"과를 언급할 수 있는 짧게 기술하는 구(descriptive phrase)를 사용함으로써 발생하고, 같은 단어를 사용함으로써 발생한다. 또 문장의 둘 또는 그 이상의 부분에서 나타난다.

예) 애매한 표현 : Before accepting materials from the new suppliers, we should make sure they meet our requirements.

분명한 표현 : We should make sure the materials from the new suppliers meet our requirements before we accept them.

– 막연함

모호함은 작문에 있어서 독자로 하여금 하나 이상의 의미를 보도록 하게 하지만, 막연함은 의미를 전혀 알 수 없게 한다. "이 약을 몇 개씩 자주 복용하시오." 라고 의사가 귀하에게 말한다면 어떻게 합니까? 귀하는 의사가 사실이나 정확한 숫자를 제공하기를 원할 것이다. 구체적인 내용이 부족한 설명서 또는 지시서는 혼란스럽고 초점이 없다. 유용한 자료라기보다 개인의 의견에 가깝다.

추상적인 단어가 내재된 것이 잘못은 아니지만 효과적인 기술 작문이 필요로 하는 정밀성을 제공하지는 못한다.

예를 들면, "pretty soon, substantial amount, corrective action" 과 같은 추상적인 단어와 구를 사용하지 말고, 대신에 정확한 의미를 지닌 "3일 이내에, 미화 9,567.00, 고도계를 교체하시오." 와 같은 구체적인 것을 사용한다.

– 응집

작문에 있어서 응집은 문단 또는 완전한 문서가 진정한 주제에 초점을 둔 채 잘 연결되는가를 의미한다. 응집된 문단에서 모든 문장은 그들이 있는 곳에 분명히 속해야 한다. 왜냐하면 문단의 주제를 말하고 논리적으로 서로 간에 연결되기 때문이다.

완전한 보고서에 있어서 응집은 보고서가 제목 및 부제목 같은 분명한 전이를 사용하여 문단과 장을 통해 독자를 얼마나 잘 이해하도록 작성되었는지를 의미한다. 그리고 모든 섹션이 보고서의 주제에 초점이 맞춰져 있고, 지원하는가를 의미한다. 문단에서 각 문장이 분명히 그 앞이나 뒤에 오는 것과 관계있는지를 확인함으로써 응집의 효과를 얻을 수 있다.

– 직설법

작문에 있어서 가능한 한 직설법이 독자들로 하여금 요점을 재빨리 파악하게 한다. 메시지의 가장 중요한 부분은 문장과 문단의 서두에 나와야 한다.

8. 효율적인 어휘를 사용한다.

피고용자가 한 쪽의 정보를 작성하는데 비용이 얼마나 드는가에 대한 다양한 의견이 있지만 20,000원에서 25,000원 정도 소요된다. 모든 사람이 서한 작성, 메모, 보고서, 매뉴얼, 제안서 및 셀 수 없는 산업용 문서를 작성하려 할 때, 원가가 얼마나 많이 상승할 것인가를 알 수 있다.

대부분의 사람들은 정확한 산문을 작성함에 있어서 훈련이 되어 있지 않다. 작문을 다듬고, 편집 기술이 시간을 절약할 뿐만 아니라 경비를 절약할 수 있음도 평가할 수 있다. 대부분의 사람들이 말이 많기 때문에 작업을 주의 깊게 편집함으로써 독자들이 시간을 소모하는 작업을 감소하거나 제거할 수 있다.

– 말 많기

직설적인 단어 대신에 불필요하게 주제 넘는 단어를 사용하는 것은 독자로 하여금 속도를 떨어뜨리게 한다. 가능하면 가장 간단하고 평범한 단어를 선택한다.

독자는 의미전달에 불필요한 어휘 자체에 주의를 요하는 단어에 의하여 산란해질 수 있거나 혼동을 느낄 수 있다. 독자가 영어권 원어민이 아니라면 함정이 생길 가능성이 크다. 인상을 주기 보다는 의사소통을 위하여 글을 작성해야 한다.

겉치레 단어보다는 평범하고 효율적인 단어를 사용한다.

예 :

겉치레적인 단어	평범한 단어
commence	start
employ	use
fabricate	make
finalize	end
initiate	begin
proceed	go
terminate	end

엔지니어링업계에서 자주 사용되는 군더더기가 많은 말과 효율적인 단어를 살펴보기로 하자.

예 : 군더더기 말	효율적인 말
a large number of	many
at this point in time	now
in the event of	if
in some cases	sometimes
in the field of	in
in view of the fact that	because
subsequent to	after
the reason why is that	because

– 동사를 명사로 변환하기

행동을 나타내는 동사를 행동의 명칭인 명사로 교체하는 것이 불행하게도 대부분의 엔지니어링 작문에 있어서 일반적이다. 이것은 능동태보다는 수동태로 글쓰기를 원하는 결과이다. 다음의 두 문장을 살펴보기로 한다.

An analysis of the data will be made when all the results are in.
We will analyze the data when all the results are in.

An investigation of all possible sources of noise was undertaken.
All possible noise sources were investigated

어느 문장이 짧고 보다 더 자연스러운 것인가를 파악하는 것은 쉽다. 문장에서 동사를 취하여(analyze, investigate) 그것을 명사화하면(analysis, investigation) 의미를 전달하기 위하여 일반적으로 보다 약한 동사를 첨가해야 한다.
그래서 "selected" 대신에 "made a selection of" 또는 "Services can be procured by" 대신에 "Procurement of services can be accomplished by"로 쓰게 된다. 이와 같이 많은 동사가 명사로 변경될 때에 "of"가 따른다.

9. 아이디어를 접근 가능하게 한다.

단어를 읽지 않고도 문서의 모든 페이지를 볼 수 있고, 얼마나 좋은 아이디어가 제시되었는가를 알 수 있다. 이러한 인상은 자료의 구조로부터 나온다. 특별히 자료가 독자를 위하여 접근 가능한 덩어리로 잘 배치되었는가에서 나온다.

가장 중요한 두 가지 요소는 자료를 순서를 가진 부제목을 가지고 섹션 및 서브 섹션으로 분할하는 것과 문단의 길이이다.

– 서열 부제목

짧은 엔지니어링 문서에서조차 헤딩시스템은 자료를 분명히 편집함에 있어서 또한 문서의 각 섹션에 무엇이 들어 있는가를 독자가 알기 위해서도 필수적이다.

제목과 부제목은 독자가 헤매지 않고 보고서를 독파하는 것을 도와주는 간판이라고 할 수 있다. 또한 제목과 부제목은 귀하의 자료와 연대적 관계를 나타내고 독자로 하여금 귀하의 작품 안에서 다양한 상세사항의 수준 및 중요성을 이해하는 것을 가능하게 한다.

◆ 보편적인 형식(문자를 이용한 양식)

• FIRST-LEVEL HEADING

대문자로 쓰고 페이지의 왼쪽 여백에 맞춘다. 제목을 뚜렷하게 하기 위하여 글자는 볼드체를 사용하고 위/아래의 작성 자료로부터 한 스페이스를 띄운다.

• Second-Level Heading

각각의 주요 단어 첫 번째 문자를 대문자로 쓴다. 왼쪽 여백에 맞추고 한 스페이스를 띄운다. 그리고 글자는 볼드체를 사용한다. 볼드체가 없는 경우에는 헤딩(heading)에 밑줄을 그을 수 있다. 볼드체와 밑줄 긋기를 동시에 사용하지는 않는다.

• *Third-level headings*

서드 레벨 부제목은 왼쪽 여백으로부터 몇 칸 들여 쓰고, 원문이 부제목과 동일한 선상에 오도록 한다. 첫 글자만 대문자로 쓰고, 볼드체나 이탤릭체를 사용할 수도 있다.

– 번호를 붙인 부제목

때때로 번호를 부여하도록 요구받거나 또는 10진법 시스템을 헤딩에 첨가하도록 요구받는다. 실제로 많은 회사와 공급자들이 그와 같은 번호 붙이기를 요구한다. 번호체계가 독자로 하여금 긴 보고서 부분을 참조하는 것을 쉽게 해 준다.

예 : FIRST LEVEL 1.0 QUALITY ASSURANCE PROVISIONS
Second level 1.1 Contractor's Responsibility
Third level 1.1.1 Component and material inspection
Fourth level 1.1.2.1 Laminated material certification

– 문단 길이(Paragraph Length)

기술 분야에 있어서 어려운 자료의 원문을 통째로 읽기를 원하지는 않는다. 분주한 관리자들은 가능한 한 쉽게 소화할 수 있는 조각으로 귀하의 정보를 흡수하기를 원한다. 한 쪽의 빽빽한 원문은 단순히 사기를 저하시키므로 독자에게는 오히려 성가시게 느껴지기도 한다. 독자가 필요로 하는 기술 정보를 원할 때, 그리고 그것을 장문의 덩어리로 제시할 때, 그들에게 정신적인 소화불량을 일으킨다.
그리고 그들이 저자가 제시한 요점을 빨리 발견하고 저자가 제시한 자료(data)를 쉽게 찾기를 원한다면, 또 독자가 긴 문단을 직접 읽으면서 원하는 것을 찾으려 한다면 매우 비효율적일 것이다. 따라서 기술적 작문의 문단은 12줄 이하로 한다.
가능하다면 더 짧게 유지한다. 간혹 12줄을 넘어갈 수도 있지만 자주 넘어가지 않도록 노력하고, 긴 문단을 찾아내서 그것을 두 개로 분리해 본다. 그렇게 할 때 변환되는 단어 또는 구(phrase)를 첨가해야 한다는 것을 염두에 두어야 한다.

10. 일부 정보에 대하여 리스트를 사용한다.

잘 정리된 리스트는 때때로 정보를 소통하는 가장 효율적인 방법이다. 만약에 절차상 단계를 제시하거나 구매할 자재, 생각해야 할 아이템, 결정을 위한 이유 또는 구매할 식품을 제시할 때, 목록이 가장 좋은 방법이 될 수 있다. 왜냐하면 독자는 산문보다는 목록으로부터 정보를 쉽게 얻을 수 있기 때문이다.

세 가지 타입의 목록이 있다.

- **번호체계 리스트** : 특정한 순서를 가리킬 때, 자료의 중요한 순서를 가리킬 때, 우선순위를 가리킬 때 사용한다.
- **체크 리스트** : 리스트상의 특별히 제시된 순서 안에서 모든 항목이 고려되어야 하는 부문을 가리킬 때 사용한다. 체크 리스트가 10개 이상 길어지면 그것을 세분하고, 각각의 섹션에 부제목을 붙인다.
- **탄환표시 리스트** : 목록에 있는 아이템이 특정한 순서가 있지 않을 때 통상적으로 사용한다.

◆ 구두점 및 병행

목록 내에 도입부가 동사로 끝나면 콜론(colon)이 불필요하다.

예 : The five priorities we established are ----

동사(are) 다음에 콜론이 필요하지 않다. 왜냐하면 논리적 및 문법적으로 진술을 완성하기 위하여 목록이 필요하기 때문이다.

목록 안에서 완전한 문장이거나 내부적인 구두점을 가지고 있으면, 각각을 마침표로 종료해야 한다. 각각의 목록이 완전한 문장이 아니라면 첫 번째 목록을 대문자로 쓰는 것은 필자에게 달려 있다. 어떤 형태의 구두점과 대문자를 사용하든지간에 일관성이 있어야 한다.

목록을 작성할 때 관심사는 들어가는 항목 사이에 문법적 병행을 유지해야 한다. 어떤 항목이 동사로 시작하면 모든 다른 항목도 동사로 시작해야 하고, 명사로 시작하면 나머지도 명사로 시작해야 한다.

11. 페이지를 조심스럽게 작성한다.

정보를 나누고, 문단의 길이를 정하는 것 이외에도 다른 요인이 독자들에게 긍정적 또는 부정적 영향을 끼칠 수 있다. 사람들은 시각적으로 접근할 수 있고 보기에 좋은 인쇄물을 선호한다. 이러한 선호도를 맞추지 못한다면 심리적으로 불만족스러움이 생길 수 있다.

다음과 같은 요점에 주의를 기울인다면 심리적인 불만족을 예방할 수 있다.

– 여백(margin)

페이지가 과적되어 보이지 않도록 충분한 여백을 남겨 둔다.

표준 여백은 문서 사방에 2.54cm의 여백을 주는 것이다. 그러나 필요시 초과되거나 적게 할 수도 있다. 모든 쪽에 여백이 일치하는가를 확인해야 한다. 가능하다면 원문의 행을 오른쪽 여백에 정렬시키기보다는 왼쪽 정렬로 한다면 읽기가 훨씬 쉽다. 보고서가 책처럼 제본해야 할 만큼 중요하다면, 제본을 수용할 수 있는 충분한 왼쪽 여백이 필요할 것이다. 첫 번째 단어 또는 각 행의 첫 번째를 읽을 수 있는가를 확인한다.

– 활자체(Typeface)

글자체는 각각의 글자 및 문자의 스타일이다. Serif(가는 장식선이 있는 활자) 및 Sans(Without) serif(가는 장식선이 없는 활자)가 일반적인 활자체이다.

책, 잡지 및 신문은 원문에 일반적으로 Serif활자를 사용한다. 그래서 대부분의 사람들이 보기에 익숙한 것이다. 장식이 없는 활자체는 제목과 부제목에 효과적일 수 있다. 그러나 Serif활자가 많은 양의 원문을 읽게 한다. 표준 글자체는 10호에서 12호까지이다. 특별한 표제, 제목, 경고문 등에는 보다 크거나 작은 활자를 사용할 수 있다.

모든 문장을 대문자로 쓰기는 피한다. 읽기가 불편하기 때문이다. 대문자로 된 단어는 표제 또는 지시를 강조하기 위하여 사용되어야 한다.

– 흰색 공간(White space)

흰색 공간은 원문이나 그래픽으로 채워지지 않은 것을 말한다. 독서할 때 흰색공간을 당연하게 여기지만 독자의 눈을 위한 길을 만들어 주기 때문에 중요한 역할을 한다.

즉 중요한 자료를 별도로 하거나 강조하기도 하고, 정보 사이에 숨쉴 공간을 제공한다. 그것은 어려운 기술적 자료를 좀 더 접근 가능하게 하고 덜 위협적으로 만듦으로써 긍정적인 효과를 갖는다.

다음을 반영한다면 페이지상에 흰색 공간을 충분히 확보할 것이다.

* 충분하고 일정한 여백을 제공한다.
* 모든 문단(Paragraph) 사이에 공간을 남겨둔다.
* 제목, 부제목 전후에 공간을 남겨둔다.
* 원문과 그래픽 또는 목록 사이에 한 개 또는 두 개의 공간을 남긴다.
* 원문에 있어서 각각의 방정식 전후에 공간을 남긴다.
* 적절한 곳에서 부제목 또는 원문의 들여쓰기를 한다.
* 왼쪽 맞춤을 한다.

12. 시간을 효율적으로 관리한다.

기술자들은 작문을 하기에 충분한 시간을 가지고 있다고 느끼는 사람은 거의 없다. 급하게 작성된 문서는 통상적으로 결과가 최상의 수준은 아닐 것이다. 작문을 만들어 내라는 압력이 증가하면 실수 또한 증가한다.

작문을 마지막 순간까지 남겨두기 보다는 설계, 건축, 시험처럼 전문적인 활동의 한 분야로 간주하는 것이 훨씬 좋다.

– 작문시간 찾기 및 사용하기

* 한 시간 일찍 시작한다.
* 집에 가져가서 밤에 한다.(기술자들이 많이 성공한 경우)
* 휴식시간에 글쓰기 업무에 집중한다.
* 매일 특정한 시간을 작문시간으로 정한다.(동료와 다른 의무가 허락해 준다면) 평소 일정 중 한 부분으로 글쓰기를 정해 두는 것이 효과적이다.

– 개요, 마감시간, 시간표

두 페이지 이상의 문건을 작문해야 할 경우, 먼저 개요를 작성하는 데 약간의 시간을 할애하는 것이 도움이 된다. 개요는 구체적으로 작성할 필요가 없다. 일단 작성했다면 맹목적으로 따를 필요도 없고 언제라도 변경할 수 있다. 그러나 개요는 완성된 문서가 작성되었을 때 무엇이 포함되어 있는가에 대한 지침을 제공한다. 개요는 과업을 작은 섹션으로 나누는데 도움이 된다. 그렇다면 다른 시간에 별도로 작성될 수도 있고 순서대로 작성되지 않을 수도 있다.

예를 들면, 큰 노력을 요하지 않는 섹션은 이용할 수 있는 짧은 기간에 쓸 수 있거나 기분전환을 요할 때 쓸 수도 있다.

문서를 완성할 마감 시간이 부과되지 않더라도 스스로 마감시간을 설정하는 것이 좋다. 일을 완성하는데 시간이 얼마나 소요되는가를 계산해 보고 거기서부터 역산하여 일정을 잡는다. 문서 작성시 특정 부분을 완성해야 하는 경우 각각의 날짜를 보여주는 시간표를 스스로 작성해 볼 수도 있다. 항상 마지막에는 문서 전체를 검토하고 편집할 충분한 시간을 스스로에게 제공해야 한다.

Chapter 2 작문할 때 발생하는 문제점

작문에 있어서 문제점이 간헐적으로 발생한다. 문서에 있어서 반복되는 잘못된 철자 또는 문장 파편 같이 산발적으로 발생하는 엉터리 말은 계속적인 논쟁으로 바뀔 수도 있고, 독자들에게 필자가 원하는 반응 또는 피드백을 해 줄 가치가 없는 문서를 성급하게 작성했다는 인상을 주게 된다. 따라서 산발적으로 발생하는 문제를 제거하기 위하여 철자법, 구두점, 문장구조 등에서 발생하기 쉬운 곳을 알아 보고, 문서 작성시 주의해야 한다.

1. 철자법

잘못된 철자는 독자로 하여금 불만족스럽게 하고 또 필자가 원하는 의사소통 방향과 다르게 하여 독자의 주의를 혼란스럽게 만든다. 최악의 경우 철자법 오류로 인한 문제는 독자로 하여금 일을 중단하게 하고 필자의 능력을 심각하게 의심하는 원인이 된다.

독자는 철자법에 부주의한 사람은, 그리고 보다 중요한 기술적인 문제에 무능할 수 있다고 의심한다. 작문시 부정확한 철자법에 의하여 생기는 문제점을 감소 또는 제거하기 위하여 Spell checker를 사용하고 또한 표준영어사전을 사용한다.

- 단어의 철자를 체크하는 방법이 한 개 이상 있는가?
  appendix 또는 matrix의 복수는?
- well-known 또는 so-called가 하이픈이 들어가는가?
  또는 컴퓨터가 on-line 또는 on line 중인가?

- FORTRAN, Fortran 또는 fortran으로 쓰는 것이 적절한가?
- 영국식과 미국식 철자법의 차이점은?
- input과 같은 기술영어가 된 동사의 과거 시제는?

기술자는 현재 통용되는 영어사전을 사용하는 것이 매우 중요하다. 영어는 다이내믹한 언어이고 과학과 기술의 언어는 지식이 증가하고 도구가 개발됨에 따라 급속하게 변한다.

2. 구두점

교통흐름의 통제가 매우 중요한 것처럼 문장 안에서 의미의 흐름은 문서상 소통에 대하여 관습적으로 합의된 교통신호인 구두점에 의하여 통제된다. 구어에서는 고저, 숨쉬기 및 강조를 수단으로 하여 동일한 통제를 한다. 작문으로 생각의 흐름을 가리키는 것은 어렵지 않다. 문장에 구두점을 찍는 방법을 확신할 수 없을 때 유용한 절차는 그것은 정상적인 대화에서처럼 큰 소리로 말하는 것이다. 문장 안에서 자연적으로 쉬는 곳에 주의를 기울인다. 즉 그곳이 구두점이 필요한 곳이다.

가. 쉼표(Commas)

쉼표의 사용은 선택적이기 때문에 때때로 쉼표에 관하여 혼동이 존재한다.

예 : Before we arrived at the meeting we had already decided how to vote.

일부는 meeting 다음에 쉼표를 찍고, 나머지 사람은 쉼표를 넣지 않고 글을 쓴다. 질문사항은, 주어진 문장에서 쉼표를 넣는 것 혹은 제외하는 것이 성가심을 만드는 것인가이다. 일반적으로 혼동을 초래하지 않는다면 기술적 작문에 있어서의 경향은 불필요한 쉼표는 제외한다.

가끔 문장 안에서 소개하는 말 또는 구(phrase) 다음에 쉼표를 생략하면 독자를 순간적으로 혼란스럽게 만든다.

예 : – After the construction workers finished eating dogs emerged to look for the scraps.

– In all the containers were in good condition considering the rough journey.

해결

- After the construction workers finished eating, dogs emerged to look for the scraps.
- In all, the containers were in good condition considering the rough journey.

나. 괄호(Parentheses)

괄호는 작문에서 사실을 돋보이게 하기 위하여 사용된다. 괄호 안에 집어넣는 것과 완전한 문장이 아니면 필요한 쉼표나 마침표를 괄호 밖에 표시한다.

예 : Whenever I design a circuit(like this one), I determine the value of the components in advance.

괄호 안의 내용이 완전한 문장이면 마침표를 괄호 안에 넣는다.

예 : Set a timer for three or five minutes.(Three if you have little to say; five if you have a lot to say.)

다. 대시(Dash)

대시는 별도로 떼어놓은 단어 또는 그 다음에 오는 것에 주의를 기울이게 함으로써 문장을 강조하게 만든다.

예 : He was tall, handsome, rich–and stupid.

대시는 괄호 및 쉼표와 달리 비공식적인 것으로 간주되므로 공식적인 작문에는 가급적 대시를 사용하지 않도록 한다. 대시를 너무 많이 사용하면 '늑대를 부르는 위험' 에 처하고 대시는 효과를 잃게 된다.
다음과 같은 목적의 경우에 대시는 도움이 된다.

- 강조 : Staying up all night to finish a project is not so terrible–once in a while.
- 요약 : Reading all warnings, wearing safety glasses & hard hats–all these practices are crucial to sensible workshop procedure.
- 삽입 : My opinion–whether you want to hear it or not–is that the goods does not meet the specifications promised by our supplier.

라. 콜론(Colon)

콜론은 시간을 표시할 때 시와 분을 분리하는데 사용되고 책 제목 또는 기사의 제목을 구분하는데 사용된다.

예 : – This proposal is due on Monday morning at 9:30 sharp.
– The following books and articles provide more information on the topics covered in this chapter : Everyday Letters for Busy People.

문장에 있어서 콜론의 보편적 사용은 비공식 목록을 소개하는 것이다.

예 : – For the entrance examination you will need several items : a pencil, a calculator and five sheets of graph paper.

마. 하이픈(Hyphen)

하이픈은 기술적 작문에서 가장 적게 사용되는 구두점 중 하나이다. 그것을 생략할 때, Coop(닭장, 우리)라고 읽을 때, 실제로 Co-op(협동주택)을 의미함을 알았을 때 처럼 번거로움이 생길 수 있다. 반대로 re-design 또는 sub-question처럼 불필요한 곳에도 때때로 보인다. 하이픈은 줄의 맨 끝에서 단어를 분할할 때 사용하거나 "The transistor is a twentieth-century invention."에서처럼 단일 기술어로 작동하는 단어를 합칠 때 사용되어야 한다는 일반적인 규칙을 제외하고는 하이픈을 언제 사용할 것인가에 대해 명확히 정해진 경우는 없다.
최신판 사전의 도움으로 스스로 결정해야 한다.

* pre-, re-, semi- 및 sub-와 같은 접두사에 하이픈을 찍지 마시오.
* 앞의 단어가 ly로 끝날 때 명사 앞에 있는 복합어에 하이픈을 찍지 마시오.

예 : early warning system(조기경보 체계)
early가 warning을 수식하는 단어이기 때문에 하이픈이 불필요하다.

바. 감탄부호(Exclamation point)

감탄부호는 소설이나 편지에서 사용하기를 원할 때 사용하는 것이다. 경고의 경우(DANGER : Sodium cyanide is extremely toxic!)를 제외하고 전문적인 작문에는 감탄부호를 사용하지 않는다. 엔지니어링 문서는 정보를 전달하는 것이므로 흥분 또는 승리 꼬리에 붙인 표시보다는 문서에서 제공된 사실에 의하여 창출되어야 한다. 때때로 감탄부호는 독자에 의하여 생색을 내는 듯하거나 빈정대는 것으로 해석될 수도 있다.

사. 인용부호(Quotation mark)

인용부호는 원문에서 직접적 인용을 돋보이게 하기 위하여 사용한다. 그리고 인용된 것이 한 단어일지라도 필요한 마침표나 쉼표를 인용부호 안에 찍는다.
영국의 출판사는 다른 지침을 사용하지만 미국식 관행은 인용부호 안에 마침표, 쉼표를 찍고 세미콜론과 콜론은 인용부호 밖에 찍는다.

예 : – The manager stressed to the whole group that the key word was "Passion."
– "The correct answer is 25.3 Joules," he told me.
– We heard about the "Five-Star Marketing Plan," but no one remembered about it involved.
– We left the baseball game right after the band played "The Eyes of Texas"; it was too hot and humid to stay any longer.

두 줄 이상을 차지하는 자료를 인용해야 한다면 원문으로부터 한 스페이스를 분리하고 그것을 왼쪽 및 오른쪽 여백으로부터 들여쓰기를 한다. 그리고 작은 활자를 사용해야 하고 인용부호를 생략해야 한다.

아. 세미콜론(Semicolon)

많은 엔지니어링 문서에서 세미콜론이 사라지고 있는 것 같다. 때때로 쉼표(Comma)로 대체되기도 한다. 그것은 전통적인 구두점 규칙에 따르면 잘못된 것이다. 또한 종종 단순히 마침표를 사용하고 새로운 문장을 시작한다.

예 : – Your program is working well, however mine is a disaster.
– Take Professor Smith's class. You'll find he's a great teacher.

이 진술의 관계는 세미콜론을 사용함으로써 보다 더 강조될 수 있다.

– Your program is working well ; however, mine is a disaster.
– Take Professor Smith's class ; you'll find he's a great teacher.

엔지니어링 작문에서 많은 세미콜론을 볼 수 없는 이유는 사람들이 세미콜론을 사용하는 것에 자신감이 없기 때문이다. 다른 가능성은 쉼표 또는 마침표를 사용하고 새 문장을 사용함으로써 번거로움이 적게 나타나기 때문이다.
두 개의 문장을 비교해 보자.

- We wanted to finish the computer program yesterday; however, the network was down all afternoon.
- We wanted to finish the computer program yesterday, however, the network was down all afternoon.

첫 번째 문장은 올바르고, 두 번째 문장이 잘못된 것으로 간주되지만 주변에서 두 번째 구두점 사례를 많이 발견한다. 주요 문제는 두 번째 문장에서 "however" 가 문장의 전반부에 속하는지 또는 후반부에 속하는지 첫째로 확신할 수 없기 때문이다.
yesterday 다음에 세미콜론은 그것을 분명히 하기 위하여 실제적으로 필요하다.
however, therefore, namely, consequently 및 accordingly와 같은 단어를 달리 두 개의 문장이 될 수 있는 것을 연결하기 위하여 사용한다면 앞에 세미콜론을 삽입하고 뒤에 쉼표를 삽입한다.

만약에 진술의 하나가 내부적 구두점을 포함하고 있으면 문장 안에서 열거된 일련의 짧은 진술을 분리하기 위해 세미콜론을 사용한다.

예 : I suggest you to choose one social science subject, such as psychology or philosophy ; one natural science course, such as physics, chemistry, or biology ; and one math class.

The team is made up of Hong Gil Dong, vice president of marketing ; Michael Chang, director of research; Soon Cheol Kim, assistant director of human relations; and John Smith, chief engineer.

3. 문장 센스

엔지니어링 작자(作者)로서 주요 목적은 번거로움을 줄여서 정보를 전달하는 것이다. 목적을 위하여 문법의 중요한 규칙은 번거로움을 제거함으로써 원문을 읽는 독자가 작자가 의도하는 메시지를 정확히 수취하게 하는 것이다.

가. 주어를 동사에 연결하기

주어와 동사 사이에 몇 개의 단어가 있는 경우 및 문장을 어떻게 시작했는지를 잊어버린 경우 문제가 생길 수 있다.

예 : – This combination of electrical components constitute a single pole.
– A 35mm film of some high buildings are strongly recommended.
– Only one of the pre–1925 high–rise structures were damaged in the earthquake.

나중에 오는 복수명사(components, buildings, structures)가 동사를 연결함에 있어서 그들이 소속하는 앞의 명사(combination, film, one)보다 동사에 연결할 때 종종 오도를 할 수 있다.
이러한 위험성은 문장의 길이 및 진정한 주어와 문장의 동사 사이에 있는 정보의 양과 함께 증가한다.

엔지니어링 작문에서 측정단위를 사용할 때 의문이 발생한다.

예 : – Twenty ounces of adhesive were added.
– Twenty ounces of adhesive was added.
– Ten litters of acid was spilled.
– Ten litters of acid were spilled.

답은 문법보다는 논리의 문제이다. ounces, litters를 암시하지만 그것을 하나의 단위로 보기 때문에 단수동사를 선호한다.

문장에서 either/or, neither/nor를 사용할 때는 잠시 다시 생각하게 한다.

예 : – Either the old manual or the recent procedures(is/are?) acceptable.
– Neither she nor you (is/are?) happy.

어떤 동사를 사용해야 하는가? 통상적으로 동사는 바로 그 앞에 오는 명사에 의하여 통제되므로 are를 사용한다.

나. 수식어(Modifier)

수식어는 문장에서 다른 생각에 의미를 첨가하는 역할을 하는 단어 또는 단어집단을 말한다. 문장 안에서 수식어를 잘못 배치함으로써 번거로움을 야기시킬 위험이 있다. 이와 같은 왜곡은 의미가 통하지 않는 문장 또는 잘못된 방법으로 의미를 통하게 하는 문장을 만들 수 있다.

잘못된 수식어는 독자가 문장 속에서 누가 무엇을 하고 있는가에 대하여 잘못된 인상을 받을 때 발생한다.

주어 “나” 또는 “우리” 또는 “기술자들” 또는 다른 주어가 생략되었기 때문에 발생할 수 있다.

예 : – Jumping briskly into the saddle, the horse galloped across the prarie.

– After testing the mechanism, the theory was easily understood.

– Once having completed needed modifications & adjustments, the equipment operated correctly & met all specifications.

이 진술문은 논리적으로 보면 달리는 말을 가지고 있고, 회로를 시험할 수 있는 이론을 가지고 있고, 수정하고 조정하는 장비를 가지고 있다. 이것은 작자가 말하려는 것이 아닐 것이다.

마지막 두 문장을 수정하면 다음과 같다.

– After testing the mechanism, we easily understood the theory.

– Once the team had completed needed modifications & adjustments, the equipment operated correctly & met all specifications.

한편, 수식어를 수식하는 단어 또는 생각으로부터 먼 곳에 배치하면 또 다른 문제가 발생할 수 있다.

예 : – I was ordered to get there as soon as possible by fax.

– By the age of four his father knew that he would be an engineer.

다. 평행(Parallelism)

평행은 목록 안에서 동일한 문법 구조를 가질 필요성을 말한다. 잘못된 평행은 논리적 일관성을 위반하기 때문에 불만족스러울 수 있다.

예 : – You like to jog, wrestling, and play the violin.(×)

– You like to jog, wrestle, and play the violin.(O)

– You enjoy jogging, wrestling, and playing the violin.(O)

긴 문장에서 이러한 일관성을 지키지 못하는 경우가 많다.

예 : – After a lot of discussion the team concluded that their alternatives were to call in a consultant, thus increasing the cost of the project, or having three more engineers reassigned to the teams.(×)

팀의 대안이 한 명의 컨설턴트를 초청하는 것과 (2) 또는 세 명의 기술자를 재배치하는 것이라면, 두 개의 비평행적 진술은 논리적 흐름을 거슬리게 한다.
상기의 문장은 다시 쓰일 수 있다.

예 : – the alternatives were to call in a consultant... or to have three more engineers reassigned.

라. 파편(Fragments)

문장 파편은 불완전한 단위의 정보를 전달하기 때문에 번거로움을 일으키는 부분적인 진술문이다.

예 : – He decided to major in chemical engineering. Even though it would take five years.

첫 번째 문장은 그 자체로도 의미가 있다. 두 번째 진술문을 독립적인 감탄문으로 말해 보세요. 그러면 청중은 의미를 잃어버릴 것이다.

예 : – Nearly 60% of U. S. households had VCRs by the end of 1990s.
In spite of the microwave oven being the most popular appliance of the decade.(×)

두 번째 진술문은 자체적으로 성립할 수 없고 의미가 통하지 않기 때문에 "In spite of" 라는 구는 첫 번째 진술문과의 관계에서만 분명한 대조적인 관계를 가리키기 때문에 다음과 같이 쓰는 것이 효율적이다.

– In spite of the microwave oven being the most popular appliance of the 1990s, nearly 60% of U. S. households had VCRs by the end of the decade.(O)

마. 능동태 또는 수동태

예 : – The engineer wrote the report.(능동태)
– The report was written by the engineer.(수동태)

영어 문장에서 두 개의 태(voice)를 사용할 수 있다. 능동태는 누군가가 무엇을 한다는 것을 직접적으로 진술한다. 능동태는 행위의 주체자(the engineer)를 강조한다. 한편 수동태는 행위의 대상자(the report)를 강조한다. 많은 엔지니어링 및 과학 작자는 과거에 그들의 작문을 스스로에게 맡기라고 조언을 받았다.
관리자들은 책임을 회피하는데 도움이 되는 수동태를 쓰기도 한다.

예 : – We have decided to fire you. 대신에
– It has been decided to terminate your employment.

과학적 객관성을 위하여 영어 문장의 자연스러운 형태는 능동태이다. 절차 또는 지시서에 수동태를 사용하는 것은 특히 부담스럽다.

예 : – The button is pressed twice.
– Press the button twice.

다행스럽게도 현대 엔지니어링 작자들은 능동태를 사용하는 것을 어려워하지 않음을 인식함에 따라 엄격한 수동태의 사용을 탈피하고 있다. 능동태 형식의 문장이 활기가 있고, 직접적이고, 효율적이다.
물론 수동태를 사용하지 말라는 것은 아니다. 경우에 따라서는 행위의 주체자가 미상이거나 중요하지 않다면 또는 행하여진 것이 행위자보다 중요하다면, 수동태 동사가 언제든지 사용될 수 있다.

예 : – Electricity was discovered thousands of years ago.
– The bridge was torn down in 1944.

바. 라틴어 유산

– 문장을 전치사로 끝내지 않는다.

예 : That' s a problem that we will have to work on.(×)
That' s a problem on which we will have to work.(O)

– 부정사를 분리하지 않는다. 부정사는 to+동사원형의 형태이다. to와 동사원형 사이에 단어나 절을 삽입하지 않는다.

예 : The team has been unable to, except for the lead engineer and one technician who is on temporary assignment with us, master the new program.(×)

다시 쓰면

Except for the lead engineer and one technician on temporary assignment with us, the team has been unable to master the new program.

사. 전환(Transitions)

전환하는 단어 및 구는 작자의 생각과 지향하는 길을 열어주는 간판이다. 전환단어는 생각을 연결하고, 조건을 또는 예외를 분별하고, 사고의 새로운 방향을 제시하는 것을 도와준다.

간단한 단어를 예로 들면 therefore, thus, similarly 및 unfortunately 같은 것은 독자가 작자의 정보를 해석함을 도와줌으로써 모호함을 없앤다.

따라서 작문시 전환어를 무시하면 독자가 중요한 연결을 놓칠 수 있기 때문에 주의해야 한다.

예 : The group' s long-range plans for the Delta project have been extended. The completion date for the project is as originally planned.

두 개의 문장은 문법적으로 올바르고 중요한 사실을 포함하고 있지만 독자가 두 사실이 어떻게 연결되는가를 말할 수 있는가?

- The group' s long-range plans for the Delta project have been extended. Nevertheless, the completion date for the project is as originally planned.
- The group' s long-range plans for the Delta project have been extended. Unfortunately, the completion date for the project is as originally planned.
- Even though the group' s long-range plans for the Delta project have been extended, the completion date for the project is as originally planned.

사실이 중요하지만 전체의 그림을 만드는 사실 사이에서 때때로 관계가 존재한다.

그래서 가능한 한 전환과 연결을 강하게 해야 한다.

예를 들면 다음과 같다.

- 순서를 가리키는 것 ; before... later, first... second, in addition, additionally, then, next, finally

ex. Before the project got underway we felt we could never meet the deadline. Later, it became clear there was a realistic chance of doing so.

- 대조를 가리키는 것 ; but, however, yet, still, nevertheless, although, on the contrary, in contrast, on the other hand

ex. The SM-7 vehicle scored over 96% in initial dependability testing ; nevertheless, the design was scrapped.

- 인과관계를 가리키는 것 ; consequently, therefore, so, thus, hence

ex. ABC Company has had to downsize lately. Consequently, many of our staff are looking for other positions.

- 상세한 것을 가리키는 것 ; further, furthermore, for example, moreover, in fact, indeed, certainly, besides

ex. The air bag has proved to be a major factor in driver survival. Moreover, the air bag has generated considerable profits for its producers.

아. 문장길이(Sentence Length)

고도의 기술적인 주제를 다룰 때 문장은 20단어가 넘어가지 않도록 작성해야 한다. 기술적인 자료는 독자가 관련 분야와 친숙하지 않으면 길고 복문으로 제시된 문서는 좇아가기가 어렵다.

비기술적인 생각도 필요 이상으로 길게 전개된 문장 안에서는 이해하기 힘들다.

긴 문장의 끝부분에 숨쉬지 않고 놓여 있기를 원하는 사람은 없을 것이다. 문장이 길어지는 경향이 있음을 발견하면 그것을 두 개 또는 세 개로 분리하는 방법을 찾아야 한다. 산문의 독해는 문장의 길이에 의하여 부분적으로 결정된다.

한편, 너무 짧은 문장은 독자로 하여금 초등학생처럼 느끼게 할 수도 있다.

Chapter 3

영문서한, 메모 랜덤 및 전자우편

전문 직업인으로 다양한 의사소통 방법을 선택할 수 있다. 질문이나 요청사항이 있으면 상대방에게 직접 묻거나 요청할 수 있고, 귀하의 조직 밖에 있는 누군가에게라면 비즈니스 서한을 작성할 수 있고, 조직 내에 있는 누군가에게라면 메모를 작성할 수 있으며, 긴급하고 비공식적이면 전화를 걸 수도 있고 또한 인터넷상의 전자우편을 보낼 수도 있다.

1) 서한 또는 메모

메모는 조직(회사, 정부기관) 내에서 문서상의 의사소통이다. 비즈니스 서한은 발신자의 조직 외부에 있는 수신자에게 보내는 의사소통이다.

2) 구두 또는 문서

문서 소통의 형식에 반대되는 것으로 전언통신 또는 대면소통을 사용하는 결정은 분명하다. 전화나 대면소통은 다음과 같은 문제점이 있다.

- 영구적 기록 : 전화 통화는 영구적 기록이 없다.
- 수화자 부재 : 수화자가 사무실에 없거나 책상에 앉아 있지 않을 때 여러 번 전화를 걸게 한다.
- 수화자의 태도 : 문서상 소통보다 수화자는 의미심장하게 여기지 않는다.

- 목적, 길이 및 주제의 복잡성 : 어떤 주제는 대화하기에 양이 너무 많다. 예를 들면, 제품사양의 상세내역 제안서를 전화상이나 대면 소통으로 제시하는 것이 어렵다.

e-mail과 메모, 서한과 같은 인쇄매체 사이에서 선택을 하지 않으면 안 될 때의 결정은 더욱 힘들다. e-mail은 전화, 비즈니스 서한 또는 메모보다 편리하다. 그러나 인쇄물이 선호되고 때때로 유일한 소통매체인 경우가 있다.

- 수취인 : 수취인이 e-mail을 가지고 있지 않는 경우에 서한 또는 메모가 필요하다.
- 메시지 내용 : 메시지가 통상적인 e-mail을 통하여 전달될 수 없는 자료, 예를 들면 그래픽 또는 도표가 포함되어 있다면 인쇄매체 또는 메모가 필요하다.
- 답변의 필요성 또는 전달 : 서한 또는 메모가 수취인이 기입해서 반송할 필요가 있다면 비록 e-mail도 그와 같은 답변과 전송기능이 있지만 인쇄물이 더 선호된다. 그리고 조직의 모든 사람들이 e-mail을 모두 잘 사용한다고 기대할 수도 없다.
- 보안문제 : e-mail은 타인에 의하여 열람될 수 있다. 비밀(보안)을 요하는 정보(예를 들면 신제품 사양 또는 민감한 자료)를 e-mail로 보낼 수 없다.
- 메모에 대한 토의 : 메모가 대면 상황에서 사용되어야 한다면 인쇄된 메모가 필요하다.
- 중요성 또는 정보의 길이 : e-mail은 안정감이 결여되어 있다. 가볍고 1회성 자료이지 중요한 사업상의 매체는 아니다. 사람들은 책상에 놓여 있는 메모 또는 서한보다 스크린상에 나타난 e-mail 메시지를 덜 연구하고 덜 집중하고 심각하게 여기지 않는다.

◆ 비즈니스 서한

수취인이 서한을 수취하고, 검토할 수 있기를 원하고, 검토한 후 적절하게 행동하기를 원할 때 또는 의사소통의 영구적인 기록이 있음을 보장하기 원할 때 서한을 사용한다.

1. 비즈니스 서한의 기본적인 구성

May 21, 2008	Heading 날짜 및 발신자 주소
152 Samsung dong Kangnam-gu Seoul	
Mr. Ibrahim Ali 1234 Al Wiya Baghdad Iraq	Inside Address(내부주소) 수신자 성명 및 주소
Dear Mr. Ali :	Salutation(서두 인사)
Subject :	Subject line(제목)
×××××××××××××××××××××××× ×××××××××.	Body(본문)
Sincerely your,	Complementary(결어) Close
________________ Gil Dong Hong ABC Construction Co., Ltd.	Signature Block(서명란)
GDH	
Enclosed :	End notations(끝부분)

1) 회사 또는 개인 로고

회사의 서한 양식을 사용한다면 로고로부터 2.5cm 아래에서 시작한다. 두 번째 쪽부터는 로고양식을 사용하지 않는다. 독립적인 컨설턴트의 경우 개인 로고를 디자인한다.

2) 헤딩

서한의 헤딩부분은 발신자의 주소 및 날짜를 포함한다. 레터헤드 스테이셔너리를 사용한다면 날짜만 필요하다.

3) 내부주소

수취인의 성명, 직위, 회사 및 서한 수취자의 완전한 주소를 포함한다. 이 부분은 겉봉투에 나타난 것과 동일하게 작성해야 한다. 이 요소는 만약에 비서가 서한을 개봉하고 나서 겉봉투를 버린다면 중요하게 작용할 수 있다.

4) 제목 라인

어떤 비즈니스 서한은 메모 속에서 볼 수 있는 동일 제목라인을 사용한다. 이 요소를 주제, 목적을 언급하는 데 사용한다.

5) 서두 인사말(Salutation)

"Dear Sir" 부분이다. 어떤 서한, 즉 분명한 수취인이 없거나 수취인이 문제가 되지 않는 곳에서 인사말은 생략된다.

인사말을 포함해야 한다고 느끼지만 어떻게 표현하는지 모를 경우 몇 가지 해결책이 있다.

수취인의 조직을 붙이든지 직위 및 부서명과 같은 특정한 이름 얻기를 시도한다.

합리적으로 근사한 부서 또는 그룹명을 만든다. 만약에 추천서를 작성하고 있다면 "Dear Recruitment Officers" 또는 TO WHOM IT MAY CONCERN을 사용할 수 있다.

비즈니스 서한의 인사말은 콜론을 찍는다.(콤마는 친근한 사이를 의미하고 비사업용 소통이다.)

6) 본문

본문은 서두 인사말 다음에 시작하고 인사말을 할 때까지 계속한다. 전형적으로 비즈니스 서한의 원문은 싱글 스페이스를 사용한다. 문단의 첫 번째 줄은 들여쓰기를 하지 않는다. 문단과 문단 사이에는 더블 스페이스를 사용한다.

7) 결어(Complementary close)

서한의 "Sincerely yours," 부분이다. 상호작용이 관계되지 않는 서한에서 Complementary close는 생략된다. Complementary close에 한 단어 이상이 있는 경우, 첫 번째 단어만 대문자를 사용한다.

Complementary close는 콤마(쉼표)를 찍는다.

8) 서명란(Signature block)

서명과 인쇄된 성명을 기입한다. 전문적인 서한에서는 학위나 직위를 이름 아래에 기입하고, 이름 아래에 회사 이름도 기입한다.

9) 끝부분(End notations)

수취인의 타이프된 이름 다음에 나오는 "CC :" 및 "Encl :" 부분이다. CC 다음에 한 개 또는 여러 명의 이름이 나올 경우, 서한의 사본이 보내진 것을 가리킨다. "Encl." 는 다른 문서가 서한에 첨부되었음을 가리킨다.

10) 다음 페이지

레터 헤드가 들어 있는 서식을 사용한다면 두 번째 페이지부터는 레터 헤드가 인쇄되지 않은 동일한 품질과 형식의 서식을 사용한다. 전문적인 서한의 두 번째 페이지를 수취인의 성명, 날짜, 페이지 번호를 포함하여 다음과 같이 작성한다.

예 1) Mr. Gil-dong Hong　　　-2-　　　25 June 2008

예 2) Mr. Gil-dong Hong　　　25 June 2008　　　Page 2

예 3) Mr. Gil-dong Hong
25 June 2008
Page 2

2. 보편적인 비즈니스 서한 형식

1) Block format : 가장 널리 쓰인다. 가장 쉽다. 모든 요소들이 왼쪽에서 시작한다.

2) Modified block format : 헤딩, 결어 및 서명란을 오른쪽 여백에 작성한다. 나머지는 블록 형식과 동일하다.

3) Modified semi block format : 제목 라인을 첨가한다. 나머지는 Modified block과 같다.

4) Simplified format : 서두 인사말을 생략한다. 나머지는 블록형식과 동일하다.

Block format 예문

May 21, 2009

Reference No. SAP−09−123

Mr. D. Motta
Sacco U.E.C.
Via Genoa 145
12345 Spinetta Mareco
Italy

Dear Mr. Motta :

Subject : Bored Pile Works

Through the courtesy of Mr. Munter, we got your name and address. First of all, we would like to introduce ourselves. We are ABC Construction Co. Ltd. participating in ××× Project of which the Employer is State Corporation for Roads and Bridges in Iraq.

In connection with the execution of ××× Project, we would like to get your best competitive quotation in the U.S.A. Dollars for the Subcontract Works of bored pile works at Bridge A−12 in Basra, Iraq.

Please kindly confirm whether you are interested in participating in the quotation of Subcontract Works of ××× Project by ____________ 2009.

Upon receipt of your confirmation, we will provide you with Contract Drawings, Bill of Quantities, Specifications and other necessary documents to enable you to quote for the Subcontract Works.

Sincerely,
ABC CONSTRUCTION CO., Ltd.

____

Gil Dong Hong
Project Manager

◆ **비즈니스 메모**

회의 소집, 보고서 마감시간을 알리는 것, 현황보고서, 종업원에게 정보를 제공해 달라는 요청 등과 같은 조직 내부의 의사소통에는 메모를 사용한다.

메모는 비즈니스 서한과 비슷하거나 짧은 보고서일 수도 있다.

3. 비즈니스 메모의 표준구성 요소

To :
From :
Date :

Subject :

Main Body
×××××××××××××××××××××××
××××××××××.

×××××××××××××××××××××××
××××××××××.

Signature block

날짜 : 헤딩 제일 첫 번째 줄 또는 세 번째 줄에 기입한다.

TO : 헤딩 수취인 또는 수취자 그룹명을 수취인과의 친밀 정도나 상황이 요구하는 형식에 따라 다음과 같이 기입한다.

예 : "John" 또는 "Mary"
"John Kennedy" 또는 "Mary James"
"Ms. Mary James, Director of Personnel"

FROM : 헤딩 작성자의 이름 또는 필자가 대신 작성하는 개인의 성명, 집단의 명칭을 기입한다. 친밀도에 따라 첫 번째 이름, 전체 이름 또는 전체 이름 및 직위를 기입한다.

주제 : 주제나 메모의 목적을 간단한 구로 표현한다.

서명블록 : 공식적인 메모의 경우, 필자는 비즈니스 서한에서 볼 수 있는 동일한 결어 및 서명 방법을 삽입한다.

4. 비즈니스 서한 작성 지침

서한, 메모, e-mail에 대한 작성지침은 동일하다.

① 필요하다면 첫째 문장 안에 주제를 제시한다.
제목을 적을 때 분명히 하지 않았다면 첫 번째 문장에서 주제와 의사소통의 목적을 진술한다. 독자로 하여금 요점을 파악하기 위하여 많은 배경을 애써서 찾도록 하지 않는다.

② 이전 서한 또는 귀하의 의사소통이 답변인 상황을 밝힌다.
첫째 문단에서 이전 회합, 전화대화 또는 보낸 서신을 언급함으로써 의사소통의 전후관계를 설정한다.

③ 필요하다면 의사소통의 내용에 대한 개요를 제공한다.
서한, 메모, e-mail이 길면 내용의 개요를 약간 제공한다.

④ 문단을 짧게 한다.
이상적인 비즈니스 서한에서 문단은 6~8줄을 넘지 말아야 한다. 비즈니스 서한에서 독자는 교과서나 공식적인 보고서보다 길고 조밀한 문단을 읽고 파악하려 하지 않는다.

⑤ 문단의 내용을 통합한다.

문단을 짧게 하도록 하고, 새 문단을 아무데서나 시작하지 않는다. 주제나 초점이 변하는 점에서 문단을 나눈다.

⑥ 길이가 한 페이지를 넘는 내용에 대하여 표제(부제목)를 사용한다.

의사소통이 한 쪽이나 두 쪽 이상이고 그 안에 있는 정보가 보고서에 들어가는 정보와 같다면 새 주제를 시작하고 멈추는 경계를 구분하기 위하여 표제(부제목)를 사용한다.

⑦ 보고서처럼 목록과 그래픽을 사용한다.

비즈니스 서한은 때때로 보고서를 닮을 수 있다. 필자는 동일한 종류의 표제, 목록, 그래픽을 사용한다. 특별히 긴 문단 속에서 항목의 목록(리스트)을 찾아내어 그것들을 수직적인 목록(리스트)으로 전환한다.

정규 보고서처럼 귀하의 서한 속에 그래픽(예제, 다이어그램, 표)을 사용한다.

⑧ 간결하게 요점을 제시한다.

독자들은 불필요한 도입 및 배경 또는 생각을 표현함에 있어 말이 많은 것을 원하지 않는다.

⑨ 메모 및 e-mail에서 독자와 상호작용을 한다.

상황이 허용하는 한 비공식적으로 한다. 왜냐하면 메모는 조직 내부에 대한 것이고, 귀하의 분야에 있는 사람들에게 전달되지 않기 때문에 작문 형식이 비공식적일 수 있다. 적절할 때마다 3인칭 및 수동태 형식은 피하고 2인칭으로 작성한다.

⑩ 수취인 측에서 필요한 조치를 제시한다.

상대방으로 하여금 귀하의 서신을 읽은 결과 그들의 행동 결과를 기대한다는 것을 알게 한다. 서한, 메모 또는 e-mail을 읽은 후에 그들은 무슨 조치를 취하는가? 질문서에 답변하는가? 그것은 어디에 위치하는가? 그것을 어디로 보내야 하는가? 이와 같은 상세사항이 분명하고 구체적으로 설명되었는가를 확인한다.

◆ **사교서한 양식**

사교 목적으로 사용되는 양식은 비즈니스 서한 보다 간단하다. 왜냐하면 전형적으로 사교서한은 개인에게 보내지고, 가정에 의하여 수취된다.

사교서한은 내부주소, 타이프 친 서명라인, 비즈니스서한에 포함되는

특별통지(Reference line, certified mail 또는 confidential notations, Attention line, Subject line 및 Additional notations) 등을 제외한다.

5. 사교서한의 종류

① 표준적 사교서한 형식 : 발신인의 주소(발신인의 이름을 제외), 날짜, 결어, 서명은 중심선의 우측에서 시작한다.

매 새 문단은 몇 자 정도 들여 쓴다. 사교서한은 타이프하기 보다는 손으로 작성하기 때문에 문단 사이의 스페이스는 제외될 수도 있다. 그러나 타이프칠 경우에 스페이스가 있는 것이 읽기 쉽다.

② 친밀한 사교서한 형식 : 친밀한 관계를 가지고 있는 사람에게 보낼 때는 Intimate format를 사용한다. 표준 사교서한의 축약된 양식이다. 발신인의 주소는 생략하고 우측 상단에 날짜를 기입함으로써 시작한다.

Standard social format

159 Samsung dong
Kangnam-gu, Seoul
May 25, 2008

Dear Mr. and Mrs. Hong,

John F Kennedy and I will be married on Saturday, June 18, 2008. We would be honored if you could attend.

The ceremony will begin at 4 p. m. at the ABC Presbyterian church at 123 Jeodong. A dinner reception will follow.

We hope you can join us to help celebrate this happy occasion.

Yours truly,
Rebecca Bush

Please respond by June 5, 2008

Chapter 4 보편적 엔지니어링 문서 작성

검사 또는 출장 보고서 : 현장, 시설 또는 재산의 조사보고서, 비즈니스 출장 요약, 사고에 대하여 보고한다. 문제점을 기술하고 원인과 결과를 토의하고 사고를 예방할 수 있는 방법을 설명한다.

시험보고서 : 실험, 시험 또는 조사에 관하여 보고한다. 수집한 자료를 제시한다. 조사이론, 방법 또는 절차를 토의한다. 결론을 토의하고 발견한 것을 응용하고 추가 조사를 위한 가능성을 개척한다.

시방서(사양서) : 조직이 필요로 하는 제품의 상세한 요구조건을 제공한다. 또는 기존 제품의 상세한 내역을 제공한다. 설계, 기능, 작동 및 건설에 관한 내용을 제공한다.

진행 보고서 : 프로젝트가 어떻게 진행되고 있는가? 귀하 및 귀하의 집단이 성취한 것, 어떤 과업이 놓여 있는가? 어떤 자원이 사용되었는가? 어떤 문제가 발생했는가를 요약한다.

제안서 : 계약, 승인 또는 프로젝트의 실시용 자금 투입을 구한다. 프로젝트를 수주하기 위한 경쟁 입찰로서 기능. 프로젝트에 대한 후보자로 자기 자신 또는 자기의 집단을 소개한다. 프로젝트가 필요한가를 제시하기 위하여 프로젝트 자체를 소개한다.

지시서 : 피고용자 또는 고객에게 특정 과업을 이행하는 방법을 설명한다. 특정한 장비를 사용하는 절차를 제공한다. 문제점을 해결하고 유지보수 지침을 제공한다. 방침과 운용절차를 설명한다.

추천 보고서 : 상황 또는 문제를 조사한다. 다양한 대체안 또는 선택사항을 보고한다. 최상의 아이디어를 추천하거나 아이디어의 타당성을 평가한다.

N. B. 작성지침

* 보고서의 이름에 연연해하지 않는다.
보고서가 실제로 평가보고서 또는 추천보고서이든지 간에 신경쓰지 않아야 한다. 귀하가 작성해야 하는 특정 보고서의 요구조건에 대하여 가능한 한 많은 질문을 한다. 보고서의 청중에게 니즈와 요구조건에 대하여 분명하게 생각한다.

* 내용과 편성에 대하여 창의적으로 생각한다.
보고서 내용 및 편성에 관한 제안은 실제 상황보고서에 딱 들어맞지 않는다. 항상 창의적으로 생각하고 그밖에 독자가 필요한 것과 보고서 작성 상황이 요구하는 것에 대하여 브레인스토밍을 한다.

* 청중의 니즈에 맞춘 보고서를 작성한다.
보고서의 모든 것은 그것을 읽을 특정한 사람에게 달려 있다. 그러한 요구조건은 공식문서 안에 기록될 수도 있고 혹은 모든 사람들이 그냥 알고 있는 전통일 수도 있다.

* 기술적 배경의 토의를 주의한다.
배경 부분은 보고서를 이해하기 쉽게 정보를 제공하는 것이다. 빈약하게 작성되면 도움이 되지 않는다. 보고서의 본문을 잘 검토하고 독자에게 도움이 되는 것을 열거한다. 그런 다음에 니즈를 고려하여 배경부분을 작성한다.

* 도입부를 주의한다.
도입부는 독자에게 보고서를 소개하는 것이지 바로 기술적인 주제를 소개하는 것이 아님을 기억해야 한다. 도입부는 독자가 보고서를 읽을 수 있도록 준비시키는 것이다. 도입부는 주제를 언급하고, 보고서가 필요하게 된 상황을 말하고, 보고서를 이해하기 위하여 청중이 알아야 할 니즈를 제시하고, 커버되거나(커버되지 않는) 주제의 간단한 개요를 제공한다.

* 회사의 요구조건을 파악한다.

회사 또는 조직이 요구하는 보고서의 형식, 내용, 보고서 편성방식을 파악하는 것이 중요하다.

1. 검사 또는 출장보고서

To :
From :
Date :

Subject : Inspection of the Job site

××××××××××××××××××××××××××××××
××××××××××××××××××××××××××××××
××××××××××.

가. 내용 및 편성

- 도입 : 어떤 형태의 보고서를 작성하든지 간에 보고서의 목적을 제시하고, 내용의 간단한 개요를 제공함으로써 시작하는 것이 좋다. 무거운 토의 주제로 바로 들어가고 싶은 충동을 피한다.

- 배경 : 단계를 설정하는 것이 좋다. 즉 배경을 설명하거나 보고서의 정황을 설명하는 것이 좋은 아이디어이다. 왜 비즈니스 출장을 갔는지? 왜 시설을 검사하기 위하여 파손되었는가? 누가 보냈는가? 상황의 기본적 사실은 무엇인가? 시간, 날짜, 장소 등

- 사실적 토의 : 보고서의 주요한 내용은 부분적으로 기술 또는 서술이다. 전형적으로 사고, 시설, 재산 또는 제안된 장비를 기술해야 한다.
  출장에서 일어난 것, 즉 어디에 갔었는지, 만난 사람, 토의 내용 등을 상세히 설명한다.

- 조치사항 : 귀하가 문제점을 조사하고 해결안을 제시한다면 보고서는 문제점을 어떻게 결정했고 그것을 어떻게 수정했는가에 대한 단계적인 토론을 포함해야 한다.
- 해석적, 평가적 또는 조언적 토론 : 일단 배경과 사실적 토의에 대한 기초를 제시했다면 귀하는 기대되는 것을 정해야 한다.
  즉 재산 또는 장비를 평가하고, 사고의 원인을 설명하고 발견사항을 해석하고 차후의 조치를 추천하거나 또는 장래의 문제점을 예방할 방법을 추천한다.

나. 양식

짧고 비공식적인 보고서인 경우 귀하의 보고서를 읽게 하고 사용하게 하며 접근 가능케 하고 외관상 전문성 있게 만들어 줄 간단하고, 기초적인 양식을 사용한다.

- 보고서가 몇 쪽을 넘지 않고 또는 귀하의 회사가 특정한 요구조건을 가지고 있지 않다면 메모랜덤 양식을 사용한다. 그리고 명백하게 개인 또는 외부조직에 대하여 작성한다면 비즈니스 서한 양식을 사용한다.
- 보고서 안에서 주요한 부제목을 표시하기 위하여 헤딩을 사용한다. 헤딩은 독자가 실제로 읽기를 원하는 부분으로 건너 띄는 것을 도와준다.
- 필요시 다양한 형태의 목록을 사용한다. 목록은 주요점을 강조하고 정보를 쉽게 좇아가고, 독자가 주요점에 되돌아가는 것을 도와준다. 그리고 귀하의 보고서를 좀더 쉽게 읽도록 흰 여백을 만들어 준다.
- 필요시 테이블과 그래픽을 사용한다.

2. 시험보고서

시험보고서는 실험으로부터의 데이터뿐만 아니라 데이터로부터 나오는 결론과 또한 이론, 방법, 절차 실험에 사용된 장비를 제시한다. 실용적인 만큼 시험보고서는 독자로 하여금 실험을 모사할 수 있도록 해야 한다. 그래서 그들이 스스로 결과를 입증할 수 있도록 하고, 이중적인 요구조건으로 인하여 시험보고서는 독특한 구조를 갖는다.

가. 내용 및 편성

- 도입 : 도입부에서 전반적인 주제의 아이디어와 보고서의 목적을 제시하고 내용의 개요를 제공한다. 토론의 장으로 바로 뛰어드는 것을 회피하고 먼저 독자에게 진행방향을 제시한다.

- 배경 : 프로젝트로 인도하는 연구상의 의문을 토론하고 연구서적에서 배경의 토론을 제공한다. 이것은 전형적으로 이론과 충돌하는 것을 동반한다. 예를 들면 다른 분야에서의 흥미 있는 발견을 자신의 분야에 응용하기를 원할 수도 있다. 이 작업을 하고 있는 이유를 독자에게 제공하고 귀하 자신의 프로젝트를 이해하기 위한 전후 사정을 제공하기 위하여 배경을 탐구한다.

- 문헌검토 : 시험보고서에는 귀하의 프로젝트와 관계되는 연구문헌의 토의가 포함된다. 귀하는 작업에 관련 있는 연구자의 발견사항을 요약한다.
  표준 서지학 양식을 사용하고, 보고서의 길이 및 복잡성에 따라서 모든 요소 중 토의된 3개, 즉 도입, 배경 및 문헌검토는 부제목 없이도 도입문단에 통합될 수 있다. 그러나 길이에 관계없이 이 세 요소는 시험보고서의 시작 부분에 나와야 한다.

- 이론, 방법, 절차, 장비 : 시험보고서에 있어서 그 다음의 주요한 부분은 귀하의 프로젝트와 관계되는 귀하의 이론이나 접근 아이디어를 독자에게 제공하는 것이다.

- 관찰, 자료, 발견사항, 결과 : 시험 프로젝트에서 통상적으로 자료를 수집하고 편성하고 그것을 자신의 섹션에서 제시한다. 보편적인 접근은, 즉 테이블, 그래프 또는 차트로 형식을 갖춘 자료를 제시하는 것이다.

- 결론 : 시험보고서의 결론 부분에서 수집된 자료에 근거하여 결론을 도출하고 그와 같은 결론이 왜 유효하다고 생각하는 이유를 설명한다.

- 함축 및 계속적 연구 : 시험보고서의 보편적인 섹션은 자료와 결론의 함축을, 즉 그들이 어떻게 응용될 수 있고 또한 계속적인 연구 가능성을 약술하면서 탐구하는 것을 포함한다.

- 정보원천 : 시험보고서의 말미에 프로젝트에 사용된 정보원천을 열거하는 섹션이 있다. 그 목록을 넣기 위하여 서지학적 양식을 사용한다.

나. 시험보고서 양식

시험보고서는 분량이 짧고 조직 내부에서 내부적으로 통용된다면 메모랜덤 형식으로 제시될 수 있다. 그러나 또한 표지, 내용, 부록이 있는 공식적인 보고서 형식으로 제시될 수도 있다. 3~4쪽이 넘는 분량의 보고서는 공식적인 보고서 양식을 고려한다.

3. 시방서(사양서)

시방서는 제품의 기술 또는 제품 요구조건이나 좀 더 광범위하게 말하면 설계, 제조, 시험, 설치 및 제품의 사용을 위한 상세내역을 제공한다. 시방서는 또한 건설 및 작동 상세내역을 기술하는 수단으로 작성된다. 시방서는 그것을 실제로 건설하려는 사람들에 의하여 사용되고 또는 시장에서 그것을 구매하려고 시도하는 사람들에 의하여 사용된다. 시방서(사양서)를 작성할 때, 정확성, 내역의 정밀성 및 명확성이 중요하다. 빈약하게 작성된 시방서(사양서)는 문제를 일으키는 원인이 되고 법적 소송까지 갈 수도 있다.

시방서는 특정한 스타일, 양식 및 편성을 해야 한다. 일반적인 권장사항을 참고하시오.

- 양식, 스타일, 내용 및 편성에 대한 요구조건을 파악한다.
- 상세한 내역을 열거하기 위하여 두 개의 난 또는 테이블을 사용한다. 예를 들면 치수, 자재, 중량, 오차범위 및 주기와 같은 것을 가리킬 목적이라면, 규칙적인 문단 스타일 작문은 효과적이지 않다.
- 문장 스타일 프레젠테이션 용도로는 윤곽 및 문장 스타일을 사용한다.
- 문장 스타일 시방서에서는 각각의 특정한 요구조건이 자신의 분리된 문장을 가지고 있는지 확인한다.
- 각각의 개별적 시방서를 위하여 십진법 번호체계를 사용한다.
- 일의 요구조건에 따라 개방적 이행 스타일 또는 폐쇄적 제한 스타일을 사용한다. 개방 또는 이행 스타일에서 귀하는 제품 또는 부품이 무엇을 해야 하는가를, 즉 성능을 규정할 수 있다.

폐쇄적 스타일에서는 그것이 무엇이 되어야 하고, 무엇으로 구성되는가를 정확하게 규정해야 한다.

- 가능할 때마다 기존의 사양을 상호 참조한다.
  다양한 정부기관과 동업자 및 전문가협회는 시방서(사양서) 표준을 발행한다. 실질적인 규격 사항을 포함시키기보다 이러한 표준을 참조할 수 있다.

- 제품이 또는 부품이 무엇이어야 하고 무엇을 해야만 하는가를, 가능하다면 정확하게 구체적이고 명확한 언어를 사용한다. 즉 애매모호함을 피한다. 다시 말하면, 한 가지 이상의 방법으로 해석될 수 있는 단어 사용을 피한다.
  동업자 또는 전문가들이 사용하는 기술적인 용어를 사용한다. 설계, 제조, 건설, 또는 구매에서 사용되는 시방서(사양서)는 요구조건을 가리키기 위하여 "shall"을 사용한다. 시방서 작성에서 "shall"은 요구조건을 가리키는 것으로 이해된다.

- 숫자의 사양은 단어와 심벌로 제공한다.

  예 : 'the distance between A & B shall be five meters(5m).'

- 사양서 작성 스타일은 매우 간명할 수 있다.
  예를 들면 관사 및 접속사와 같은 분명한 기능어를 생략하는 것과 마찬가지로 불완전한 문장이 수용된다.

- 대명사(it, they), 관계대명사(which, that)를 사용하여 단어를 가리킬 때 주의한다.

- 오랫동안 유사한 사양서(시방서)의 표준이 된 단어 또는 구를 사용한다. 과거에 사용된 것이 신뢰성을 증명한다. 법적인 소송에서 유효하지 않은 것으로 알려진 단어 및 구를 사용하지 않는다.

- 사양서(시방서)가 완전한가를 확인한다.
  귀하를 귀하의 사양서(시방서)가 필요한 자의 위치에 둔다. 그리고 그들이 필요한 모든 것을 커버하는가를 확인한다.

가. 시방서(사양서)의 내용 및 편성

편성은 시방서에 있어서 중요하다. 독자는 한 개 또는 구체적인 상세내역의 집합을 발견할 필요가 있다. 개별적 사양을 발견하기 쉽게 하기 위하여 표제, 목록, 테이블 및 식별 번호를 사용한다. 이러한 검색을 가능하게 하기 위하여 실제적인 내용의 특정한 편성이 필요하다.

- 일반적 기술 : 제품, 부품 또는 프로그램을 먼저 일반적인 용어를 사용하여 기술한다.
  원가에 대한 관리적 상세사항, 시작 및 완성일, 프로젝트의 전반적인 기술, 시방서의 범위(커버하지 않는 것), 일반적인 성질의 것과 부분적 기술에 적합하지 않은 것을 기술한다.
- 부분적 기술 : 주요 부분에서 무엇이든지 간에 논리적이고, 자연적이고 혹은 그것을 하는 전통적인 방법으로 사양을 부분적으로, 요소별로, 직종별로 제시한다.
- 일반적인 것으로부터 특정한 순서 : 적용되는 곳마다 사양을 일반적인 것으로부터 특정한 순서로 작성한다.

나. 시방서에 있어서 그래픽

시방서에 있어서 그래픽이 좀 더 효과적으로 정보를 전달할 수 있는 곳마다 그래픽을 사용한다. 예를 들면, 집적회로 생산을 위한 클린룸용 시방서에 도면, 다이어그램 및 개략도면은 문장이나 문단보다 훨씬 더 간결하고 효과적으로 정보의 일부를 전달한다.

4. 진행보고서(Progress Reports)

진행보고서 또는 현황보고서, 중간보고서, 분기보고서, 월간보고서는 고객에게 귀하가 하고 있는 과업의 현황을 제시하는 것이다. 이러한 상세내역을 고객으로 하여금 관리자 또는 프로젝트의 집행자로 행동하는 것을 가능하게 하고, 그들로 하여금 그것을 수정하거나 필요시 그것을 취소하는 것을 가능하게 하기 위하여 제공한다.

이러한 상황에서 귀하는 프로젝트의 과업의 공급자이고 과업의 수혜자는 고객이다. 즉 과업을 필요로 하는 개인 또는 조직이다. 귀하의 고객은 내부적으로 과업감독자일 수도 있고 외부적으로는 귀하가 계약을 체결한 고객일 수도 있다.

진행보고서의 기능을 이해하기 위하여 그것이 작성된 프로젝트를 먼저 이해하는 것이 도움이 된다. 어떠한 크기, 길이 또는 중요한 프로젝트에 있어서 반드시 변경, 새로운 추가 요구조건, 문제점 및 미스커뮤니케이션 등이 발생하게 된다. 고도의 경쟁적인 신제품 개발에 있어서 이러한 가능성은 증대된다. 5백 명에서 일천 명의 큰 개발조직은 시장에서 매력적인 제품을 전달하기 위하여 빨리 일해야 하고 또한 빨리 변할 수 있어야 한다. 이러한 환경에서 고객은, 즉 일정대로 또는 예산범위 이내에서 과업이 적절하게 이루어지고 있지 않다고 우려할 수도 있다.

한편, 공급자는 고객이 프로젝트가 어떻게 개발되고 있는가를 좋아하지 않는다와 새로운 요구조건이 일정 및 예산을 위협한다는 것, 또는 예상치 못한 문제점이 일정 및 프로젝트의 결과에 영향을 끼치고 있다고 걱정할 수도 있다.

이것이 진도보고서가 작성되는 배경이다. 진도보고서는 프로젝트의 일정, 품질 및 원가에 관한 고객의 우려를 완화한다. 진도보고서는 고객과 접촉하는 것을 도와주고 전문적인 이미지를 유지하며 또한 그들 자신을 비합리적인 기대와 잘못된 혹은 근거가 없는 비난으로부터 방어하는데 도움이 된다.

가. 내용 및 편성

* 도입부 : 어느 보고서처럼 먼저 보고서의 목적과 주제와 예상되는 청중을 제시하고 토론 속으로 빠져 들어가기 전에 내용의 간단한 개요를 제공한다.

* 프로젝트 기술 : 진도보고서가 프로젝트에 익숙하지 않은 독자들에게 발송된다면 프로젝트를 간단히 기술해야 한다. 프로젝트의 목적, 범위, 프로젝트 개시일 및 완성일, 공급자의 이름 및 프로젝트에 개입하고 있는 고객 등에 대하여 상세사항을 요약한다.

* 진도요약 : 진행보고서의 중요한 부분은 귀하가 완성한 것, 과업이 진행중인 것 및 행해질 것에 대한 토의이다. 이러한 토의는 몇 가지 방법으로 다루어진다.

– 시간, 기간 접근 : 이전 기간에 완성한 과업, 현재 기간 중 진행하는 작업, 장래 기간에 계획된 작업방식으로 요약할 수 있다.

– 프로젝트 과업 접근 : 프로젝트 중 완성된 과업, 현재 진행중인 과업 및 장래 작업으로 계획된 과업방식으로 요약할 수 있다.

- 혼합 접근 : 이전 기간의 작업에 관한 부분을 개별적 과업에서 귀하가 행한 작업의 요약을 분할함으로써 이러한 접근법을 혼합시킬 수 있다. 또는 프로젝트 과업 부분을 완성된 작업, 진행중인 작업 또는 각각의 과업의 계획된 것에 대한 요약으로 나눌 수 있다.

* 조우한 문제점 : 이 부분에서 발생한 프로젝트의 문제점, 즉 품질, 원가 또는 프로젝트의 일정을 위협하는 문제점에 대하여 계속 기록한다.

* 요구조건상의 변경 : 이 부분에서 예를 들면 일정교대, 새로운 요구조건 등을 귀하가 이해한 대로 프로젝트상의 변경 역사를 유지한다.

* 프로젝트의 전반적 평가 : 진도보고서의 최종 부분에서 프로젝트가 어떻게 진행되고 있는가에 대하여 종합적인 의견을 제시한다. 이 부분에서 모든 것이 잘 진행되고 있다는 것과 사소한 번거로움에 대하여 불평하는 것을 말하려는 반대되는 유혹을 저항한다.
귀하의 업무는 관리자로서 또는 전반적인 프로젝트의 집행자로 행동할 필요가 있는 자들이 필요로 하는 상세내역을 고객에게 제공하는 것임을 기억해야 한다.

나. 진행보고서의 빈도

프로젝트 보고서가 요구되는지 확신할 수 없다면 특별히 기간이 짧은 프로젝트인 경우에 감독자 또는 고객에게 점검한다. 진도보고서는 귀하가 프로젝트에 있는 상황을 간단히 기술하는 한 쪽의 e-mail 통지에 지나지 않을 수 있다는 것을 기억해야 한다.
불필요한 작업을 피하는 것이 건전한 욕구이다. 그러나 적절한 때 진도보고서는 귀하의 전문적 이미지를 강화시킬 수 있다는 것을 기억하고, 그것은 귀하를 고객과 밀착하게 해주고, 불행하고 감당하기 힘든 일을 제거하는 것을 돕는다.

진도보고서의 일정은 감독자 또는 고객이 설정할 수도 있다. 그렇지 않으면 프로젝트와 고객의 요구조건에 대한 귀하의 감각이 몇 개의 진도보고서가 있어야 하고, 얼마나 자주 전달되는가를 규정해야 한다.
전형적으로 진도보고서는 매월 말 또는 매 분기말에 송부된다.

다. 진행보고서 양식

큰 프로젝트에 있어서, 진도보고서는 장문이고, 100페이지, 제본되고 공식적인 보고서이다. 그렇다 해도 내용과 편성은 앞에서 토의한 바와 동일하다. 공식적인 요소는 제목 페이지, 내용순서, 요약, 부록 등이다.

진도보고서는 비즈니스 서한 또는 메모랜덤 형식에 적합할 수도 있다.

5. 제안서(Proposals)

엔지니어로서 특별히 컨설팅 엔지니어로서 가장 중요한 도구 중 하나는 제안서이다.

제안서로 만약 귀하가 독립적인 엔지니어라면 자신을 위하여, 귀하를 고용하는 회사를 위해 일을 획득한다. 제안서는 특정한 것이다. 입찰서, 제안서 또는 프로젝트를 하겠다는 신청서, 프로젝트를 하는데 승인 또는 수락을 획득하는데 필요한 뒷받침 정보가 첨가된다.

제안서는 때때로 수취인에게 프로젝트가 청하여질 필요가 있음을 납득시켜야 한다. 그러나 제안서는 항상 수취인에게 제안자가 프로젝트를 하는데 올바른 개인 또는 조직임을 납득시켜야 한다.

전형적인 제안서 시나리오에서, 한 조직이 특정 프로젝트를 진행하기 위한 제안요청서(Request for Proposals)를 발송한다. 제안요청서는 다양한 방법, 즉 신문광고, 전문잡지 광고 또는 특정 간행물로 발송되고, 선정된 판매자 조직에 우편이나 전화 또는 전자우편으로 발송된다.

프로젝트에 관심이 있는 조직은 그들의 자격을 제시하는 제안서를 제출하고 좋은 선택으로 스스로 건수를 만든다. 제안서의 수취인은 제안서 중의 하나를 선정하고 계약협상을 한다. 일단 협상이 완료되면 프로젝트를 획득한 조직이 공사에 착수한다.

제안서 작성은 경쟁적이다. 귀하는 조직의 장점을 조명하지 않으면 안 된다. 프로젝트에 적합한 자로서 귀사를 위하여 좋은 케이스를 만들어야 한다.

가. 제안서의 형태

수취인이 제안서를 요청했는가에 기초해서 두 가지 형태로 나눌 수 있다.

– 간청된 제안서 : 조직이 제안요청서를 발급하면 이것은 간청된 제안서이다.

- 요구하지 않은 제안서 : 개인이나 회사가 가끔 수취인으로부터 공식적인 요청 없이 제안서를 주도한다. 그들은 개인 또는 조직에 문제점이 있거나 기회가 있다고 볼 수도 있다. 제안서가 간청되지 않을 때, 제안서 작성자는 제안서가 행해질 필요가 있음을 수취인에게 납득시키는 추가 작업을 해야 한다.

제안서는 발생하는 내용에 따라 구분될 수 있다.

- 내부적 : 조직 내에서 누군가에게 제안할 때, 양식과 내용은 상당히 변화한다. 통상적으로 메모형식이 적당하다.

- 외부적 : 자신의 외부에 있는 개인 또는 조직에게 제안을 한다면 비즈니스 서한과 공식적인 보고서 형식의 조합을 사용하지 않으면 안 된다.

나. 제안서의 편성 및 내용

- 도입 : 제안서의 첫째 문단 또는 섹션에서 제안서의 수취인이나 프로젝트의 정보원과 이전의 접촉을 언급한다. 제안서로 나오게 된 정보를 식별한다.(다른 말로 하자면 목적을 진술한다.) 제안서 내용의 간단한 개요를 제시한다.

- 배경 : 대부분의 요청받지 않은 제안서에서, 귀하가 제안서를 작성하게 하는 문제점 또는 기회를 토의하기를 원할 것이다. 제안서를 요청하는 당사자는 아마도 문제점을 매우 잘 알고 있다. 간청된 제안서에서 배경 부분은 귀하가 상황을 잘 이해하고 있다는 것을 보여줌과 그것에 대한 해석을 탐구함에 있어서 유용할 수 있다.

- 실질적 제안서 진술 : 대부분의 제안서에서 귀하가 제안코자 함을 명시적으로 진술하는 짧은 섹션을 포함한다. 제안서는 가끔 많은 가능성을 언급한다. 그것은 실질적으로 제안되고 있는 것에 관하여 막연함을 만들 수 있다.
  귀하는 범위에 대한 진술이 필요할 수도 있다. 귀하가 하기를 제안하지 않은 것에 대한 명백한 진술을 필요로 한다.

- 작업성과의 기술 : 많은 제안서는 제안된 프로젝트 바꾸어 말하면 작업의 결과를 기술하는 섹션이 필요하다. 이것은 건설된 건물, 프로그램설계, 청사진 또는 계획이나 몇 십 페이지의 보고서일 수도 있다.

- 프로젝트의 이점 및 타당성 : 수취인에게 프로젝트를 추진하는 방법으로, 일부의 제안서는 프로젝트의 이점을 토의할 수 있다. 다른 사람들은 이와 같은 이점이 어떻게 가능한가를 토의한다. 이것은, 즉 수취인이 그 프로젝트가 첫째로 필요하다는 것을 납득시켜야 하는 요청받지 않은 제안서에서 특별 사항이다.

- 방법 또는 접근 : 일부의 제안서에서 귀하는 프로젝트를 어떻게 시작하는가를 또는 귀하의 접근 뒤편에 있는 이론조차도 설명하는 섹션이 필요할 것이다. 일부의 프로젝트에서 사람들은 작업이 어떻게 실시될 것인가와 그것이 왜 그러한 방법으로 실시될 것인가를 알 필요가 있다. 배경 섹션에서처럼 이 토의는 귀하의 전문성을 보여주는 것을 가능하게 한다.

- 자격 및 조회 : 대부분의 제안서는 과거의 성과를 언급하면서 제안하는 조직의 주요 자격을 열거한다. 제안서의 이 섹션은 미니 이력서와 같다. 큰 규모의 제안서는 실제적으로 프로젝트에서 일할 개인의 이력서를 포함시킨다.
  소규모의 내부적 프로젝트에서는 이 섹션이 불필요하다.

- 일정표 : 제안서는 날짜 또는 주요한 마일스톤에 대한 시계열을 포함한 계획된 작업의 일정표를 포함시켜야 한다. 이 정보는 방법 및 절차 섹션에 적합하다.

- 비용 : 대부분의 제안서는 프로젝트에 포함된 다양한 경비를 상세하게 제시하는 비용섹션이 있다. 총액을 제시하는 대신 그것을 다양한 종류의 노무, 각각에 대한 시급, 그리고 기타 청구금액으로 분해한다.
  귀하가 내부적 제안서를 작성한다면, 귀하는 필요한 공급품, 새로운 장비에 대한 경비, 청구되지 않더라도 귀하의 인건비 등을 열거할 필요가 있다.

- 결론 : 통상적으로 제안서의 최종 문단에서 수취인이 귀하의 제안서를 고려하고, 질문사항을 가지고 접촉하고 또한 귀하의 입찰이나 요청을 수락하도록 촉구한다. 이것은 한 번 더 프로젝트를 실시함에 대한 이점을 암시하는 좋은 장소이다.

다. 제안서 양식

제안서 수취인에 대한 귀하의 관계 및 제안서의 크기, 성격과 수취인에 의하여 제안서가 사용되는 방법에 따라 제안서를 작성할 수 있는 몇 가지 방법이 있다.

- 메모형식 : 제안서가 4페이지 이하인 경우, 그리고 회사 내부에 있는 누군가에게 보내진다면 간단한 메모양식을 사용한다.
- 비즈니스 서한 형식 : 제안서가 짧지만 조직 외부에 있는 누군가에게 보내진다면 비즈니스 서한 형식을 사용한다.
- 표지 메모가 있는 별도의 제안서 : 제안서가 길고(4페이지 이상) 귀하의 회사 내부자에게 보내진다면, 그리고 다양한 검토자들에게 회람된다고 예상하면 제안서를 별개의 문서로 만든다. 보고서 앞에 표지 메모를 첨부한다. 메모에서 도입과 결론의 핵심요소를 재진술한다.
- 커버 서한이 있는 별개의 제안서 : 제안서가 길고 귀하의 회사 외부에 있는 사람에게 송부된다면, 그리고 그것이 다양한 검토자들에게 회람이 될 것으로 예상된다면, 자신의 제목이 있는 별개의 문서를 만든다. 그 앞에 커버 서한을 첨부한다. 서한에서 도입과 결론의 핵심 요소를 재진술한다.

6. 지시서(Instructions)

피고용자, 동료, 고객 또는 발주자를 위하여 단계적인 절차를 작성해야 하는 경우가 있다. 그와 같은 지시서 안에서 신제품을 조립, 작동 또는 문제점을 해결하는 방법을 설명한다. 문서로 사무실, 시험실 또는 현장 주변에 있는 장비를 운용하는 방법과 다른 종류의 절차를 이행하는 방법을 설명할 필요가 있다.

가. 서론

지시서를 작성함에 있어서 중요한 점은 자신을 독자의 위치에 들어가게 하는 것이다. 그들의 배경이나 지식에 대하여 담보되지 않은 가정을 하지 말아야 한다.
그리고 절차를 성공적으로 완성하기 위하여 그들이 필요로 하는 모든 것을 제공한다.
지시서와 제품 사양서 사이에 중요한 차이가 있음을 이해해야 한다.
서두른 개발 주기에서, 제품사양서가 거의 수정되지 않고 지시서로서 사용된다. 사양서는 통상적으로 지시서처럼 기능을 제대로 발휘하지 못하기 때문에 우려되는 부분이다. 사양서는 모양과 기능의 그룹으로 제품을 접근한다. 과업적인 면에서 접근하지는 않는다.

지시서를 작성함에 있어서 중요한 점은 청중분석이다. 지시서를 사용할 가능성이 가장 높은 독자 집단의 관계된 특성을 확인한다. 대부분의 지시서에서 귀하가 독자들이 알기를 기대하는 것과 지시서에서 설명하려는 것을 결정해야 한다.

나. 지시서의 보편적인 섹션

지시서에 대한 도입부에서 다음 사항의 조합을 포함한다.

– 주제 또는 지시의 초점 : 실제적으로 설명하려는 특정 절차 또는 과업을 제시한다.

– 제품 : 제품에 대한 지시서를 제공한다면 간단한 기술(설명) 또는 제품에 대한 개요를 제공한다.

– 청중 : 필요시 지시서를 이해하기 쉽도록 독자들이 필요한 지식 또는 배경을 제시한다.

– 개요 : 지시서의 주요 내용을 간단히 열거한다.

– 특별통지 사항 : 많은 지시서에서, 경고, 주의 및 위험에 대하여 특별한 형식을 갖춘 통지를 발견한다. 이것들은 개인적인 특별통지가 관계되는 곳에 지시서의 본문과 마찬가지로 도입부에 바로 나타난다. 지시서에서 이러한 특별통지의 부족함은 독자가 부상을 당하거나 금전을 상실할 때 법률적 소송까지 갈 수 있다.

  * 유의 : 간과될 수 있는 특별한 요점을 강조하기 위하여 사용된다.

  * 경고 : 절차의 결과를 망치거나 장비를 파손할 가능성을 독자에게 경고하는데 사용된다.

  * 주의 : 경미한 부상 가능성을 독자에게 경고하는데 사용된다.

  * 위험 : 중대하고 또는 치명적인 부상 가능성을 독자에게 경고하는데 사용된다.

– 배경 : 일부의 지시서는 절차에 관계된 개념 또는 이론에 대하여 도입하는 토의에 의하여 큰 이점이 있다. 특별히 복잡한 과업에 있어서 그것은 독자가 그들이 무엇을 하고 있는 것과 왜 그것을 하고 있는가를 개념적으로 이해하는데 도움이 된다. 배경은 전혀 지시서에 의논함이 없이 독자 스스로 다른 절차를 파악할 수 있게 한

다. 그러나 배경이 절차상의 토의와 밀접한 관계가 있는가를 확인한다. 지시서에 있어서 보편적인 문제점은 배경은 과업에 대하여 즉각적인 관계가 없는 것이다. 이러한 문제를 방지하기 위하여 귀하가 절차를 작성한 후에 귀하가 필요하다고 생각하는 배경을 작성한다.

- 장비 및 공급품 : 대부분의 지시서에서 시작하기 전에 독자들이 수집해야 하는 공급품과 장비를 열거할 필요가 있다. 공급품은 종이, 풀, 시너, 페인트, 못 등과 같은 과정에서 사용되는 소모품이다. 장비는 스크루 드라이버, 망치, 혼합기, 납작한 냄비 등과 같은 도구와 기계이다. 일부의 지시서에서 단순히 장비와 공급품만을 열거하는 것은 충분하지 않다. 구체적인 크기, 상표, 형태, 모델 등을 열거할 필요가 있다.

- 지시서의 구조 : 절차의 단계적인 토의에 들어가기 전에 절차 안에 포함된 과업들을 구분한다. 하나의 과업만이 있는 경우가 있고, 실제적인 조합 또는 순서에 있어서 반드시 이행되어야 하는 몇 개의 과업이 있다.

- 단계에 대한 토의 : 과업을 이행하는 방법의 단계적 토의로서 작문스타일, 형식, 부제목 및 내용을 포함하여 몇 가지 문제가 있음을 인지해야 한다.

  * 명령적 스타일 : 지시서에 있어서 많은 문장은 명령어를 사용하거나 "You"와 결합된 구(Phrase)를 사용한다.

  * 보충 설명 : 지시서에 있어서 개인적 단계를 위하여 부가적인 설명이 필요하다. 많은 경우에 있어서 독자에게 그들이 무엇인가를 해야 하는 이유 또는 하지 말아야 할 이유를 설명해야 한다. 또한 익숙하지 않은 용어를 정의하거나 개인적 단계, 이전, 사이, 사후에 사물이 어떻게 보이는가를 기술할 필요가 있다.

  * 특별 양식 : 토의단계에서 수직적으로 번호를 붙인 목록이 가끔 사용된다. 분명히 이것은 독자가 절차를 따르는 것을 도와주고, 그들이 이행해야 하는 구체적인 행위를 분명히 정의한다.

  * 부제목 : 잘 작성된 지시서는 부제목을 사용한다. 부제목은 독자가 장비와 공급품의 목록 배경 정보, 문제해결 요령을 찾는 것을 도와준다. 부제목은 절차를 구성하는 다른 과업을 발견하는 것을 도와준다.

Chapter 5 영문 프레젠테이션

1. 프레젠테이션의 정의

언어, 문서, 매체를 통하여 한 당사자가 타인에게 자신의 의사나 정보를 전달하는 것이다.

2. 프레젠테이션의 종류

- 구두(Oral)
- 문서(Document)
- 비디오(Video)
- 컴퓨터(Computer/Power Point)

3. 프레젠테이션의 형태

- 판매 프레젠테이션(Sales presentation)
- 기술적 제안서(Technical proposal)
- 제품 정보(Product information)

- 기술적 세미나 자료(Technical seminar paper)
- 프로젝트 결과보고서(Project result report)
- 상황 또는 진도보고서(Status or progress report)
- 교안(Tutorial)

4. 구두 프레젠테이션 준비

1) 청중을 분석한다.

- 나의 청중 가운데 누가 핵심인물인가?
- 나의 주제에 대하여 무엇이 필요하고 또 관심을 가지고 있는가?
- 나의 주제에 대하여 그들은 얼마나 알고 있는가?
- 어떻게 그들의 주목과 흥미를 바로 얻을 수 있는가?
- 그들의 태도는?
- 그들의 태도를 변화시킬 필요가 있는가?
- 그들은 나에게서 무슨 혜택을 얻을 것인가?
- 그들은 무슨 종류의 질문을 할 가능성이 있는가?

2) 목적을 결정한다.

- 청중이 모인 목적 : Instruction, Information, Insight, or to be persuaded or what?
- 자신의 전달 목적(Assignment)을 아는 것이 중요하다.

3) 시간계획을 결정한다.

할당된 시간을 초과하지 않아야 한다. 바쁜 사람의 시간을 많이 뺏거나 뒤에 나오는 연사의 할당시간을 방해하지 않기 위하여 부여된 시간을 점검한 후 계획을 수립한다.(서론, 본론, 결론, 질문)

4) 소재를 통제한다.

주제에 대하여 모든 것을 전달하는 것을 기대하지 마시오. 주요 목적과 시간은 분명히 하고 귀하가 청중에게 전하고 싶은 가장 중요한 요점만을 결정한다. 그리고 주어진 시간 범위 안에서 그 요점을 어떻게 전개할 것인가를 결정한다.

5) 편성계획을 선택한다.

주제, 목적, 그리고 주어진 시간에 소재를 조직하는 방법을 결정한다.
대부분의 프레젠테이션은 도입, 본론, 결론 및 질의응답으로 구성된다.

6) 개요와 Notes를 준비한다.

개요와 노트를 작성하는 것이 귀하의 소재를 잘 제시할 수 있도록 해 준다. 그것들은 각 요점에 대한 시간할당 및 프레젠테이션을 연습할 때에도 도움이 된다. 과도한 의존은 실제적인 프레젠테이션을 하는 동안에 귀하가 주제에 대하여 철저하게 잘 모른다는 인상을 줄 수도 있다.

7) 보조 그래픽을 만든다.

- OHP
- Slide
- Flip chart

* 너무 많은 정보를 기입하지 않는다. 가능한 한 간단하게 작성하고 말로 설명한다.

* 읽기 쉬운 단어를 사용한다.

8) 유인물을 준비한다.

유인물(Handout)을 제공할 것인가를 신중히 생각해 본다. 배포한다면 어떤 종류, 언제 배포할 것인가? 주제가 상세하고 많은 자료를 다루고 있다면 개요를 배포하는 것은 좋은 생각이다.
한편, 많은 성공적인 연사들은 청중들로 하여금 프레젠테이션에 집중하도록 요구한다. 그리고 필요시 필기하도록 한다.

- Dilemma : 유인물의 배포시기이다. 잘못된 시점에 배포하면, 주의력을 산만하게 하고, 청중은 연사를 무시하고 부분적으로 듣는다. 그리고 귀하가 어떻게, 그리고 언제 그것을 참조할 것인가를 미리 결정할 필요가 있다.

9) 도입(Introduction)을 준비한다.

말을 어떻게 시작할 것인가를 생각할 때에 다음 사항을 기억해 둔다.

- 청중이 무의식적으로 자문한다. “내가 왜 이것을 들어야만 하는가?” 또는 “내가 왜 지금 여기에 와 있어야만 하는가?”
- 청중은 제한된 집중력을 가지고 있다.

이러한 문제점을 해결하기 위하여 도입을 준비함에 있어서 귀하의 청중에게 주제가 무엇인가와 그것이 청중에게 무슨 도움이 되는가를 바로 알 수 있게 계획해야 한다.
전반적인 개요와 활동상황을 제시함으로써 방향감각을 제시한다.
또한 청중들에게 강연시간계획을 알려야 한다.

10) 결론을 준비한다.

필수적인 사항에 청중을 집중시키기 위하여 프레젠테이션의 결론을 준비한다.

- 토의한 것을 요약한다.
- 한 번 더 핵심 아이디어를 강조한다.
- 요점을 재검토한다.
- 추천(Recommendations) 또는 결정(Decisions)을 재진술한다.

최종적인 그래픽이 큰 도움이 될 수도 있다. 청중에게 귀하의 강연으로부터 청중이 무엇을 가져가기를 원하는가에 대한 계속적인 인상을 제공한다.
이 시점에서 갑자기 말을 중단하지 말고 우아하게 끝맺는 말을 준비하고, "이상으로 프레젠테이션을 마치기로 하고 경청해주셔서 고맙습니다. 질문이 있으신가요?" 로 맺는다.

11) 질문에 대비한다.

질문시간이 있다면 준비 단계에서 예상 질문 및 답변을 준비한다.
귀하를 청중의 입장에 놓으시오.
귀하의 강연의 일부분이 특히 어렵고, 상세하고 또는 논쟁을 일으키는가?
시간적인 제약 때문에 철저하게 들어갈 수 없는 분야가 있는가?
따라서 의문을 만들어낼 수도 있다. 예상되는 최악의 질문은?

12) 연습한다.

충분한 연습을 하면 자신감이 생긴다. 친구, 동료 또는 배우자로부터 연습에 대하여 피드백을 받는다.

5. 프레젠테이션을 하는 경우 주의사항

- 너무 부드러운 목소리로 말하면 청중에게 잘 전달되지 않는다.
- 너무 느린 속도로 말하면 싫증을 느끼게 하고, 귀하의 신뢰도를 떨어뜨린다. 너무 빠른 속도로 말하면 그것은 긴장감 때문에 또는 주제에 대하여 귀하가 청중보다 많이 알고 있기 때문이다. 보통 말하는 속도로 해야 한다. 그러나 중단이나 의도적으로 가끔 속도를 줄임으로써 중요한 요점을 강조할 수 있다.
- 활기차고 열정적인 대화 속에서 대부분의 사람들이 말하는 방법을 사용함으로써 말의 속도와 고저를 변경함으로써 단조로움을 피해야 한다.
- 습관음(기본적으로 애, 음, 유노우 등)을 사용함으로써 청중을 혼란스럽게 하지 않아야 한다.

- OHP화면 앞에 서 있지 않아야 하고, 계속 스크린 앞에 서서 이야기하지 않아야 하며, 시야를 가리지 않도록 움직여 주어야 한다.
- 일반적으로 프레젠테이션하는 동안에는 슬라이드를 읽지 마시오. 그것은 보조수단이지 귀하의 원고가 아님을 염두에 둔다.
  화면을 잘 보이게 하기 위하여 조명에 신경을 쓰고, 너무 어두운 조명은 청중을 졸립게 하고 얼굴표정을 감출 수 있고 청중과의 아이 콘택트를 감출 수 있다.

6. 프레젠테이션을 보강한다.

- Make clear transition : 다음과 같은 말을 사용함으로써 청중을 귀하의 생각에 있어서 연결과 전환을 분명히 함으로써 묶어둔다.

– First	– On the other hand
– Next	– As you can see
– To begin with	– For example
– Initially	– Also
– Furthermore	– Finally
– Consequently	– In conclusion
– As a result	– To sum up

- Repeat key points : 아무리 간단한 내용이라도 귀하는 청중이 가지고 가기를 원하는 하나의 중요한 요점이 있다. 반복하는 것을 두려워하지 말고, 훌륭한 연사도 청중의 주의력이 산만해지는 경우가 있다.
  결론, 요약에서 중요한 요점을 반복하는 것은 필수적이다.
- Use a pointer : 지시봉은 청중의 주의를 귀하의 그래픽에 집중시킬 수 있는 가장 좋은 방법이다. 단, 과도하게 많이 사용하지 않도록 주의한다.
  사용하지 않을 때에 무의식적으로 흔들지 마시오.
- Maintain eye contact : 청중과의 Eye contact를 통하여 귀하의 신뢰도를 증대시

켜야 한다. 청중을 쳐다봄으로써 소그룹에서는 친밀한 관계가 형성되고 보다 큰 그룹에서는 일치감을 형성한다. 청중 가운데 가장 우호적인 얼굴을 Eye contact 하고 가장 집중력을 보이는 청중과 Eye contact를 함으로 시작한다. 개인을 쳐다봄으로써 그들이 귀하의 메시지를 어떻게 받아들이고 있는가에 대한 피드백을 받을 수 있다.

- 예상치 못한 질문에 대비한다. : 예상치 못한 질문을 받았을 때에는 당황하게 보이거나 놀란 것으로 보이지 않도록 주의해야 한다.
  귀하는 많이 준비하였고 또한 주제에 대하여 잘 알고 있다.

  두 가지 전략 : 단순히 모른다고 말한다. 청중은 귀하의 정직함을 존경한다. 그 정보에 대한 원천을 공급해 주기를 제의할 수 있다.
  다음의 전략은 프레젠테이션이 끝난 후에 질문자와 별도로 이야기할 것을 제의한다.

- 긴장감을 받아들인다. : 초보자는 긴장하는 것이 정상이다. 경험이 쌓이면 자연스럽게 해결할 수 있다. 가장 경험이 많은 연사도 청중을 마주보기 전에 긴장한다. 무대 공포증이 있으면 다음 사항을 고려하는 것이 중요하다.

가. 프레젠테이션 방에 들어가기 전에 귀하가 준비하는데 열성을 다했고 그것을 전달하기 위하여 연습했다는 것을 인식한다.

나. 방에 들어가기 전에 심호흡을 몇 번 해 본다.

다. 우호적인 얼굴을 보이는 사람을 찾아내어 악의가 없는 농담을 프레젠테이션을 하기 전에 교환한다.

7. 팀 프레젠테이션

- Team 프레젠테이션을 준비한다.

1단계 : 청중과 목적을 분석하기 위하여 함께 모인다.

2단계 : 강조할 주요 사항을 결정한다.

3단계 : 커버할 중요한 자료의 순서를 결정한다.
4단계 : 누가? 무슨 주제를 커버할 것인가?
5단계 : 각 연사에게 시간을 배정한다.

* 팀 리더가 주제를 분명하게 구분해 주고 각 연사가 주제에 대하여 집중하게 하고 다른 연사의 영역을 다루지 않도록 확인해야 한다.

– 프레젠테이션을 나눈다.

다른 연사에게 다른 부분을 할당함으로써 장시간의 프레젠테이션이 단조로워지는 것을 예방할 수 있고, 청중의 관심을 불러일으킨다.
또한 프레젠테이션에 대하여 분명한 구조를 제공해 준다.

– 실습을 해본다.

집단이 모여서 충분히 연습을 해 보아야 한다. 연습을 통하여 정보의 갭을 발견하거나 소홀히 한 주제를 발견할 수 있고 프레젠테이션의 모든 부분이 잘 통합되었는가를 확인할 수 있다. 팀원으로서 할당된 시간에 맞추는가를 확인하는 것이 필요하다. 다른 연사의 시간을 빼앗아서는 안 된다.

– 구두 프레젠테이션에 대한 점검표

점검표를 만들어 각 항목마다 점수를 체크해 본다. 자신을 청중의 위치에 놓고 그들이 귀하의 프레젠테이션을 들으면서 점수를 얼마나 줄 것인가를 느껴보도록 시도해 본다.
프레젠테이션을 연습하는 동안에 동료로 하여금 각 항목마다 점수를 체크하게 해서 피드백을 받는 것도 좋다.

점 검 표

도 입(Introduction)

우호적인 분위기 조성( )
적절한 속도( )
청중의 주의를 끌었는가?( )
주제와 청중의 연관은?( )
명확하게 중심적인 사고를 제시( )

교육 보조자료

읽기에 분명하고 쉬운가?( )
전문적으로 보였는가?( )
과중한 정보를 피했는가?( )
관계된 사고를 지원하는가?( )
충분했는가?( )

본 론(Body)

사려 깊게 청중분석을 했는가?( )
중심 생각을 지원했는가?( )
청중의 흥미를 유지했는가?( )
기술적 정확성을 제시했는가?( )
상세내역을 효과적으로 편성했는가?( )
시간을 주의 깊게 할당했는가?( )
분명한 전환을 했는가?( )

전 달(Delivery)

분명한 음량과 발음( )
효과적인 어법(어조)( )
어조의 변화는 적절했는가?( )
습관음 사용( )
충분한 열정( )
표준문법의 사용( )
질문에 대한 응답( )

결 론(Conclusion)

프레젠테이션을 잘 엮었는가?( )
중심 생각을 재진술했는가?( )
행동이나 반응을 제안했는가?( )
토의나 질문을 받아들였는가?( )

외 모

전문적인 자세 및 외모 ( )
적절한 제스처 사용( )
지시봉의 효과적인 사용( )
청중과의 Eye contact( )
노트와 시각자료의 취급( )

시간제한(Time limits)

너무 짧았다.( )
적당하였다.( )
너무 길었다.( )

8. 문서 프레젠테이션(Written Presentation)

1) 왜 쓰는가?에 초점을 둔다.

독자와 무엇을 대화하기를 원하는가? 정확한 아이디어를 가지고 있어야 한다. 목적이 정의되어 있지 않으면 상대방이 분명한 메시지를 얻었는지 기대될 수 없다. 분명한 목표 없이 작성된 프레젠테이션은 단순한 의사소통으로 끝나버린다. 따라서 목적 진술문을 사전에 작성해야 한다.

예 : 목적 진술문(Purpose worksheet)

The purpose of this presentation is to : ______________________

____

(State purpose for writing)

____

so that ______________________________________

(Intended readers)

will ____

____

(State actions readers should take)

예문 : The purpose of this presentation is to introduce our new products so that the consumers will buy more our new products.

2) 독자에 초점을 둔다.

가끔 프레젠테이션을 읽어야 하는 독자들의 요구, 흥미, 전문성의 수준 또는 예상되는 반응에 대하여 고려하는 시간이 없이 글을 쓰는 경우가 있다. 작자가 계획하고, 쓰고, 수정함에 있어서 독자의 능력, 기대치 등을 고려해야 한다. 작자와 목표 청중과 사이에 있는 간극을 메워야 한다.

전문적인 분야에서의 간극은 지식, 능력 또는 흥미(관심)의 다양함에 따라 초래될 수 있다. 글을 쓰기 시작하기 전에 자신이 어디에 위치하고 있는가를 결정하기 위하여 독자가 누구인가를 확인하고 자문해 본다.

3) 문서의 사양을 충족시킨다.

문서를 작성하기 전에 귀하의 문서가 충족시켜야 하는 사양(Specification)을 알아야만 한다. 많은 독자들은 그들이 수취하는 프레젠테이션이 특정 종속변수 속에 들어야 하는 것을 기대한다.

예 : 길이, 소제목, 간격, 여백 폭, 양식, 활자체

4) 요점을 제공한다.

메모, 서한 보고서를 읽는 사람은 바쁜 경향이 있다. 처음부터 끝까지 다 읽을 수 있는 여유가 없는 사람도 있다. 따라서 문장이 직접적이어야 하고 가장 중요한 정보가 문서의 서두에 있어야 한다. 이것은 일반적인 것부터 구체적인 것으로 움직이는 것을 의미한다.

독자들은 그것이 뒷받침하는 상세내역을 읽기 전에 귀하의 요점, 불평, 요청, 결론 또는 추천 사항 등을 알고 있다.

어떤 종류의 문서를 만들거나 독자가 가장 접근하기 쉬운 곳에서 독자가 필요로 하는 정보를 제공해야 한다. 즉 문서의 서두에 제공하는 것이 중요하다.

5) 정확한 정보를 제공한다.

귀하가 만든 깨끗한 문서도 그것이 전달하는 정보가 잘못되었을 경우는 쓸모가 없다. 귀하가 사실을 적을 때에 그것들이 정확한가를 확인하고, 의견도 충분한 증거가 제공되어 그들을 증명할 때까지 정확하게 제시되었는가를 확인한다.

6) 자료를 논리적으로 제시한다.

문서의 필수적인 메시지에 접근하기 쉬워야 할 뿐만 아니라 모든 정보가 제 위치에 있어야 한다. 이것은 귀하가 귀하의 소재를 잘 정리하여 각각의 아이디어, 포인트 및 섹션이 분명하고 또한 논리적으로 적절한 패턴 속에 위치해야 한다.

예 : 연대적 순서
하나의 물리적 포인트로부터 다른 포인트로
가장 중요한 것으로부터 덜 중요한 것으로
친숙한 것으로부터 또는 어려운 것으로부터
일반적인 것으로부터 구체적인 것으로

7) 자신을 분명히 표현한다.

귀하가 말하고자 하는 것을 분명하고 요점만 진술해야 한다. 귀하가 작성한 것을 이해하기 위하여 독자를 필요 이상으로 힘들게 하지 않아야 한다. 귀하의 문장은 해석이나 오해의 여지가 없는 단일한 의미를 전달해야 한다.

- 모호성 : 대명사(they, it) 등의 사용으로 혼란을 야기할 수 있다.

- 막연성 : 공허함은 독자로 하여금 유용한 의미를 전혀 알지 못하게 한다. 추상적인 말은 정확한 것을 전달하지 못한다. 정확한 뜻을 가진 말을 사용해야 한다.

- 응집력 : 진정한 주제에 대하여 얼마나 초점을 잘 유지하는가? 귀하는 문단에서 각 문이 전후와 분명한 관계가 있는 것을 확인함으로써 응집력을 달성할 수 있다. 이것은 주요한 포인트 또는 주제문을 가지고 시작하고, 필요한 곳에서 핵심 단어를 반복하고, 전환어를 사용하고, 그들이 문단을 구성함에 있어서 필요한 곳에서 문을 연결하기 위하여 대명사를 사용하는 것을 의미한다.

- 직접성 : 가능한 한 문서작성에 있어 직접적인 것이 독자로 하여금 귀하의 요점을 재빨리 파악하게 한다. 메시지의 가장 중요한 부분은 문(Sentences)과 문단(Paragraph)의 시작 부분에서 나와야 한다.

8) 효율적인 어휘를 사용한다.

주의 깊게 편집해서 만든 문서는 독자들의 시간 소모적인 작업을 감소시키거나 제거한다.

- Wordiness : 직접적인 어휘 대신에 불필요하게 주제넘은 어휘를 사용하는 것은 독자들의 읽는 속도를 느리게 할 수 있다. 가능한 한 항상 단순하고 평범한 어휘를 선택한다. 독자들은 어려운 어휘를 사용할 경우에 산만해지고 어휘에 의하여 혼란을 겪을 수 있다.

- Redundancy : 군더더기를 제거해야 한다. 동일한 것을 말하는 단어나 구를 사용하지 않아야 한다.

- Turning verbs into nouns : 완전히 좋은 동사(행위)를 명사(행위의 이름)로 교체하는 것이 불행하게도 많은 엔지니어링 문서 작성에서 보편적이다. 이것은 종종 능동태보다도 수동태로 쓰기를 원하는 결과이다.

  예문 : An analysis of the data will be made when all the results are in.
  We will analyze the data when all the results are in.

9) 아이디어를 접근 가능하게 만든다.

단어를 읽지도 않고, 문서의 쪽수를 보고 그 자료가 효과적으로 제시되었다는 좋은 아이디어를 얻을 수 있다. 이러한 인상은 자료의 구조로부터 나온다. 독자를 위하여 접근하기 쉽게 배열되었는가?
가장 중요한 두 요소는 자료의 분류를 섹션 및 하위 섹션으로 순차적인 소제목을 가지고 하는 것과 문단의 길이이다.

- Hierarchial Headings : 짧은 문서 속에서도 Heading system은 귀하의 소재를 분명하게 조직하기 위하여 필수적이고 독자에게 무엇이 각 섹션 속에 있는가를 알리기 위하여 필수적이다.

  제목과 소제목은 교통신호와 같은 역할을 한다.

- Numbered headings : 번호를 부여하거나 십진법을 사용하는 것이 요구된다. 번호 체계는 긴 보고서의 부분을 독자가 참조하기 쉽게 해 준다.

- 문단 길이 : 아무도 한 페이지 분량의 긴 글을 읽기를 원하지 않는다. 바쁜 관리자들은 가능한 한 정보를 쉽게 소화할 수 있는 방법으로 얻기를 원한다. 조밀한 원문은 단순히 그것이 아주 의욕을 꺾기 때문에 비효율적이다.
  문단을 12줄 이하로 한다. 간혹 12줄을 넘어가는 경우도 있지만 주의하여 작성한다. 문서에 있어서 "Orphan lines", 즉 문단의 첫째 줄이 페이지의 마지막 줄에서 시작하거나 마지막 페이지의 윗줄에서 끝나는 것을 피한다.

10) 정보에 대한 목록을 사용한다.

잘 편성된 목록(list)이 가장 효과적으로 정보를 전달하는 방법이 될 수 있다. 절차의 단계, 구매 자재, 고려해야 할 항목(items), 결정할 이유 또는 구매할 식품

등을 제시해야 한다면 목록이 가장 효과적인 방법이다.

세 가지 목록의 형태 :

가) Numbered lists : 일련의 데이터가 특정한 순서를 따를 때 사용한다. 생각에 있어서 중요한 순서를 가리킬 때도 사용한다. Sub-lists에서는 (a)부터 (k)를 사용한다.

나) Checklists : 목록에 있는 모든 아이템이 통상적으로 제시된 순서를 따른 경향이 있을 때 사용한다.

다) Bulleted lists : 리스트 속에 있는 아이템이 특별한 순서가 없을 때 사용한다.

11) 페이지를 주의 깊게 편성한다.

정보를 얼마나 잘 나누었는가와 문단의 길이를 얼마나 길게 만들었는가를 제외하고 다른 요인이 귀하를 독자들에게 적극적이거나 소극적인 영향을 미칠 수 있다. 사람들은 시각적으로 보기에 쉽고 즐거운 인쇄물을 선호한다.

- 여백(Margin) : 너무 많이 게재한 인상을 주지 않도록 충분한 여백을 남겨야 한다. 표준 여백은 2.54cm이다. 그러나 약간 초과하거나 줄이는 것도 가능하다. 모든 페이지에서 여백이 동일한가를 확인한다. 만약에 책으로 만들려면 왼쪽의 여백이 조금 더 넓어야 한다.

- 활자체(Typeface) : serif활자체를 사용한다. 표준 글자의 크기는 10호부터 12호까지이다. 모든 문장을 대문자로 쓰지 않는다. 대문자는 제목이나 지시를 강조할 경우에 사용한다.

- 흰 공간(White space) : 흰 공간은 원문이나 그래픽으로 채워지지 않는 곳이다. 공간은 정보의 블록 가운데 숨을 쉬는 여지를 남기는 역할을 한다. 다음과 같이 흰 공간을 남겨야 한다.

  가) 충분하고 일관적인 여백을 제공한다.
  나) 모든 문단 사이에 한 개의 공간을 둔다.
  다) 모든 소제목과 부제목 사이에 하나의 스페이스를 둔다.
  라) 텍스트와 그래픽 사이에 또는 리스트 사이에 1~2개의 스페이스를 둔다.

12) 시간을 효율적으로 관리한다.

급하게 서둘러서 일을 처리하면 통상적으로 결과는 좋지 않다.

- 매일 특정한 시간을 글쓰는 시간으로 지정하는 것이 좋다. 이러한 방법으로 짧은 메모, 서한 또는 보고서의 적은 부분을 지정된 시간 속에서 완성할 수 있다. 장문의 과업에 집중하기 위하여 보다 많은 시간이 지정되어야만 한다.

- 윤곽(Outlines), 마감(Deadlines) : 두 쪽 이상의 윤곽을 만드는데 사용하는 것이 도움이 된다. Outline은 구체적으로 만들 필요는 없다. 언제나 변경될 수도 있다. 그러나 그것은 서류를 만듦에 있어서 무엇이 포함되었는가에 대한 지침이 된다.
  또한 그것은 귀하의 과업을 작은 섹션으로 나눔에 있어서 유용하다.
  마감시간이 주어지지 않았더라도 스스로 마감시간을 정하는 것이 좋다. 또한 시간 계획을 짜두는 것이 좋다.

Chapter 6 엔지니어의 영문이력서 작성법

1. 영문이력서 작성법

최상의 자격을 표현할 수 있는 효과적인 이력서를 작성하는 열쇠는 20~30초 이내에 훑어볼 수 있는 디자인이다.

1) 계속적인 재설계 및 업데이트

기술자로서 새 프로젝트를 완성했을 때, 보직을 변경했을 때, 전문 영역에 신기술을 첨가했을 때, 그리고 직업을 변경했을 때마다 이력서를 업데이트하는 것에 신경을 써야 한다. 한 회사에 오랫동안 근무한다 하더라도 끊임없는 업데이트는 매우 중요하다. 고용자가 짧은 시간 동안 이력서를 훑어볼 수 있어야 하고, 후보자의 자격과 배경에 대한 이해를 해야 한다. 과거 5년 동안 전문적으로 했던 것에 대해서는 상세내역을 잊기 그러므로 이력서 초안을 경력이 바뀔 때마다 기록한 것을 컴퓨터 파일 또는 인쇄물로 항상 간직하고 있어야 한다.

2) 디자인 요소

이력서 디자인은 취업함에 있어서 성공하기 위하여 매우 중요하다. 그러나 이력서가 독자적으로 성공을 시킬 수는 없다. 많은 요소, 즉 연결, 시의적절, 수요, 그리고 물론 실제적인 자격을 갖추고 있어야 한다. 잘 설계된 이력서는 후보자에게 몇 가지 역할을 한다. 즉 후보자의 최상의 자격을 나타내고 독자가 그것을 재빨리 보는 것을 쉽게 해 주고 또한 후보자가 잘 드러나도록 갈고 닦은 전문성을 전달한다.

가. 연대순 또는 기능별 편성

이력서 디자인에 있어서 첫 번째 문제점은 후보자의 배경 정보를 연대적 또는 주제별로 나누는 것이다.

- 연대순 접근 : 후보자의 배경을 교육, 직장경력 및 군대 근무경력으로 나눈다. 연대순 설계의 장점은 근무경력을 잘 보여주는 것이다. 또한 후보자가 재직했던 각각의 조직에서의 책임과 프로젝트를 보여준다. 학력 부문에서 이 디자인은 공부한 곳과 그곳에 재학 중 학습한 것을 보여준다. 그러나 연대순 디자인은 후보자의 핵심 자격과 핵심역량을 요약해서 보여주지는 않는다. 그 정보는 경력 부문과 학력 부문으로 흩어져 있다.

- 기능적 접근 : 후보자의 배경을 관계되는 교육 및 경력 분야 또는 그룹으로 나눈다. 예를 들면, 후보자가 대학교에서 프로젝트 매니지먼트 과정을 이수하였고, 주제에 관한 전문적인 세미나에 참석했고, 몇 개의 프로젝트 매니지먼트에서도 선도적인 역할을 담당하였고, 수상하였음을 기능별로 편성한 이력서에서 "프로젝트 매니지먼트"란 부제목하에서 이 모든 것을 요약할 수 있다.
  기능별 디자인의 장점은 후보자의 핵심자격에 대한 정보를 통합하고 각각에 대한 모든 관계된 직장경력과 교육경력을 요약하는 것이다.
  프로젝트 기획 및 매니지먼트 경력과 관련하여 적합한 인물을 찾고 있는 고용자는 후보자가 그들이 찾고 있는 것을 가지고 있는가를 기능적 디자인으로부터 재빠르게 알아볼 수 있다.
  물론 기능적 디자인의 약점은 언제, 어디서, 어떻게 후보자가 경력과 교육을 이수했는가가 즉시 분명하지 않다. 경력의 연대순이 불분명하다. 이 문제점에 대한 해결은 경력과 교육의 목록을 포함시키는 것이다. 즉 설명 없이 이름과 날짜를 "Work History" 및 "Education"이란 제목하에 열거한다.

- 하이라이트 섹션 : 다른 문제는 하이라이트 섹션을 포함시키는 여부이다. 이 섹션은 특별히 그들의 경력에 몇 년이 있는 전문가들에게 인기가 있다.
  그것은 특별히 연대적 디자인을 사용하는 이력서에서 유용하다.
  연대적 이력서에서는 경력과 교육에 관한 핵심이 흩어져 있다. 독자는 스스로 후보자의 하이라이트를 재건해야 한다. 하이라이트 섹션(때때로 요약 섹션이라고도

한다.)에서 독자를 위하여 재건설을 한다.

요약은 후보자의 핵심 업적, 핵심 전문 분야, 교육 및 훈련 등등을 말끔하게 굵은 점을 찍은 목록으로 제공한다.

독자는 후보자의 이력서를 더 이상 보지 않을지도 모르지만 전문적으로 후보자가 누구인가에 대한 좋은 그림을 얻을 것이다.

- 목적 섹션 : 이력서 디자인에서 다른 문제는 목적란을 포함시키는 여부이다. 본 섹션의 기능은 후보자의 경력과 전문적 초점을 기술하는 것이다.

  후보자가 하기를 원하는 일의 형태 또는 원하는 직위의 형태, 근무하기를 원하는 조직의 형태 또는 이러한 것들과 다른 목적의 조합을 제시할 수 있다. 그것은 구체적이어야 하고 달콤한 것들의 짜깁기이어서는 안 된다.

- 특별한 장비와 지식 : 많은 이력서 작성자들은 그들의 기술적 지식에 관한 특별한 섹션을 포함시키기를 원한다. 예를 들면 컴퓨터 기술자들은 그들이 잘 알고 있는 하드웨어와 소프트웨어를 열거하기를 원한다.

- 기타 섹션 : 저서, 논문 또는 수상경력, 특허 섹션을 만들 수 있다.

- 인물 섹션 : 개인 신상에 관한 내용, 예를 들면 사회활동, 취미, 회원, 기타 사용가능한 외국어 등을 기록한다. 이러한 종류의 정보는 후보자의 인간적인 면을 보여준다.

- 상세 사항의 제시 : 이력서의 전반적인 디자인과 내용을 기획한 것에 덧붙여서 후보자는 실제적 배경과 자격에 대한 상세사항을 어떻게 제시하기를 원하는가를 결정해야 한다.

표현방법

* 간단한 문단 형식
* 화살표를 표시하는 형식
* 후보자가 근무했던 조직의 명칭을 대문자, 굵은 활자, 이탤릭 활자체 또는 굵은 이탤릭 활자체로 표시함으로써 강조
* 또는 후보자의 직책 또는 직위를 강조

이 섹션에서 후보자가 제시할 수 있는 것은 다음과 같다.

* 근무했던 조직의 명칭, 주소 전화번호
* 직책 및 구체적인 책임
* 조직, 제품, 서비스, 기술적인 면에서 간단한 기술
* 주요 업적, 중요한 프로젝트, 승진, 수상
* 기술, 장비, 기술적 과정에 대한 경험
* 취업일자

교육란에 포함할 사항

* 교육기관 명칭, 주소
* 교육기관의 간단한 기술
* 전공 및 부전공, 평점
* 학습의 강조 사항
* 이수한 중요한 과정
* 과정의 간단한 기술
* 기술, 장비, 기술적 과정에 대한 경험
* 중요한 프로젝트
* 수상경력, 회원
* 등록 및 졸업일자

이 사항을 제시할 때 구체적으로 기술한다. 배경 및 자격을 논할 때 강력한 행동동사를 사용한다.

예 : designed, developed, utilized, coordinated, supervised.

– 부제목과 여백 : 이력서를 디자인함에 있어서 부제목과 부제목에 관련된 원문을 고려할 필요가 있다.

모든 이력서에 부제목은 왼쪽 여백을 사용하지는 않는다.

이 디자인은 본문의 길이를 짧게 하고 좀더 쉽게 파악할 수 있기 때문에 특별히 효과적이다. 부제목은 눈에 잘 보이고 이력서 부분과 시각적으로 구별이 가능하다.

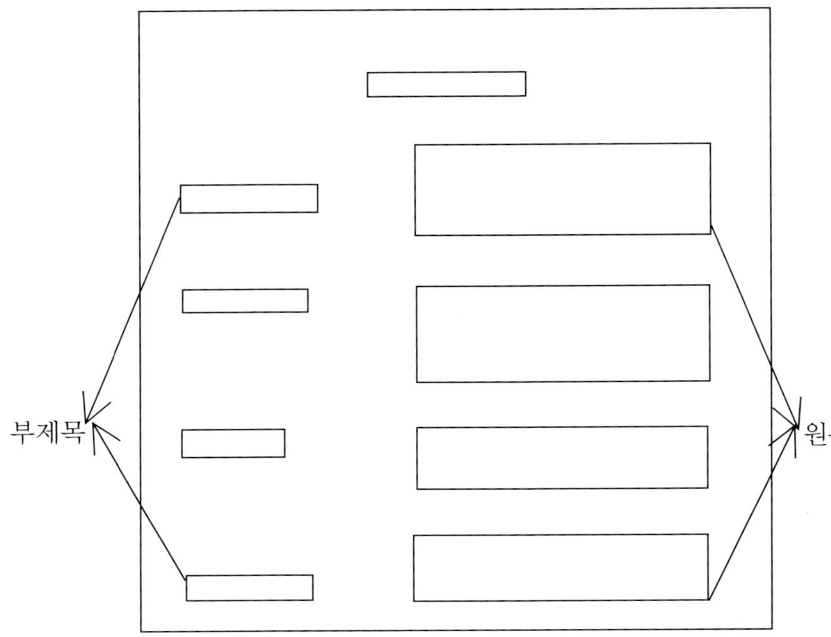

Hanging-Head 양식

부제목은 Experience, Education 등

이력서 원문은 배경, 상세사항, 기술 등

Centered headings

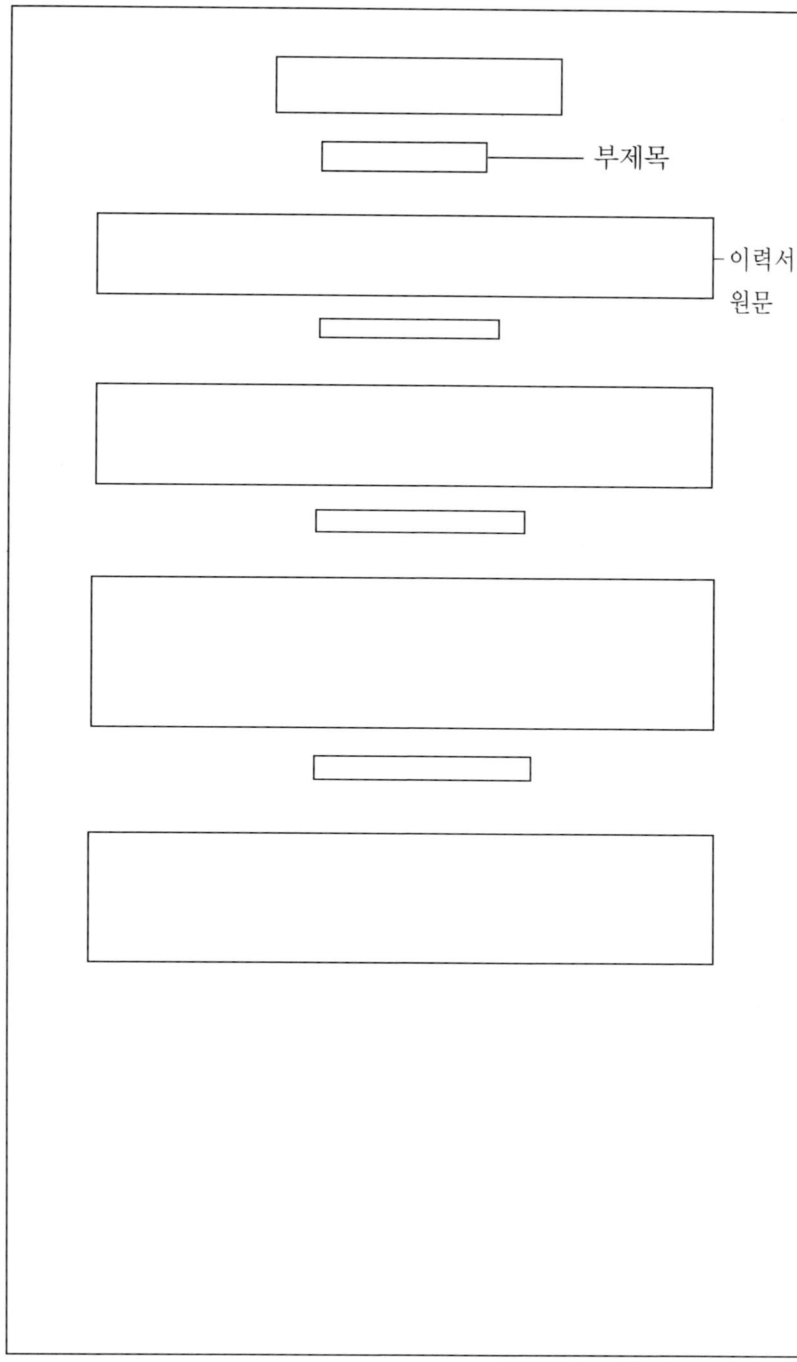

- 이력서 길이 및 여러 쪽의 이력서 식별

긴 이력서의 문제점은 고용자가 짧은 이력서만큼 면밀하게 읽지 않을 수도 있다는 점이다. 3쪽을 한 쪽으로 줄일 수 있다면, 고용자가 후보자의 핵심자격을 인식하고 기억할 가능성이 크다. 이력서가 한 쪽 이상인 경우에 다음 페이지 상단에 "header"를 설치한다.

Resume of Hong Gil Dong	Page 2 of 2

Hong Gil Dong	Page 2

Hong Gil Dong 25 June 2008 Page 2

* 이력서 작성시 도움말

① 정관사, 부정관사(a, an, the)와 같은 정상적인 단어를 생략하지 않는다.

② 후보자 자신의 과업을 언급하는 문장에서 'I' 를 생략한다.

③ 교육 및 근무경력을 역 연대순(최근 것부터)으로 제시한다.

④ 나이, 결혼 여부, 성별, 종교, 장애 및 기타 인적 사항은 생략한다.

⑤ 후보자의 배경과 자격에 관한 구체적인 상세사항을 포함한다. 예를 들면 특정한 제품 명칭 또는 특정한 프로세스 및 기술

⑥ 후보자의 배경과 자격에 관한 상세사항을 제시할 때 강력한 행동동사를 사용한다.

예 : "designed", "developed", "supervised", "coordinated" 등

⑦ 이력서의 다른 섹션이 각각 구분되는가를 확인한다.

⑧ 긴 문단을 피한다. 문단을 6줄~7줄 이하로 유지한다.

⑨ 약어 또는 줄임말의 의미를 제시한다. 조직의 명칭을 풀어서 쓴다. 그리고 기능을 간단히 설명한다.

⑩ 일관성 있게 양식을 사용한다.

⑪ 일관성 있게 여백(margin)을 사용한다. (예를 들면, Hanging-head양식에서 부제목은 왼쪽 여백에 정렬하고 원문은 내부 마진에 정렬한다.)

⑫ 문체는 간결하고 콤팩트하게 작성한다.

⑬ 특별한 활자체를 적절히 사용한다. 굵은 글씨체, 이탤릭, 밑줄 긋기, 글자 크기, 다양한 글씨체를 보수적으로 사용한다.

⑭ 특별한 활자체를 일관성 있게 사용한다. 직장경력란에 회사명칭을 볼드체(굵은 글씨체)로 사용한다. 교육란에 대학교 명칭도 볼드체를 사용한다.

⑮ 이력서 길이에 관한 규칙은 없지만 가능한 한 짧게 한다.

⑯ 이력서를 몇 줄을 2쪽 또는 3쪽으로 넘어가지 않게 한다. 해당 페이지는 꽉 채우도록 한다.

⑰ 이력서가 한 쪽 이상인 경우, 두 번째 쪽 및 계속되는 쪽 상단에 "Header"를 표시한다.

⑱ 복사한 이력서를 보내는 것이 용납된다. 복사한 것을 보낼 때 고급 복사용지를 사용한다.

2. 지원서한 작성법(Application Letter)

통상적으로 이력서를 동반하는 것은 지원서한이다. 때때로 커버 레터(Cover Letter)로 불린다. 이 서한이 잠재적 고용자가 봉투의 내용물을 개봉할 때 보는 첫 번째 서한이다.

이력서와 함께 지원서한을 포함시키는 것은 잠재적인 고용자의 광고에 의해 좌우된다. 때때로 이력서만 요구되기도 한다.

드문 경우이지만 지원서만 요구되기도 한다. 고용자가 후보자를 먼저 선정한 후에 두 개의 요소를 요구한다. 정보를 포함한 것에 기초하여 두 종류의 서한이 있다.

- 커버 레터 : 이러한 종류의 서한은 후보자가 구하고 있는 포지션을 밝힌다. 이것은 매우 간단한 서한이며, 본문은 10줄 이하이다. 만약에 구인광고가 이력서만을 요구할 때 후보자는 찾고 있는 포지션을 확인하기 위하여 이 서한을 포함시킬 수 있다.

- 완전한 지원서한 : 여기에서 후보자가 찾고 있는 포지션에 관련된 후보자의 배경과 자격을 논의할 수 있다. 본 서한의 역할은 후보자를 소개하는 것이다. 후보자가 왜 그 포지션에 맞는가를 조명한다. 어느 것을 사용할까? 커버 서한은 작성하기가 쉽다.

  그러나 그것은 후보자를 위하여 아무 것도 하지 않는다. 완전한 지원서는 대리인 역할을 한다. 잠재적 고용주에게 후보자의 어떤 자격이 그 일에 맞는가를 보여 준다.

가. 지원서의 내용 및 편성

지원서의 기능은 잠재적 고용자에게 후보자를 소개하고, 서한의 목적을 진술하고, 문의하고 있는 포지션을 확인하고, 후보자의 배경과 자격을 요약하는 것이다. 마지막 기능이 가장 중요하다. 지원서는 단지 이력서의 다른 형식이 아니다. 이력서의 선택적 견해이다.

1) 첫째 문단

첫째 문단은 간결해야 하고, 몇 가지 구체적인 사항을 조합해야 한다. 즉 서한의 목적(고용에 관한 문의)을 진술, 일에 대한 정보를 어떻게 입수했는가를 진술한다. 가능하다면 독자의 주목을 끌 수 있는 한 개의 진술을 하고 독자로 하여금 계속 읽기를 원하도록 한다. 첫 번째 문단은 최대한 5~6줄로 한다.

≪독자의 주목을 끌기 위한 몇 가지 도움말≫

* 해당 포지션에 후보자가 딱 맞는 배경이 되는 자격에 관하여 하나의 중요한 진술을 한다.
* 지원하고 있는 회사에 관한 정보를 인용한다. 즉 귀하가 알고 있다는 것을 보여주는 지식 및 귀하가 찾고 있는 포지션에 관계되는 지식을 말한다.
* 가능하다면, 후보자를 알고 후보자에 대하여 호의적으로 말해 줄 수 있는 지원한 회사에 재직중인 인물의 이름을 언급한다.
* 후보자가 원하는 일의 종류, 근무하기를 원하는 조직의 종류 또는 후보자의 장기적인 전문적 목표 또는 목적, 열정적이고 원기가 넘치는 진술을 한다.

2) 중간 문단

서한의 중간 부분에서 후보자가 문의하고 있는 고용에 관계되는 후보자의 자격과 그들 자신의 권리상 중요한 자격을 논의해야 한다. 이 문단 안에서 후보자는 독자가 첨부한 이력서를 좀더 자세히 볼 수 있는 것을 제의한다. 이 문단에서 이력서에서처럼 동일한 종류의 편성을 사용할 수 있다.

3) 연대순 접근

교육배경을 한 개 또는 두 개 이상의 문단에서 논하고, 다른 문단에서 직장 경력을 논한다. 직장 경력이 가장 좋은 소재이면 교육란 앞에 직장 경력을 기입한다.

4) 기능적 접근

기능적 접근에서 후보자는 배경과 자격에서 중요한 분야에 초점을 맞춘다. 예를 들면, 프로젝트 매니지먼트, 연구개발, 품질관리 등, 후보자의 배경 및 자격에 대한 논의 사항이 너무 많은 줄이 필요하다면 자르거나 줄이거나 간에 탄환 모양의 목록을 사용한다.

5) 마지막 문단

서한의 마지막 부분에서 이력서가 동봉된 것과 접촉해 달라고 촉구하고 인터뷰가 가능한 시간을 제시하고 인터뷰의 준비를 용이하게 하고 회사에 대한 강한 관심이 있음을 언급한다.

나. 지원서의 양식

- 표준 서한양식을 사용한다.
- 개인적 부분은 싱글 스페이스, 부분과 부분 사이는 더블 스페이스
- 결어와 타이프 친 사이에 네 줄의 공백을 둔다. 그곳에 후보자의 이름을 서명한다.
- 원문 문단의 첫째 줄은 들여쓰기를 하지 않는다. 표준 여백(왼쪽, 오른쪽) 2.54cm, 3.81cm 또는 5.08cm까지 용납된다.
- 표준 상단 및 하단 여백을 사용한다. 첫째 쪽의 상단 끝에서부터 2.54cm 또는 6.62cm 사이를 띄고 어디서나 시작할 수 있다. 하단 끝에서 2.54cm 이상에서 끝낸다.
- 페이지 위에 서한을 조심스럽게 배치한다.
- 빽빽한 문단을 피한다. 독자가 10~12줄을 초과하는 문단을 정독하기를 기대하지 마시오.

다. 지원서한 작성의 어조

어조는 자신에 대한 견해와 뽑히기를 원하는 전문직 형태를 반영해야 한다. 그러나 서한이 무모하거나 오만하거나 또는 자신감이 넘치는 것으로 보여지기를 원하지 않을 것이다. 지원서한은 좋은 의도의 결과였지만 오히려 나쁜 어조를 만들 수도 있다.

- 뻣뻣하고 너무 형식적이고 과도하게 수줍은 어조 : 지원서를 작성할 때는 긴장이 계속된다. 그 영향으로 딱딱해지고 과도한 주의를 기울이는 것이다. 이것은 무관심한 것처럼 보일 수 있다. 어떠한 경우라도 뻣뻣하고 과묵하고 너무 형식적인 어조는 고용자가 함께 일하기를 원하지 않는 부류의 사람임을 내비치는 것이다.
- 위협하는 듯한 자격을 갖춘 또는 자격이 넘치는 어조 : 자격을 과도하게 강조하고 후보자 자신을 초인인 것처럼 보이게 할 때에도 또한 잘못될 수 있다.
  독자는 이러한 종류의 후보자에게 불안감을 느낄 가능성이 크다. 그들은 과도한 자아를 가지고 있는 사람과 일하기를 두려워한다. 그들은 그들 자신의 직업의 안정성에 대하여 우려한다.
- 살살 녹이는 말, 아양떨고 아첨하는 어조 : 너무 밝고, 적극적이고, 열정적이고, 선택되기를 원하는 것처럼 보이는 것도 곤란하다. 고용자에 대하여 좋은 것을 말함에 있어서 거짓인 것처럼 보일 수 있다.
- 배고프고 필사적인 어조 : 무엇이든지 하겠다는 어조를 피한다. 준비되고, 간절히 바라고, 할 것이라는 어조는 무슨 일이든지 필사적으로 보일 때 오히려 잘못될 수도 있다. 직업을 구함에 있어서 전문적인 초점과 진실성을 유지한다. 단지 아무런 분야의 일을 하기를 원하지는 않을 것이다.
- 지나치게 겸손하고 단순한 어조 : 이것이 나이고, 이것이 내가 할 수 있는 것이고, 이것이 내가 해 본 것이라고 말하는 태도가 무슨 잘못이 있는가? 받아들이거나 버리라는 것인가?
  간단하고, 겸손하고, 평범한 것이 넌센스는 아니다. 그러한 접근은 마찬가지로 좌절될 수 있다. 그것은 후보자를 과도하게 겸손해 보이게 해서 후보자가 자신을 우수하고 그것 이상으로 또는 오만한 것으로 투사할 수 있다. 잘못된 방법으로 후보자 자신을 과도하게 강조하거나 표현한다면 어조 상의 문제가 발생하여 자신에 대한 잘못된 이미지를 투사할 위험을 겪는다.

Model- 1 Consortium Agreement

Consortium Agreement for xxx Project in Qatar

This Agreement is made and entered into effective on this ______ th the day of ____________ 2008 by and between :

____________________________ a company organized and existing under the laws of the Republic of Korea and having its principal office at (hereinafter called "Company").

____________________________ a Qatari company having its postal address of its principal office at P. O. Box_____________, Doha, Qatar(hereinafter called "________________")

Whereas :

(A) _________________________ (hereinafter called "Client" has requested a proposal for performing certain _____________________ work as described in Inquiry No. ________ associated with ______________ (hereinafter called the "Project")

(B) Company and __________________ desire to jointly participate in the Project based on a consortium arrangement. Company and ___________________ (hereinafter individually called the "Member" and collectively called the "Members") confirm that such arrangement is an exclusive basis for the Project.

(C) Under the arrangement specified in above (B), the Members agree to collaborate with each other to submit a proposal and, if the proposal is accepted by the Client, to jointly and severally towards the Client undertake the Project in accordance with the terms and conditions contained herein and of the Contract(as defined below).

(D) The Members desire to execute the contract with the Client and be held jointly and severally responsible to the Client in accordance with the terms and conditions contained in the Contract.

Now Therefore, in consideration of the promises and of the undertaking contained herein, it is hereby agreed as follows.

모델- 1 컨소시움 계약서

본 계약서는 ________년 _____월 ___일

갑)__________대한민국법률 하에서 설립되었고 존재하고 주사무소는 ____________(이제부터 "회사" 라고 칭한다)과 을)__________카타르회사 주사무소의 우편주소는 P.O.Box__________ 도하, 카타르(이제부터 "　" 라고 칭한다) 사이에 체결되었고 효력이 발생하였다.

한편

(A) ___________(이제부터 "발주자" 라고 칭한다)는 ×××프로젝트(이제부터 "프로젝트" 라고 칭한다)와 관련하여 문의번호______에서 기술된 대로 ______공사를 이행하기 위하여 제안서를 요청했다.

(B) 회사와 ___________는 컨소시엄에 근거하여 공동으로 프로젝트에 참여하기를 원한다. 회사와 __________(이제부터 개별적으로는 "회원" 이라 칭하고 집합적으로는 "회원들" 이라고 칭한다) 그와 같은 "협정" 은 그 프로젝트에 대해서만 독점적인 것임을 확인한다.

(C) 상기(B)에서 기술된 협정 하에서 회원들은 제안서를 제출하기 위하여 상호간에 협력하기를 합의하고, 만약 제안서가 발주자에 의하여 승낙이 된다면 이 안에 포함된 조건 및 아래에 정의된 계약조건에 따라 발주자에 대하여 연대책임으로 그 프로젝트를 이행한다.

(D) 회원들은 그 계약을 이행하기를 원하고 계약서에서 포함된 조건에 따라 연대하여 발주자에게 책임을 지기를 원한다.

그러므로 이 안에 포함된 약속과 보증을 약인으로 하여 아래와 같이 합의되었다.

Article 1_ Definitions

In this Agreement, the following words and expressions shall have the meanings hereby assigned to them unless the context otherwise requires :

"Contract"	the contract to be concluded between the Client and the Members for the execution of the Project ;
"Contract Price"	the total price payable by the Client for the works in accordance with the Contract ;
"Leader"	a Member who will act as the leader of the Members, being in this case Company, in accordance with the terms and conditions specified herein ;
"Members"	the party or parties as defined in Recital(B) above ;
"Offer Price"	the price quoted for the Proposal by an individual Member for its scope of work ;
"Project"	the project defined in Recital(A) above ;
"Scope of Work"	the particular part or parts of the Works for which an individual Member is to be respectively responsible(as more particularly described in Schedule 1 Scope of Work to this Agreement) ;
"Proposal"	the proposal relating to the Project to be submitted by the Members to the Client in response to its request
"Works"	the entire services, work and supplies to be performed or provided by the Members under the terms of the Contract (including any additions or variations made in accordance with the terms of the Contract or any amendments thereto).

제1조_정의

본 계약서에서 아래의 단어와 표현은 문맥이 달리 요구하지 않는 한 여기에서 그들에게 부여된 의미를 갖는다.

"계약"	발주자와 본 프로젝트의 이행을 위하여 회원들 사이에 체결된 계약
"계약금액"	계약에 따라서 공사에 대하여 발주자가 지급할 총금액
"리더"	회원들의 리더로서 행동하는 회원, 이 경우에는 이 안에서 기술된 조건에 따라서 회사임.
"회원(들)"	리사이틀(B)에서 정의된 당사자 또는 당사자들
"오퍼금액"	자신의 공사범위에 대하여 각 개별 회원에 의하여 제안서에 견적한 금액
"프로젝트"	상기의 리사이틀(A)에서 정의된 프로젝트
"공사범위"	개별 회원이 각자 책임질 공사의 특정한 부분 또는 부분들(본 계약서의 별표 1 공사범위에서 특별히 기술된 것)
"제안서"	발주자의 요청에 의해서 발주자에게 회원들이 제출한 프로젝트에 관계되는 제안서
"공사"	이행될 또는 계약조건하에서 회원들에 의하여 제공될 전체의 역무, 공사 및 공급품 (본 계약조건에 따라서 행해질 어떠한 추가 또는 설계변경 또는 그것들에 대한 어떠한 개정을 포함)

Article 2_ Collaboration

2.1 The Members agree to jointly prepare the Proposal for the Project and thereafter, if the Proposal is accepted by the Client, to enter into the Contract and to jointly and severally execute and complete the Works.

2.2 The Members shall fully cooperate with each other with respect to the Project during the terms of this Agreement and act at all times in such a way as to further the common interests of the Members. Without limiting the foregoing :

2.2.1 No Member shall, either directly or indirectly, submit the proposal for the Project separately or in combination with any third party outside the Members without prior written consent of the other Member ; and

2.2.2 No Member shall, without prior written consent of the other Member, prior to the award of the Contract, agree to subcontract any of its Scope of Work to any third party which, individually or in association with any other person, intends to submit a proposal for the Project.

2.3 This Agreement shall in no way restrict any Members from engaging in any activities which are not connected with the Project.

2.4 Nothing herein shall be construed to create a general partnership between the Members or to authorize any Member(s) to act as general agent for the other Member.

제2조_협동

2.1 회원들은 공동으로 프로젝트에 대한 제안서를 작성하기에 합의하고, 그 후에 만약 제안서가 발주자에 의하여 승낙되면, 계약을 체결하고 공동으로 공사를 시행하고 완공하기를 합의한다.

2.2 회원들은 전적으로 본 계약기간 동안 프로젝트와 관련하여 상호간에 협조할 것이고 회원들의 공통의 이익에 대하여 항상 그와 같이 행동할 것이다. 앞의 사항을 제한하지 않고 :

2.2.1 어떠한 회원도 직간접적으로 타 회원의 문서상의 사전 동의 없이 프로젝트에 대하여 별도로 또는 회원들이 아닌 어떠한 제3자와 연합하여 제안서를 제출하지 않는다.

2.2.2 어떠한 회원도 타 회원의 문서상의 사전 동의 없이 계약을 낙찰받기 전에, 자신의 공사범위 일부를 개별적으로 또는 여타 사람과 연합하여 프로젝트를 위하여 제안서 제출을 시도하는 제3자에게 하도급 주기를 동의하지 않는다.

2.3 본 계약서는 어떠한 회원들이 프로젝트와 연관되지 않는 어떠한 활동에 종사하는 것을 결코 제한하지 않는다.

2.4 이 안에서 어떠한 것도 회원들 간에 동업관계를 형성하는 것으로 해석되지 않고 또는 한 회원이 다른 회원을 위하여 대리인으로 활동하는 것을 승인하는 것으로 해석되지 않는다.

Article 3_ Preparation and Submission of the Proposal

3.1 The Members shall timely prepare and submit their technical documents and quotation for the Project to the Client which covers their respective Scope of Work for the Project. The Leader shall, before submission to the Client, require the approval of the other Members for the correctness of the technical documents and the Offer Price of the other Member to cover their respective Scope of Work.

3.2 The compilation of the Proposal shall be carried out by the Leader at the office designated by the Leader. Each Member may, at its own cost, attend at the office a sufficient number of personnel duly qualified and authorized to prepare and approve the Proposal.

3.3 Each Member shall prepare proposal documentation relating to its own Scope of Work in accordance with the time schedule agreed between the Members. Each Member shall be responsible for submitting the terms and conditions which are to apply to their respective Scope of Work. In the absence thereof, each Member shall be deemed to have satisfied itself with and accepted the terms and conditions as set out by the Client for its respective Scope of Work for the Project.

3.4 The Offer Price shall(unless otherwise agreed by the Members) be competitive unit rates designed to cover the relevant Member's Scope of Work and its obligations pursuant to this Agreement and the requirements of the Client for the Project.

3.5 Each Member agrees that its costs in preparing the Proposal and of any explanatory work undertaken in relation thereto shall be separately and solely borne by that Member.

제3조_제안서 작성 및 제출

3.1 회원들은 적시에 제안서에 대한 기술적 문서와 견적을 작성하고 발주자에게 제출한다. 그 제안서는 프로젝트에 대한 각자의 공사범위를 커버한다. 리더는 발주자에게 제출하기 전에 기술적 문서의 정확성에 대하여 타 회원의 승인을 요구하고 각자의 공사범위를 커버하는 타 회원의 오퍼금액의 승인을 요구한다.

3.2 제안서의 편집은 리더가 지정한 사무실에서 리더에 의하여 실시된다. 각 회원은 자신의 경비부담으로 제안서를 작성하고 승인할 정당한 자격이 있고 또한 인가를 받은 충분한 인원을 사무실에 참석케 한다.

3.3 각 회원은 회원사에 합의된 일정에 따라 자신의 공사범위에 관계되는 제안문서를 작성한다. 각 회원은 각자의 공사범위에 적용되는 조건을 제출함에 대하여 책임을 진다. 그것들이 부재하면, 각 회원은 프로젝트에 대한 각자의 공사범위에 대하여 발주자가 규정한 대로 조건을 충족시켰고 또한 승낙하였다고 간주된다.

3.4 청약금액(달리 회원들에 의하여 합의되지 않는 한)은 관계되는 회원의 공사범위 및 본 계약에 따른 자신의 계약적 의무와 프로젝트에 대한 발주자의 요구조건에 따른 것을 커버하기 위하여 설계된 경쟁적 단가가 된다.

3.5 각 회원은 본 제안서를 작성함에 있어서 자신의 비용과 그것에 관계하여 시행될 여하한 설명 작업에 있어서 비용은 그 회원에 의하여 별도로 전적으로 부담된다.

Article 4_ Negotiation and Signing of The Contract

4.1 If the Proposal is accepted by the Client, the Members shall thereupon enter into negotiations with the Client with a view to entering into the Contract.

4.2 The terms and conditions of the Contract shall be negotiated under the leadership of the Leader and unless otherwise agreed by each Member. The Leader shall act as the main spokesman of the Members during such negotiations. The other Members agree to give full assistance to the Leader for this purpose.

4.3 Unless otherwise agreed by the Members, each Member shall participate in the negotiations for the Contract through its duly authorized representative who shall have the authority to make any necessary decisions on that Member's behalf.

4.4 Each Member agree that throughout the period of negotiations for the Contract it will be prepared to act quickly on any matter requiring immediate attention and shall at all times cooperate with the Leader to ensure that the negotiations proceed in a satisfactory manner.

4.5 If any terms and conditions applicable to any Member's offer, in particular with respect to the Offer Price or technical standards and quality do not satisfy the Client, the relevant Member shall make its best efforts to amend such terms and conditions to the satisfaction of the Client.

4.6 Each Member agree that its costs of negotiating with the Client and of any exploratory work undertaken in relation thereto shall be separately and solely borne by that Member.

제4조_ 계약에 대한 협상 및 서명

4.1 제안서가 발주자에 의하여 승낙된다면, 그 후에 회원들은 계약을 체결할 목적으로 발주자와 협상에 들어간다.

4.2 계약의 조건은 리더의 지도 하에서 협상되고 각 회원에 의하여 달리 합의하지 않는 한, 리더가 그와 같은 협상기간 중에 회원의 주 대변자로서 행동한다. 기타 회원은 이 목적을 위하여 리더에게 완전한 조력을 제공하기를 동의한다.

4.3 회원사들에 의하여 달리 합의되지 않는 한, 각 회원은 회원을 대리하여 여하한 필요한 결정을 내릴 수 있는 권한을 가진 정당하게 인가된 대표자를 통하여 계약을 위한 협상에 각 회원이 참여한다.

4.4 각 회원은 계약에 대한 협상기간을 통하여 즉각적인 반응을 요하는 여하한 문제에 관하여 신속하게 행동하기를 위하여 준비되어 있고, 항상 리더와 협상이 만족스러운 방법으로 진행될 수 있도록 보장하기 위하여 협조한다.

4.5 어떠한 회원의 오퍼에 적용되는 조건, 특별히 오퍼금액 또는 기술적 표준, 그리고 품질이 발주자를 만족시키지 못한다면, 관계된 회원은 발주자가 만족할 수 있도록 그와 같은 조건을 개정하기 위하여 자신의 최대한 노력을 기울인다.

4.6 각 회원은 자신의 발주자와의 협상비용 및 그것과 관련하여 시행된 어떠한 설명 작업 비용은 각 회원사에 의하여 별도로, 그리고 독자적으로 부담하기를 합의한다.

Article 5_ Duties and Authority of the Leader

5.1 Company shall, as the Leader, act as the coordinator of the Member's combined activities and shall carry out its duties in order to enhance collaboration between the Members and the successful implementation of this Agreement. The Leader shall not enter into any agreement with the Client, or take any action which in any way binds any Members, without the prior written consent of each particular Member affected by such agreement or action.

5.2 The Leader shall be responsible for the following :

5.2.1 the coordination of the contributions to be made by each Member to the Proposal so as to ensure that the Proposal is submitted to the Client on time :

5.2.2 the coordination of commercial and technical negotiations with the Client :

5.2.3 the coordination of the overall technical and commercial planning and management of the Works :

5.2.4 the organization of the meetings as provided for in Article 6 at which the Leader shall act as chairman and shall produce a report as to the current progress of the Work : and

5.2.5 the exchange of all necessary correspondence with the Client. In matters relating to any particular Member's Scope of Work, the Leader may authorize such Member to correspond directly with the Client, copies of such correspondence being sent to the Leader.

제5조_리더의 의무 및 권한

5.1 리더로서의 회사는 회원의 연결된 활동의 조정자로서 행동하고 회원들과 본 계약의 성공적인 실현을 위하여 협동을 증진하기 위하여 자신의 의무를 이행한다. 리더는 그와 같은 합의 또는 행위에 의하여 영향을 받는 각 회원의 문서상의 사전 동의 없이 어떠한 회원들을 구속하는 조치를 취하거나 계약을 체결할 수 없다.

5.2 리더는 아래에 대하여 책임을 진다.

5.2.1 제안서가 제때에 발주자에게 제출되는 것을 보장하기 위하여 제안서에 대하여 각 회원에 의하여 행하여질 기여 조정

5.2.2 발주자와의 상업적 및 기술적 협상 조정

5.2.3 공사에 대한 전반적인 기술적 및 상업적 계획과 관리 조정

5.2.4 리더가 의장으로 행동하도록 제6조에서 규정된 대로 회합의 조직 및 공사의 현재의 진도에 대한 보고서를 작성한다.

5.2.5 발주자와의 모든 필요한 연락의 교환. 어떠한 특정회원의 공사범위에 관계된 문제에 있어서 리더는 그와 같은 회원사에게 발주자와 직접 교신하는 것을 인가하고 그와 같은 서신의 사본은 리더에게 송부된다.

5.3 The Members agree that a Leader's coordination office will be established at the Project site or at any other location in Qatar through the duration of the Contract. The cost of maintaining such Leader's coordination office including staffing and clerical costs shall be shared between the Members in proportion to the respective portion of the Contract Price.

5.4 Copies of all correspondence passing between the Client and the Leader shall be forwarded without delay to the other Member to whom it may be relevant.

5.5 Where urgent action is required, the Leader shall take such measures as are required to protect the interests of the other Member. It shall immediately inform the Member concerned.

5.6 The Leader shall not have any liability whatsoever to the other party in acting as the Leader except for its gross negligence.

5.3 회원들은 리더의 조정사무소는 프로젝트현장에 설치되거나 또는 계약기간을 통하여 카타르 국내에 있는 어떠한 위치에 설치하기를 동의한다. 직원 및 사무비용을 포함하여 그와 같은 리더의 조정사무소를 유지하는 비용은 계약금액에 대한 각자의 분량에 비례하여 회원들 사이에서 분담된다.

5.4 발주자와 리더 사이에 주고받는 모든 서신의 사본은 관련있는 타 회원에게 지체 없이 전달된다.

5.5 긴급한 조치가 요구되는 곳에서, 리더는 타 회원의 이해를 보호하기 위하여 요구되는 대로 그와 같은 조치를 한다. 그는 관계된 회원에게 즉시 통지한다.

5.6 리더는 자신의 태만을 제외하고 리더로서 행동함에 있어서 타 당사자에 대하여 어떠한 책임을 지지 않는다.

Article 6_ Meetings

6.1 At the request of any Member on matters relating to the Project of common interest and if the necessity of a meeting is confirmed by each Member, the Leader shall convene a meeting by giving written notice thereof to all the Members not later than seven(7) days prior to the scheduled date of the meeting.

6.2 Upon receipt of the meeting sent by the Leader, each Member shall, at its own cost and expense appoint and send to the meeting a person or persons duly authorized to represent it and to make any decision which may need to be made at the meeting. Unless otherwise specifically agreed by each Member, the meeting shall only be held when the authorized representatives of each Member are present.

6.3 Any decisions at the meeting shall require unanimous agreement between the Members or their duly authorized representative(unless otherwise agreed in writing by each Member prior to the meeting in question). All decisions made at the meeting shall only be binding on the Members.

6.4 In any other matters not subject to the meeting specified in Article 6.1 hereinabove, minor importance or in urgent cases, the Leader may seek a decision by correspondence, including facsimile or e-mail. If approved by all the Members, such decision shall have the same effect as if made at the meeting.

6.5 The Leader shall prepare minutes of meeting(which shall include record of decisions made pursuant to Article 6.4) and these shall be confirmed by each Member and signed on behalf of each Member by its duly authorized representative. Each Member shall keep one(1) original copy thereof.

제6조_회합

6.1 공동의 이해가 있는 프로젝트와 관련된 문제들에 관해 회원의 요청에 의해서 또한 회합의 필요성이 각 회원에 의하여 확인되면 리더는 회합예정일로 부터 7일 이전에 회합일에 대한 문서상의 통지를 함으로써 회합을 소집한다.

6.2 리더가 보낸 회합통지서를 수취한 후 각 회원은 각자를 대표하도록 정당하게 인가되었고 회합에서 행하여질 필요가 있는 어떠한 결정을 할 수 있는 사람 또는 사람들을 자신의 비용과 경비로 임명하고 회합에 보낸다.

6.3 회합에서의 어떠한 결정은 회원들 사이에서 또는 그들의 정당하게 인가받은 대표자들(문제의 회합 이전에 문서상으로 각 당사자에 의해서 달리 합의하지 않는 한) 사이에서 만장일치의 합의를 필요로 한다. 회합에서 행하여진 모든 결정은 회원들을 구속한다.

6.4 상기 제6조 1항에서 기술된 회합의 적용을 받게 되어 있지 않는 기타 문제 또는 긴급한 경우, 리더는 팩스밀리 또는 전자우편을 포함하여 서신에 의하여 결정을 구할 수 있다. 만약 모든 회원들에 의하여 승인된다면, 그와 같은 결정은 회합에서 행하여진 것처럼 동일한 효력을 갖는다.

6.5 리더는 각 회합(제6조 4항에 따라서 행하여진 모든 결정의 기록을 포함)의 회의록을 작성하고 이것들은 각 회원에 의하여 확인되고 또한 각자가 정당하게 인가를 받은 대표자들에 의하여 각자를 대표하여 서명된다.

Article 7_ Execution of the Works

7.1 Each Member shall provide sufficient number of suitable qualified personnel and all such materials or facilities as may be necessary for the proper completion of the Scope of Work. Each Member shall take individually all responsibilities for the technical and commercial risks within its Scope of Work as specified in Schedule 1.

7.2 Subject to any relevant provisions contained herein and in the Contract, each Member shall be entitled to subcontract any part of its Scope of Work. No Member shall, however, by reason of any such subcontract be relieved from its responsibilities and liabilities hereunder or under the Contract and as against the other Members. It shall be responsible for all the acts and omissions(whether negligent or not) of the subcontractors and their employees or agents as fully as if they were the acts or omissions of the Member's own employees or agents.

7.3 Each Member shall adhere to any timetable agreed to by the Members for the completion of its Scope of Work and shall throughout the term of this Agreement cooperate with the other Member to avoid any possible delays in the completion of the Works.

7.4 If the performance of the Works requires services, work or supplies which are not listed in the Scope of Work of any Member, they shall be provided by the Member whose Scope of Work may reasonably be inferred to include such works and they shall be deemed to form part of that Member's Scope of Work.

7.5 During the course of the Contract, if any of the Members requires services, assistance or work of the other Member to perform its respective Scope of Work, the concerned Member hereto shall discuss and agree the terms and conditions to provide such work and requesting Member shall reimburse the cost and expenses for such works to the providing Member separately.

제7조_공사의 이행

7.1 각 회원은 공사범위의 적절한 완공을 위하여 필요한 합당한 자격을 갖춘 인물 및 모든 자재와 설비를 제공한다. 각 회원은 별표 1에서 기술된 대로 자신의 공사 범위이내에서 기술적 및 상업적 위험에 대하여 개별적으로 책임을 진다.

7.2 이 안 및 계약서에서 포함된 여하한 관계 규정을 적용받는 조건으로, 각 회원은 자신의 공사범위 일부를 하도급줄 권리가 있다. 그러나 여하한 회원은 그와 같은 하도급을 이유로 본 계약 또는 계약서하에서 자신의 책임 및 계약적 책임으로부터 타 회원들에 대하여 면제되지 않는다. 회원은 하도급자들 및 그들의 종업원 또는 대리인의 모든 작위 및 부작위(태만 혹은 않거나 간에)에 대하여 마치 그것들이 회원 자신의 종업원 또는 대리인들의 작위 또는 부작위인 것처럼 전적인 책임을 진다.

7.3 각 회원은 공사범위의 완공을 위하여 각 회원들에 의하여 합의된 여하한 일정표를 준수하고 본 계약기간을 통하여 공사의 완공에 있어서 여하한 가능한 지연을 회피하기 위하여 타 회원과 협조한다.

7.4 공사의 이행이 여하한 회원의 공사범위에 열거되지 않은 용역, 공사 또는 공급품이 필요하다면 그것들은 그의 공사범위가 합리적으로 그와 같은 공사를 포함하는 것으로 추측할 수 있는 회원에 의하여 공급되고 그것들은 회원사의 공사범위 일부를 형성하는 것으로 간주된다.

7.5 계약도중에, 만약에 각자의 공사범위를 이행하기 위하여 타 회원의 역무, 조력 또는 공사를 필요로 하면, 여기에 관계된 회원은 그와 같은 공사를 제공할 조건을 협의하고 합의한다. 그리고 요청하는 회원은 용역을 제공하는 회원에게 별도로 그와 같은 공사에 대한 원가와 경비를 상환한다.

Article 8_ Responsibility and Liability

8.1 The Members shall be jointly and severally liable to the Client for the performance of the Contract and of the Work while, in their internal relations, the Members shall divide the Work into the Scope of Work to be performed by each Member, and they shall each bear the several responsibilities and liabilities respectively imposed by this Agreement.

8.2 Each Member shall be responsible for the execution of its Scope of Work in accordance with the provisions of the Contract. In executing its Scope of Work each Member shall owe a duty to the other Member to ensure that all the plant, material and equipment used by it and the design thereof is fit for the purpose for which it is required and that all the work undertaken by that Member is executed in a good and workmanlike manner.

8.3 If any part of the Works performed by a Member(s) within its Scope of Work shall be or become defective and require to be modified, repaired, dismantled or replaced in order to comply with the terms and conditions of the Contract, then that Member(s) shall be responsible for and bear the cost of modification, repair, dismantling, or replacement as may be required to make good the same within its Scope of Work(hereinafter called "Remedial Work").

8.6 Each Member shall be liable to the other Member for and shall indemnify and hold harmless the other Member against any claim made within its Scope of Work by the Client or any other party for injury, damage, loss or expense being attributable to :

8.6.1 any breach or non-performance by the indemnifying Member of this Agreement or the Contract ; or

8.6.2 negligence or default(or other act or omission giving rise to a cause or action by the Client or any other third party under any relevant law) on the part of the indemnifying Member or its employees, agents or subcontractors in the course of or arising out of the Project.

This indemnity shall be subject to the provisions of Article 8.9 and 8.10 which shall prevail in the circumstance therein described.

제8조_ 책임 및 계약적 책임

8.1 회원들은 연대적으로 계약의 이행과 공사의 이행에 대하여 발주자에게 책임을 지는 한편, 그들의 내부적 관계에 있어서 회원들은 각 회원들에 의하여 이행될 공사의 범위를 나누고 그들은 본 계약서에 의하여 부과된 각자의 책임과 계약적 책임을 진다.

8.2 각 회원은 계약서의 규정에 따라 자신의 공사범위 이행에 대하여 책임을 진다. 자신의 공사범위를 이행함에 있어서, 각 회원은 자신에 의하여 사용되는 모든 플랜트, 자재 및 장비와 그것들의 설계가 요구되는 목적에 적합한가를 확인하기 위하여, 그리고 그 회원에 의하여 도급받은 모든 공사가 제대로 된 방법으로 시행되고 있는가를 확인하기 위하여 타 회원에게 의무를 지게 한다.

8.3 자신의 공사범위 이내에서 회원(들)에 의하여 이행된 공사 중 일부가 결함이 있거나 결함이 생기게 되고 계약조건에 따라 순응하기 위하여 수정, 수리, 해체 또는 교체될 필요가 있으면 자신의 공사범위(이제부터 "수리공사"라고 칭한다) 이내에서 동일한 것을 수선하는데 필요한 대로 그 회원(들)이 수정, 수리, 해체 또는 교체에 대한 모든 것에 대하여 책임이 있고 비용을 부담한다.

8.6 각 회원은 타 회원에 대하여 아래의 탓으로 돌릴 수 있는 신체적 부상, 피해, 손실 또는 경비에 대하여 발주자 또는 여하한 타 당사자에 의하여 공사범위 안에서 행하여진 어떠한 클레임에 대하여 타 회원을 면책하고 해를 당하지 않게 한다.

8.6.1 본 계약에 대하여 면책하는 회원 또는 계약서에 의하여 어떠한 위반 또는 미이행을 한다.

8.6.2 프로젝트 과정 중에서 또는 프로젝트로부터 일어나는 면책 회원과 그의 종업원, 대리인 또는 하도급자 측에서 태만 또는 해태(어떤 관련 법률 하에서 발주자 또는 어떠한 제3자에 의하여 원인을 제공하거나 또는 소송을 일으키게 하는 기타의 작위 또는 부작위). 이 면책은 그 안에서 기술된 상황 속에서 우세한 제8조 9항 및 8조 10항의 규정을 적용받는다.

8.7 The Members agree that, if and to the extent accepted as valid, the indemnifying Member cannot expeditiously be determined pursuant to Article 8.6 such claim shall be paid by the Members in respect of whom liability cannot clearly be excluded, in proportion to their respective portions of the Contract Price, until it is finally determined which of the Member(and to what extent) is responsible for the payment of such claim.

8.8 Subject to the provisions of Schedule 1 : Scope of Work, each Member shall pay its own taxes, duties, fees and assesment of whatsoever nature levied on that Member in connection with the other Member from any such expenses, claims and liabilities.

8.9 If any Member becomes liable to the Client for the payment of liquidated damages under any specific terms and conditions in the Contract due to a failure :

8.9.1 to fulfill the terms and conditions of any performance guarantee or warranty therein given ; or

8.9.2 to meet any time limit agreed with the Client for the completion of the Work, then ;

8.9.2.1 to the extent that such failure is attributable to any Member, such Member shall pay such liquidated damages to the full amount assessed ; and

8.9.2.2 if the failure is not agreed by each Member to be clearly attributable to any particular Member, such liquidated damages shall be paid provisionally by the members in proportion to their respective portions of the Contract Price until it is finally determined which of the Members(and to what extent) is responsible for the payment of such damages.

8.10 No Member shall be liable to the other Member under this Agreement for any claim for loss of profits or any other consequential or indirect damages suffered by that other Member.

8.11 The Members also recognize that, during the Contract should any modifications or changes of the Works are required under the Contract, the Member(s) whose Scope of Work is affected by such modification and changes under the Contract shall negotiate the terms of the modification and changes with the Client including the adjustment of its Offer Price subject to the provisions specified in Article 5.

8.7 회원들은 만약 유효한 것으로 인정된 한도까지 면책하는 회원은 신속하게 8조 6항에 따라서 결정할 수 없다면 회원 중의 누군가 그와 같은 클레임에 대한 지급책임이 있는지를 최종적으로 결정할 때까지 그와 같은 클레임은 계약금액의 그들 각자의 분량에 비례하여 법적인 책임이 분명하게 결론지어질 수 없는 회원에 의하여 지급된다.

8.8 별표 1의 규정을 적용 받는다 : 공사범위, 각 회원은 자신의 세금, 관세, 수수료 자신의 공사범위 이행과 관련하여 회원에게 부과되는 여하한 세액, 그리고 타회원을 여하한 경비, 클레임 및 법적책임으로부터 방어하고 면책하고 해를 당하지 않게 한다.

8.9 만약에 한 회원이 실패로 인하여 계약서에 있는 어떠한 특정한 조건하에 지체배상금의 지급에 대하여 발주자에게 책임을 지게 되면:

8.9.1 이행보증서의 조건을 이행하는 것 또는 그 안에서 제시된 담보(약속)를 이행하는 것

8.9.2 공사의 완공을 위하여 발주자와 합의한 시간제한을 충족.

8.9.2.1 그와 같은 실패가 한 회원에게 돌려질 수 있는 한도까지, 그와 같은 회원은 산정된 전체금액에 대한 지체배상금을 지급한다.

8.9.2.2 만약에 실패가 한 특정한 회원에게 분명하게 돌릴 수 있는 것을 합의하지 않는 한, 회원들 중의 누가(어느 한도까지) 그와 같은 피해금액의 지급에 대하여 책임이 있는지 최종적으로 결정될 때까지 그와 같은 지체배상금은 잠정적으로 계약금액의 각자의 분량에 비례하여 회원들에 의하여 지급된다.

8.10 본 계약 하에서 어느 회원도 타 회원이 입는 이익의 상실 또는 여하한 간접 손실이나 간접적 피해금액에 대한 여하한 클레임에 대하여 타 회원에게 책임을 지지 않는다.

8.11 회원들은 또한 계약기간 동안에 공사의 여하한 수정 또는 변경이 계약 하에 요구된다는 것을 인정하고 그와 같은 수정 또는 변경에 의하여 회원(들)은 발주자와 제5조에서 기술된 규정을 적용받아 공사범위가 영향을 받는 자신의 오퍼금액을 조정하는 것을 포함하여 수정과 변경조건을 협상한다.

Article 9_ Receipt and Distribution of Payments

9.1 All payments received from the Client shall be deposited in a bank account with a bank in Qatar opened in the name of the Leader. The Leader shall promptly upon receipt of such payments distribute the monies to the Member(s) to whom the monies are then due and payable.

9.2 Submission of all invoices, statements and billings to the Client for the purpose of receiving payments shall be accomplished through the Leader. All Members shall provide to the Leader all documents and calculations required for invoicing in a prompt manner.

9.3 The Members agree that after completion of the Works the final Contract Price shall be calculated and they shall make such adjustment of payment between themselves(including to reflect interest, if applicable) as may be necessary to ensure that payments hereunder reflect their respective portions of the Contract Price as finally determined.

Article 10_ Bonds and Bank Guarantees

10.1 If any bonds or bank guarantee are required by the terms of the Contract, each Member shall be responsible to arrange such bonds or bank guarantees for the portion of the total bond/guarantee amount that it is responsible in proportion of the Contract Price.

10.2 If the Members so agree, one Member can arrange the bonds or bank guarantee in full amount and the Members share the premium and other costs in proportion to their respective portion of the Contract Price.

제9조_기성 수취 및 배분

9.1 발주자로부터 수취하는 모든 지급은 리더의 명의로 개설된 카타르에 있는 은행계좌에 입금된다. 리더는 즉시 그와 같은 대금을 수취한 후 그 대금을 지급하게 되는 회원들에게 배분한다.

9.2 대금수취를 위한 목적으로 발주자에게 모든 인보이스의 제출, 진술서 및 청구는 리더를 통하여 행하여진다. 모든 회원은 리더에게 신속한 방법으로 인보이싱을 위하여 요구되는 모든 문서 및 계산내역을 제공하여야 한다.

9.3 공사를 완료한 후에 최종계약금액은 계산되고 최종적으로 결정된 대로 계약금액에 대한 그들 각자의 분량을 여기에서 반영하는 것을 보장하기 위하여 필요한 대로(해당된다면 이자 반영을 포함) 그들 사이에서 대금지급의 조정을 한다.

제10조_보증 및 은행보증서

10.1 계약조건에 의하여 여하한 보증 또는 은행보증서가 요구되면, 각 회원은 계약금액에 비례하여 책임이 있는 전체보증/보증서 금액의 분량에 대한 보증서 또는 은행보증서를 준비할 책임이 있다.

10.2 회원들이 동의한다면, 한 회원사가 전 금액에 대한 보증서 또는 은행보증서를 준비할 수 있고 회원들은 계약금액의 각자 분량에 비례하여 수수료 및 기타 비용을 분담한다.

Article 11_ Insurance

11.1 The Members agree that insurance polices shall be provided and maintained as required by the terms of the Contract. In addition to the Client and its designates to be named as the Insureds, each Member to this Agreement shall also be named as the Insureds under the said insurance policies.

11.2 The cost of insurance premiums shall be borne and paid by the Member who will be responsible for the insurance as per Scope of Work. If any insurance are required to be provided by both the Members, the premium shall be shared by the Members in proportion to their respective portion of the Contract Price.

11.3 Each Member may, at its own cost, procure and maintain any other or additional insurances as it may consider necessary to cover its Scope of Work.

11.4 All the forms of insurance coverage taken out as specified in the above Article 9.1 shall contain a waiver of the right of subrogation against the other Member.

제11조_보험

11.1 계약조건에 의하여 요구되는 대로 회원들은 보험증권이 제공되고 유지되는 것에 동의한다. 피보험자로 지명되는 발주자와 그의 지명자 외에 본 계약에 대한 각 회원은 상기 보험증권에서 피보험자로 거명된다.

11.2 보험료 비용은 공사범위대로 보험에 대하여 책임이 있는 회원에 의하여 부담되고 지급된다. 여하한 보험이 양 회원들에 의하여 제공되는 것이 요구되면 보험료는 계약금액의 각자 분량에 비례하여 회원들에 의하여 분담된다.

11.3 각 회원은 자신의 비용으로 자신의 공사범위를 커버하기 위하여 필요하다고 간주하는 대로 기타의 또는 추가 보험을 획득하고 유지할 수 있다.

11.4 상기 9조 1항에서 기술된 대로 모든 보험부분의 양식은 상대회원에 대한 대위권의 포기를 포함해야 한다.

Article 12_ Exchange of Information

12.1 Each Member shall exchange with the other Member all information reasonably required and requested by that other Member so as to effect the smooth performance of this Agreement and of the Contract. Such information shall include any information relating to the programme for the works, the progress of the Works and other data and information relating to the Scope of Work.

12.2 Each Member shall at the agreed regular intervals send a report to the other Member detailing the progress of the execution of its Scope of Work and any alterations that are being made to the original plans for its Scope of Work.

12.3 If any Member receives from the Client or other sources any useful information regarding the Project, especially at the time of preparation and submission of the Proposal, such Member shall (without liability for the correctness thereof) forthwith disclose the same to the other Member.

12.4 Each Member shall immediately inform the other Member of any event which may affect the proper performance of its own Scope of Work or that of the other Member as well as of any claims by the Client or any other third party which also concern the liability of the other Member.

제12 조_ 정보의 교환

12.1 각 회원은 본 계약과 공사계약의 순조로운 이행을 위하여 타 회원에 의하여 합리적으로 요구되고 요청된 모든 정보를 타 회원과 교환한다. 그와 같은 정보는 공사에 대한 공정표에 관계된 정보, 공사의 진도 및 기타 데이터 및 그와 같은 다른 회원(들)의 공사범위에 관계된 정보를 포함한다.

12.2 각 회원은 합의한 규칙적 간격으로 타 회원에게 자신의 공사범위 이행의 진도 및 자신의 공사범위의 원래 계획에 대하여 행하여진 어떠한 변경을 구체적으로 밝힌 보고서를 발송한다.

12.3 만약 어떠한 회원이 발주자로부터 또는 다른 정보원으로부터 프로젝트에 관한 유용한 정보를 수취하면, 특별히 제안서의 작성 및 제출 시에 그와 같은 회원은 (그 정보의 정확성에 대한 책임이 없이) 즉각 동일한 것을 타 회원에게 밝혀야 한다.

12.4 각 회원은 즉시 자신의 공사범위의 적절한 이행과 혹은 타 회원의 공사의 적절한 이행에 영향을 미치는 여하한 사건을 타 회원에게 통지해야 하고 마찬가지로 발주자에 의한 또는 타 회원의 책임에 관련된 제3자에 의한 여하한 클레임을 통지하여야 한다.

Article 13_ Confidential Information

13.1 Each Member shall use its best efforts to keep in strict confidence, and shall bind all of its employees and agents to keep in strict confidence, all commercial and technical information in whatever form acquired by it(whether directly or indirectly) from or concerning the other Member under this Agreement or in connection with the performance of the Contract(hereinafter called "Confidential Information"). No Member shall utilize such Confidential Information for any purpose other than those contemplated in this Agreement or in the Contract. Further, no Member shall at any time disclose any Confidential Information to any third party for any purpose other than those contemplated in this Agreement or in the Contract without the prior written consent of each Member. The following information shall be excluded from the foregoing scope of Confidential Information.

13.1.1 information which at the time of disclosure is generally available to the public;

13.1.2 information which, after disclosure, becomes generally available to the public through no fault of the receiving Member ;

13.1.3 information which the receiving Member can show was in its possession prior to disclosure and which was not acquired directly or indirectly from the other Member ; or

13.1.4 information which the receiving Member can show was received by it after the time of disclosure from any party outside the Members without any obligation of confidentiality and which was not acquired directly or indirectly from the other Member.

13.2 The confidentiality obligations set out in this Article 13 shall survive the termination of this Agreement.

13.3 Each Member shall impose the same confidentiality obligations set out in this Article 13 upon its subcontractors, vendors and third parties who are in association with it and may have access to any Confidential Information during the terms of this Agreement.

제13 조 _ 비밀정보

13.1 각 회원은 본 계약 하에서 또는 계약의 이행과 관련하여 (이제부터 “비밀정보” 라고 칭한다) 직간접적으로 타 회원으로부터 또는 관련 기타 회원으로부터 획득한 어떠한 형태의 모든 상업적 또는 기술적 정보를 비밀유지를 위하여 최대의 노력을 하여야 하고 또한 그 자신의 모든 종업원, 그리고 대리인을 비밀을 엄수하도록 구속해야 한다. 어떤 회원도 그와 같은 비밀정보를 본 계약서 또는 계약에서 고려된 것을 제외하고 여타의 목적으로 활용할 수 없다. 또한, 어떠한 회원도 언제라도 회원의 문서상 사전 동의 없이 본 계약 또는 계약에서 고려된 것을 제외하고는 어떠한 비밀정보도 제3자에게 밝힐 수 없다. 아래의 정보는 앞의 비밀정보에서 제외된다.

13.1.1 발표 시에 일반적으로 대중에게 도움이 되는 정보

13.1.2 발표한 후, 수취한 회원의 잘못이 아닌 것을 통하여 대중에게 이용 가능하게 된 정보

13.1.3 수취하는 회원이 제시하는 정보가 발표 이전에 자신의 소유권 안에 있었고 다른 회원으로부터 직간접적으로 획득하지 않은 정보

13.1.4 수취하는 회원이 제시하는 정보가 여하한 비밀 준수 의무가 없이 회원들 밖에서 여하한 당사자로부터 발표한 후에 수취한 정보, 그리고 다른 회원으로부터 직간접적으로 획득하지 않은 정보

13.2 제13조에서 규정된 비밀엄수 의무는 본 계약의 해지 이후에도 계속된다.

13.3 각 회원은 본 13조에서 규정된 동일한 비밀엄수 의무를 자신의 하도급자, 공급자 및 그와 관련있는 제3자, 본 계약의 기간 중 여하한 비밀정보에 접근할 수 있는 자에게 부과한다.

Article 14_ Mutual Consultation and Goodwill

All matters not specifically provided for in this Agreement which relate to the Project and require decision shall be discussed by the Members in good faith and settled by unanimous agreement between them.

Article 15_ Disputes and Arbitration

15.1 If a dispute arises between the Members, each Member shall continue the performance of its obligations under this Agreement and under the Contract and shall avoid any action which might hinder the proper performance of the other Member's obligations to the Client.

15.2 If a dispute arises between any Member and the Client, the other Member shall provide to the Member engaged in the dispute all assistance which it may reasonably require, including intervention in the proceedings with the Client.

15.3 Any disputes, controversies or claims arising out of this Agreement or the Project which may arise between the Members shall be finally submitted to and settled by an arbitration to take place at a neutral place to each Member in accordance with the Rules of Conciliation and Arbitration of the International Chamber of Commerce by one or more arbitrators appointed in accordance with the said Rules. Proceeding shall be conducted in the English language.

15.4 Each Member agrees that it shall not commence any arbitration proceedings against the other Member in connection with the Project before completion of the Works save only for any minimum action which may be necessary in order to protect the Member's right under any relevant statute of limitations or similar applicable law.

제14조_상호협의 및 호의

본 프로젝트에 관계되고 결정을 요하는 본 계약서에서 자세히 규정되지 않은 사항은 신뢰감을 갖고 회원들에 의하여 토의되고 그들 사이에서 만장일치 합의에 의하여 해결된다.

제15조_분쟁 및 중재

15.1 회원들 사이에서 분쟁이 생기면 각 회원은 본 계약서와 계약서하에서 자신의 계약적 의무 이행을 계속하고 발주자에 대하여 타 회원의 계약적 의무의 적절한 이행을 방해하는 어떠한 행위를 회피하여야 한다.

15.2 만약에 어떠한 회원과 발주자 사이에서 분쟁이 일어나면 타 회원은 분쟁에 들어간 타 회원에게 발주자와의 소송절차에 있어 개입을 포함하여 합리적으로 요구하는 모든 조력을 제공한다.

15.3 본 계약 또는 프로젝트에서 회원들 사이에서 발생하는 어떠한 분쟁, 논쟁 또는 클레임은 국제상공회의소의 화해 및 중재에 관한 규칙에 따라 상기 규칙에 따라 임명된 한 명 또는 그 이상의 중재인에 의하여 각 회원에게 중립적인 장소에서 개최되는 중재에 회부하고 중재에 의하여 해결된다. 중재 절차는 영어로 실시된다.

15.4 각 회원은 프로젝트와 관련하여 공사의 완공 이전에 중재절차를 개시하지 않는다. 다만 여하한 관련된 제한법 또는 유사하게 적용되는 법률 하에서 회원의 권리를 보호하기 위하여 필요한 최소한의 조치는 제외한다.

Article 16_ Termination

16.1 This Agreement shall be effective as from the date hereof and except as otherwise provided herein shall continue to be effective until each Member has completed and settled its obligations and liabilities under this Agreement and under the Contract.

16.2 This Agreement and all the provisions hereof shall automatically be terminated if the Members confirm that the Proposal has been finally rejected by the Client.

16.3 If any Member commits an act of bankruptcy or otherwise rendered unable to meet its financial obligations, or has committed a material breach of the terms of this Agreement or of the Contract, the other Member shall have the right to terminate this Agreement and proceed to complete defaulting party's Scope of Work taking the full responsibility and rights for the entire Scope of Work under the Contract.

16.4 Liability and indemnity provisions under Article 8 shall continue to apply after the termination has been effected under any provisions of this Article 16.

Article 17_ Force Majeure

17.1 No Member shall be considered in default in the performance of its obligations under this Agreement or be responsible for any delay in carrying out of the obligations, if the performance thereof is prevented or delayed wholly or in part as a consequence whether direct or indirect of force majeure as described and provided for in the Contract.

17.2 If the performance of a particular Member's obligations under this Agreement is in the opinion of that Member hindered, delayed or affected by reason falling within Article 17.1, then the Member so affected shall forthwith notify the other Member in writing.

제16 조_해지

16.1 본 계약서는 그것의 날짜로부터 효력이 있고, 이 안에서 달리 규정한 것을 제외하고 각 회원이 본 계약서 및 계약서하에서 자신의 계약적 의무와 책임을 완료하고 해결할 때까지 효력이 계속된다.

16.2 본 계약서와 이것의 모든 규정은 만약에 회원들이 제안서가 최종적으로 발주자에 의하여 사절되었음을 확인하면 자동적으로 해지된다.

16.3 만약에 회원이 파산하고 또는 달리 자신의 재정적 의무를 충족시킬 수 없다고 하거나 또는 본 계약서, 계약 조건에 대하여 중대한 위반을 한 경우 타 회원은 본 계약을 해지할 권리를 가지고 본 계약 하에서 전체공사 범위에 대한 완전한 책임과 권리를 가지고 해태한 당사자의 공사범위를 완공하기를 진행한다.

16.4 본 16조의 여하한 규정 하에서 해지가 효력을 발생한 이후에 8조 하에서 법적 책임 및 면책조항은 적용되기를 계속한다.

제17 조_불가항력

17.1 본 계약 하에서 어떤 회원도 만약 그 계약의 이행이 계약서에서 규정되고 기술된 대로 직접적 또는 간접적 불가항력의 결과로 전체적이거나 부분적으로 방해를 받거나 지연된다면 자신의 계약적 의무의 이행에 있어서 해태로 간주되지 않고 혹은 계약적 의무를 이행하는 가운데에서 여하한 지연에 대한 책임이 없다.

17.2 본 계약 하에서 특정한 회원의 계약적 의무 이행이 타 회원의 의견상 방해받거나 지연되거나 또한 17조 1항의 범위 안에 들어가는 사유에 의하여 영향을 받는다고 하면, 그 때 그렇게 영향을 받는 회원은 즉시 타 회원에게 문서상으로 통지하여야 한다.

Article 18_ Governing Law

This Agreement shall in all respects be construed and interpreted in accordance with the laws of England.

Article 19_ Correspondence

19.1 All notices and communications required or permitted to be given under this Agreement to any Member shall be sent to the following addresses :

(Company)
Address :
Telefax :
e-mail :

Attention :

(   )
Address :
Telefax :
e-mail No. :

Attention :

19.2 Each Member shall notify the other Member of any change of address fourteen(14) days prior to such change taking effect.

Article 20_ Assignment

No Member shall have the right to assign or in any way transfer any of its rights or obligations under this Agreement to any other company, firm or person without first obtaining the consent in writing of the other Member.

제18 조_ 지배법률

본 계약서는 모든 점에서 영국법에 따라 지배되고 해석된다.

제19 조_ 연락

19.1 여하한 회원에게 본 계약서 하에서 요구되고 제공되는 것이 허가된 모든 통지 및 통신은 하기의 주소로 발송된다.

(회사)
주소 :
Fax :
E-mail :

주소 :
Fax :
E-mail :

19.2 각 회원은 주소변경이 효력을 발생하기 14일 전에 주소변경을 타 회원에게 통지해야 한다.

제20 조_ 양도

어떤 회원도 타 회원의 문서상 사전 동의를 획득하지 않고 본 계약 하에서 자신의 권리 또는 계약적 의무를 다른 회사, 상사 또는 개인에게 양도하거나 여하한 방법으로 이전할 권리를 갖지 않는다.

Article 21_ Entire Agreement

This Agreement constitutes the entire agreement between the Members in relation to the Project and cancels and supercedes all prior negotiations, representations or agreements whether written or oral, between the Members prior to the date of this Agreement.

Article 22_ Language

The English language shall be the official language to be used under this Agreement and shall be used by each Member in all notices, communications, statement and any technical or commercial documentation to be prepared and presented under this Agreement.

Article 23_ Amendments

This Agreement shall not be amended or modified in any way other than by an agreement in writing executed by the duly authorized representatives of each Member. The minutes of the meetings duly confirmed in writing pursuant to Article 6.5 shall be deemed to be an agreement as aforesaid.

IN WITNESS HEREOF, the parties hereto have caused Agreement to be duly executed for and on their behalf on the date and year first above written. Each Member shall keep an original copy thereof.

Signed :

____

By : ______________________

Title : ______________________

____

By : ______________________

Title : ______________________

제 21 조 _ 전체합의

본 계약서는 프로젝트에 관계된 회원들 사이에서 완전한 합의를 형성하고 본 계약 날짜 이전에 회원 사이에서의 모든 이전 협상, 대표, 문서상 또는 구두상 합의를 취소하고 초월한다.

제 22 조 _ 언어

본 계약 하에서 사용되는 공식적 언어는 영어이고 모든 통지, 통신, 진술서 및 본 계약 하에서 작성되고 제출될 여하한 기술적 또는 상업적 문서에서 사용된다.

제 23 조 _ 개정

본 계약서는 각 회원의 정당하게 인가된 대표자들에 의하여 문서상 합의에 의한 것을 제외하고 여하한 방법으로 개정되거나 수정되지 않는다. 회의록은 6조 5항에 따라 문서로 정당하게 확인되고 위에서 말한 대로 합의로서 간주된다.

이것을 증거로 하여 여기에 관계된 당사자들은 위에서 기록된 연 월 일에 계약서가 정당하게 그들을 대리하여 이행되었다. 각 회원은 그 원본을 간직한다.

서명되었음 :

____

성명 : ________________

직위 : ________________

____

성명 : ________________

직위 : ________________

SCHEDULE 1 – SCOPE OF WORK

1.0 Each Member's Scope of Work under this Agreement shall be as follows.

1.1 Company's Scope of Work

1.2 ______________'s Scope of Work

2.0 Each Member's Offer Price at the time the bid is submitted is as follows.

Company :

__________ :

Split of the Contract Price between the Members shall be decided when the Contract Price is finally negotiated and fixed.

3.0 Split of the Scope of Work and Contract Price are subject to change before entering into the Contract if the Members so agree or at the request of the Client.

별표 1 – 공사범위

1.0 본 계약하에서 각 회원의 공사범위는 다음과 같다.

1.1 회사의 공사범위

1.2 ____________공사범위

2.0 입찰시 제출된 각 회원의 오퍼금액은 다음과 같다.

회원간의 계약금액 분산은 계약금액이 최종적으로 협상되고 결정되었을 때 결정된다.

3.0 공사범위 및 계약금액의 분산은 만약 회원들이 그렇게 합의하거나 또는 발주자의 요청에 따라 계약에 들어가기 전에 변경을 적용할 수도 있다.

Model- 2 **Power of Attorney**

POWER OF ATTORNEY

ABC OVERSEAS COMPANY, a corporation organized and existing under the laws of the State of Nevada, United States of America, (hereinafter called the "Company"), does hereby designate and appoint Mr. Terrence Mason, as the true and lawful agent and attorney-in-fact of the Company with limited power and authority to act for and on behalf of the Company with regard to the signature of a Joint Venture Agreement with DEF Engineering, Ltd. a corporation organized and existing under the laws of Republic of Korea.

The limited Power of Attorney is for the sole purpose of the delegation of signature authority to Mr. Terrence Mason as noted above, and shall become effective as of May 25, 2008 and terminate automatically upon execution of the above referenced agreement or July 1, 2008,
whichever comes first.

IN WITNESS WHEREOF, the undersigned has executed this Power of

Attorney and caused the seal of the Corporation to be affixed hereunto this 21st day of May, 2008.

ABC OVERSEAS COMPANY

Corporate Seal

By : ______________________

Melvin Smith, President

By : ______________________

Dennis Kennedy, Secretary

모델- 2 **위임장**

위 임 장

미합중국 네바다주법 하에서 설립되었고, 존재하는 에이비씨 오버시즈 컴퍼니(이제부터 "회사" 라고 칭한다)는 테렌스 메이슨 씨를 대한민국 법률 하에서 설립되었고 존재하는 디이에프 엔지니어링 회사와 합작회사 계약서의 서명과 관련하여 회사를 대리하여 행동할 수 있고 제한된 권한을 가진 진정하고 합법적인 대리인으로 지명하고 임명한다.

제한된 위임장은 위에서 명기한대로 서명권의 위양을 위한 것이고, 2008년 5월 25일부터 유효하고 위에서 언급된 계약서의 서명을 이행한 후에 또는 2008년 7월 1일부로 어느 것이든지 먼저 발생하면 자동적으로 해지된다.

상기 사실을 증거로 하여 아래에 서명한 자가 위임장을 작성하였고

회사인감을 2008년 5월 21일 여기에 날인하였다.

에이비씨 오버시즈 컴퍼니

회사 인감

멜빈 스미스, 사장

데니스 케네디, 서기

Model- 3 Purchasing Agreement

Purchasing Agreement for Water Treatment Plant

This Contract was made on 15th October 2008 between

Seller : Arcon (the U. K) Ltd.
P. O. Box 3, Sunbury
Middlesex, England

Buyer : A B C U. K. Ltd. Procurement Division
6th Floor, Victoria House
South-hampton Row
London, England

The Buyer and the Seller hereby mutually agree to perform this contract in strict accordance with the following terms and conditions.

1.0 Generals

1.1 This contract is made for the Buyer' s procurement for its construction work of Abu Ghraib Road Project in Baghdad, Iraq(hereinafter called the "Project").

2.0 Scope of Supply

2.1 The Seller agrees to supply and the Buyer agrees to purchase the Water Treatment Plant for the Project particularly described :

A) in the Seller' s quotation No. RO. 85952/EG dated 15th Oct 2008.

B) and in the Buyer' s drawings and specifications delivered to the Seller.

모델- 3 구매계약서(수처리 탱크)

구매계약서(수처리 탱크)

본 계약서는 2008년 10월 15일

판매자 : 아크론(주)/영국

구매자 : 에이비씨(주)/ 영국, 구매본부

사이에 체결되었다.
구매자와 판매자는 다음의 조건에 따라서 본 계약을 이행할 것을 합의하였다.

1.0 일반

1.1 본 계약은 구매자의 이라크 바그다드에 있는 아부 그라이브 도로 프로젝트 건설공사의 구매를 위하여 작성되었다.

2.0 공급 범위

2.1 판매자는 프로젝트용 수처리 플랜트를 공급하고 구매자는 특별히 아래와 같이 기술된 대로 구매하기를 합의한다.

가) 판매자의 견적서 번호 개85952/EG 2008.10월 5일

나) 판매자에게 인도된 구매자의 도면 및 시방서

2.2 The Seller shall include and will be deemed to have included in his amount ;

A) All fittings, bolts, nuts, fixing etc. not specially itemized but essential for the proper installation and operation of equipment.

B) All duties, obligations, liabilities and responsibilities which the contract documents place upon the Seller in connection with or in relation to the contract.

C) All costs for Statistical and technical calculation for structure, design, shop drawings, technical documents and material schedule.

D) All costs for packing for the export containers and for the loading of the container on the carrier at the Seller' s work.

3.0 Supervision and Commissioning

3.1 Erection will be carried out by the Buyer's technicians. When the Buyer requires a supervisor during the erection and commissioning, the Seller shall despatch a skilled supervisor to the Site.

3.2 It is anticipated that one(1) visit will be made for supervision in ten(10) days. But the Seller can adjust the frequency of visiting and the period of supervision and commissioning.

3.3 The daily rate of supervisor is fixed at U$ 500, per 8 hours/day. Accommodation of supervisor would be provided by the Buyer, and two travelling days should be included in the total supervision period.

3.4 The Buyer will send invitation cable for the Seller to arrange entry visa for its supervising engineer.

4.0 Drawing and Technical Documents

4.1 Drawings, technical documents and catalogs for the use of the construction supplied by the Seller to the Buyer, shall be regarded as part of the Contract.

2.2 판매자는 자신의 금액에 다음 사항을 포함시키고 또한 포함시킨 것으로 간주된다.

가) 모든 피팅, 볼트, 너트, 픽싱 등 특별히 항목화하지 않았지만 장비의 설치 및 운영에 필수적인 것

나) 계약과 관련하여 계약문서가 판매자에게 부과하는 모든 관세, 법적인 의무, 법적인 책임

다) 구조, 설계, 제작도면, 기술적 문서 및 자재 일정에 대한 통계적 및 기술적 계산에 대한 비용

라) 수출 컨테이너 포장비용 및 판매자의 공장에서 컨테이너의 상차 비용

3.0 감독 및 시운전

3.1 설치는 구매자의 기능공이 담당한다. 구매자가 설치 및 시운전 기간 중에 감독을 필요로 할 때, 판매자는 숙련된 감독자를 현장에 파견한다.

3.2 감독을 위하여 1회 방문을 10일 이내에서 하는 것으로 예상된다. 그러나 판매자는 방문 주기와 감독기간과 시운전 기간을 조정할 수 있다.

3.3 감독자의 일당은 8시간 기준 미화 500달러로 한다. 감독자의 숙박은 구매자가 제공한다. 그리고 총 감독기간 안에 2일 여행 날짜를 포함시킨다.

3.4 구매자가 감독 기술자에 대한 입국사증을 위하여 판매자에게 초청 전보를 보낸다.

4.0 도면 및 기술 문서

4.1 판매자가 구매자에게 공급하는 시공용 도면, 기술문서 및 카탈로그는 계약의 일부로 간주된다.

4.2 Technical data shall include :

A) Layout and installation drawings and manuals.

B) Maintenance and operation manuals and trouble shootings manuals.

5.0 <u>Price</u>

5.1 The price of the Equipment is fixed at U$120,000(SAY U$ One Hundred Twenty Thousand Only) F. O. B U. K. Port and/or C&F Baghdad, according to INCOTERMS 1980.

5.2 The price of supervision & commissioning for ten days is U$ 5,000(say U$ Five Thousand only) on basis of U$500/day.

5.3 The above price is firm and not subject to any escalation up to the time of completion of this contract.

6.0 <u>Payment</u>

6.1 Payment shall be made in U. S. A. Dollars.

6.2 The amount for equipment will be paid by an Irrevocable Letter of Credit, at sight to be opened by the Buyer through a first class bank in London, against a Clean on Board Ocean Bill of Lading, Commercial Invoice, Packing List, Certificate of Quality issued by the Seller.

<u>6.3 Payment for supervision and commissioning shall be made by cash after</u> the supervisor finishes his duty.

7.0 <u>Delivery and Shipment</u>

7.1 Partial Delivery shall be allowed.

4.2 기술적 자료는 다음을 포함한다.

가) 배치도 및 설치도면 및 편람

나) 유지 및 운영 편람 및 트러블 슈팅 편람

5.0 가격

5.1 장비 가격은 F. O. B U. K. and/or C&F 바그다드 미화 12만 달러로 고정한다.

5.2 10일 간 감독 및 시운전 금액은 미화 5천 달러이다.

5.3 상기 가격은 불변이고 본 계약의 완공시간까지 여하한 에스카레이션이 적용되지 않는다.

6.0 대금지급

6.1 대금지급은 미국 달러화로 실시된다.

6.2 장비대금은 영국 런던에 있는 일류 은행을 통하여 선하증권, 상업송장, 포장명세서 및 판매자가 발급한 품질증명서를 제시하면 일람불 취소불능 신용장으로 지급된다.

6.3 감독 및 시운전에 대한 대금지급은 감독자가 자신의 의무를 완료한 후에 현금으로 지급된다.

7.0 인도 및 선적

7.1 분할 인도가 허용된다.

7.2 Shipment for item (1)~(4) on the Seller's quotation, R O 85952/EG shall be done six weeks after the date of receipt of official order.

7.3 Shipment for item (5) on the above said quotation shall be done eight(8) weeks after the date of receipt of official order.

7.4 The Seller shall give preliminary notice to the Buyer of the delivery schedule of materials including the estimated date of readiness for shipment, two weeks before the shipping date.

8.0 Performance Guarantee

8.1 The Seller shall provide a performance guarantee in the amount of five(5) percent of the contract price, Sterling Pounds Six Thousand in favor of the Buyer to be advised through L/C opening bank within ten(10) days from the date of L/C advice.

8.2 Performance Bond shall be released on twelve months from the date of final commissioning or eighteen months from the date of last delivery, whichever comes first.

9.0 Packing and Marking

9.1 The goods shall be packed in accordance with Export Standard Seaworthy Packing and shall be loaded at the Seller's own expense. Each package to be delivered shall be marked as follows :

S. O. R. B A B C CONST. CO., LTD.
FOR ABU GHRAIB ROAD PROJECT
S. O. R. B.-ABC(IN DIAMOND MARK)
PACKAGE NO. :
MADE IN :
IN TRANSIT TO BAGHDAD, IRAQ.

10.0 Inspection and Quality

7.2 판매자의 견적서 번호 RO 85952/EG상에서 항목 (1)~(4)에 대한 선적은 공식적 주문을 수취한 날짜로부터 6주이다.

7.3 상기 견적서 상 항목 (5)에 대한 선적은 공식적 주문을 수취한 날짜로부터 8주이다.

7.4 판매자는 선적일 2주 전에 선적 준비 예상일을 포함하여 자재의 인도 일정을 구매자에게 예비적 통지를 하여야 한다.

8.0 이행 보증

8.1 판매자는 계약금액의 5%에 해당하는 이행보증금 스털링 파운드 6,000을 신용장 통지일로부터 10일 이내에 구매자를 위하여 신용장 개설 은행을 통하여 이행보증을 제공해야 한다.

8.2 이행보증은 최종 시운전 날짜로부터 12개월 또는 최종 인도일자로부터 18개월 어느 것이든지 먼저 발생하면 해제된다.

9.0 포장 및 표시

9.1 재화는 항해에 견딜 수 있는 수출 표준 포장에 따라서 포장되고 판매자의 경비로 상차된다. 인도되는 매 패키지는 아래와 같이 표시되어야 한다.

S. O. R. B. ABC CONST CO., LTD.

FOR ABU GHRAIB ROAD PROJECT

S. O. R. B-ABC(IN DIAMOND)

PACKAGE NO. :

MADE IN :

IN TRANSIT TO BAGHDAD, IRAQ

10.0 검사 및 품질

10.1 The Buyer or his representative reserves the right to inspect the equipment at any time during the manufacture and/or before shipment without diminishing the Seller's liability by the Buyer' s inspection.

10.2 The Seller shall guarantee the system and materials supplied by the Seller to be in strict accordance with the Specification and the Drawing for a guarantee period of one(1) year after commissioning or eighteen(18) months after f.o.t date, whichever comes first.

11.0 Claim and Penalty

11.1 The Seller undertakes to replace or repair any materials which are found to be ;

A) damaged as a result of inadequate packing or due to insufficient protective treatment.

B) unknown and/or incorrect items packed.

C) short-shipped.

D) functionally defective or imperfect.

E) in discrepancy attributable to the Seller's responsibility.

11.2 Any claim by the Buyer except for latent defects shall be made by Fax and/or in writing as soon as possible after unloading at the project site.

11.3 The replacement or repair must be arranged within two(2) weeks from the Buyer' s notice at the Seller's cost excluding losses or damages during transportation and unloading.
This undertaking shall continue until the materials are incorporated into the main works and for the period of guarantee.

11.4 If the Seller fails to arrange the replacement or repair of the above mentioned paragraph 11.3, the Buyer could use a concerned engineer in his own way. All charges for the above service should be on the Seller' s account.

10.1 구매자 또는 그의 대표자는 언제라도 제조기간 또는 선적 전에 구매자의 검사에 대한 판매자의 책임을 감소함 없이 장비를 검사할 권리를 갖는다.

10.2 판매자는 공급한 시스템 및 자재를 설치한 후 1년 또는 현장에 인도한 후 18개월 동안 시방서와 도면에 따라서 일치한 것을 보증한다.

11.0 클레임 및 벌금

11.1 판매자는 다음과 같은 경우 어떠한 자재를 교체 또는 수리하기를 보증한다.

가) 불충분한 포장의 결과 또는 불충분한 취급으로 인한 파손

나) 미상의 또는 부정확한 항목이 포장되었을 경우

다) 부족한 분이 발견되었을 때

라) 기능적으로 결함이 있거나 불완전한 것

마) 판매자의 책임으로 돌릴 수 있는 불일치

11.2 잠재적 결함을 제외한 구매자에 의한 클레임은 현장에서 확인한 후 가능한 한 빨리 팩시밀리 또는 문서로 행하여진다.

11.3 교체 또는 수리는 수송 또는 하역 중에 손실 또는 피해금액을 제외하고 구매자의 통지로부터 2주 이내에 판매자의 비용으로 실시되어야 한다.

11.4 만약에 판매자가 상기에서 언급된 문단 11.3의 교체 또는 수리를 실시하는 것에 실패한다면 구매자는 자신의 방법으로 관련된 기술자를 사용할 수 있다. 상기의 용역에 대한 모든 경비는 판매자가 부담한다.

11.5 The Buyer shall impose 0.5(point five) percent of the total contract sum as penalty for the delayed supply should the Seller fail to comply with the shipping date referred to here in paragraph 7.0 or the date agreed between the Buyer and the Seller. The said amount shall be deductable from the total contract sum.

Any further indirect losses and damages are excluded from the Seller's liability.

12.0 Force Majeure

12.1 The terms "Force Majeure" in this contract shall be deemed to mean in such cases as Act of the God, war, riots, revolutions, insurrections, civil commotions, fire, flood, epidemics and by contingency beyond both parties' control, which affect or hinder delivery of materials.

12.2 In the event of such a delay due to the aforesaid circumstances, the one party shall give notice to the other party by Fax and/or in writing of the cause and commencement of such a delay.

Likewise, when such a delay ends, the party affected shall give prompt notice to the other party by Fax and/or in writing of the period of such delay and the precise time of delivery with reasonable evidence of such delay acceptable to the other party affected.

12.3 If such a failure has continued for three months, the other party may cancel this contract.

13.0 Language

Any documents, drawings, manuals, notice and communication in connection with this contract shall be made in English unless otherwise authorized by the Buyer.

11.5 만약 판매자가 문단 7에서 언급된 선적일을 지키기에 실패하거나 또는 구매자와 판매자 사이에 합의한 날짜를 지키지 못한다면 구매자는 지연된 공급에 대한 벌금조로 전체 계약금액의 0.5%를 부과한다. 어떠한 간접손실과 피해금액은 판매자의 책임으로부터 제외한다.

12.0 불가항력

12.1 본 계약서에서 불가항력은 천재지변, 전쟁, 반란, 혁명, 폭동, 민란, 화재, 홍수, 전염병 및 양 당사자 사이의 통제를 벗어난 긴급 상황과 같이 그와 같은 경우에 있어서 자재의 인도에 영향을 주거나 방해하는 것을 의미하는 것으로 간주된다.

12.2 위에서 언급한 상황 때문에 그와 같은 지연이 발생할 경우, 한 당사자는 그와 같은 지연의 원인과 개시 일을 팩시밀리 또는 문서로 상대방에게 통지한다. 마찬가지로 그와 같은 지연이 종료될 때에, 영향을 받은 당사자는 타 당사자에게 지연기간과 용납할 수 있는 지연의 증거와 함께 정확한 인도시간을 팩시밀리 또는 문서로 신속하게 통지한다.

12.3 그와 같은 실패가 3개월 동안 계속된다면 상대방은 본 계약을 취소할 수 있다.

13.0 언어

본 계약과 관련한 어떠한 문서, 도면, 편람, 통지 및 통신은 구매자가 달리 인가하지 않는 한 구매자에게 영어로 행하여진다.

14.0 Arbitration

All disputes, controversies for differences or in relation to or in connection with this contract or for the breach thereof shall be finally settled by the Arbitration Rules of the International Chamber of Commerce in Paris.

The Award rendered by the arbitration shall be final and binding upon both parties concerned.

15.0 Amendment and Addition

15.1 Any amendment or addition to the provisions in this contract shall be made in writing and duly signed by both parties.

15.2 Faximile Communication shall be regarded as "writing" if both parties agreed the content of the Faximile.

In Witness whereof this contract has been signed by duly authorized representative of each party and each party keeps one copy of this contract.

For and on behalf of	For and on behalf of
A B C U. K. LTD.	ARCON(U. K.) LTD.
____________________	____________________

14.0 중재

차이점에 대한 또는 본 계약과 관계된 또는 관련하여, 계약 위반에 대한 모든 분쟁, 논쟁은 파리에 있는 국제상공회의소의 중재규칙에 의하여 최종적으로 해결된다. 중재에 의하여 결정된 재정이 최종적이고 관련되는 양 당사자를 구속한다.

15.0 개정 및 추가

15.1 본 계약서의 규정에 대한 여하한 개정 또는 추가는 문서상으로 행하여지고 양 당사자가 정당하게 서명한다.

15.2 만약 양 당사자가 팩시밀리의 내용에 합의한다면 팩시밀리 교신은 문서로 간주된다.

상기 사실을 증거로 하여 본 계약서는 각 당사가 정당하게 인가를 받은 대표자에 의하여 서명하였고 각 당사자는 본 계약서의 원본을 한 부씩 갖는다.

에이비씨/영국	아콘/영국
____________________	____________________

Model- 4 Minutes of Meeting

Minutes of Meeting

1. Time : 21st July 2008 (10:30–12:25)

2. Place : P. M. O.

3. Attendance :

ABC	GAMMON	P. M. O
N S KIM S U SHIN J H KIM	K V NAVARE	HASSAN

4. Subject : Method Statement of Bored Pile Works
5. Content :

No.	Discussion	Action
1.	Mr. Hassan said that permanent casing at Grid Line 2,3 should be removed later on after construction to have nice surface. P. M. O. will inform ABC of their decision on it. SCC said that SCC prefer to leave the casing on the piers for the protection of piers.	P. M. O.
2.	Mr. Hassan asked the details and ABC answered to them as follows : 1) Permanent Casing O. D. : 1,219mm I. D : 1,188mm 2) Reinforcement Cage O. D. : 1,048mm 3) Temporary Casing O. D. : 1,500mm I. D. : 1,400mm 4) Concrete cover for –Permanent Casing : 70mm –Temporary Casing : 176mm	

모델- 4 회의록

회의록

1. 시간 : 2008. 7. 21(10 : 30–12 : 00)

2. 장소 : 감독관 사무소

3. 참석자

에이비씨건설	가몬사	감독관 사무소
박 ××	나바레	하싼
신 ××		

4. 제목 : 천공파일의 작업방법 기술서

번호	토의 사항	행동(조치)
1.	하싼은 그리드 라인 2, 3에 있는 영구적 케이싱은 추후 시공한 뒤에 깨끗한 표면을 갖기 위하여 제거되어야 한다고 언급했다. 감독관 사무소는 에이비씨사에게 그것에 대한 결정을 통지할 것임. 에이비씨사는 교대의 보호를 위하여 교대에 케이싱을 그대로 남겨 두기를 언급했다.	감독관
2.	하싼은 상세내역을 질문하였고 에이비씨사는 다음과 같이 답변하였다. 1) 영구 케이싱 외경 : 1,219mm 내경 : 1,188mm 2) 철근 케이지 외경 : 1,048mm 3) 임시 케이싱 외경 : 1,500mm 내경 : 1,400mm 4) 콘크리트 커버 – 영구 케이싱 : 70mm – 임시 케이싱 : 176mm	

No.	Discussion	Action
3.	Mr. Hassan asked how ABC will treat the gap between Dia. 1,500mm permanent casing and 1,200mm temporary casing. ABC explained that concrete will rise up slightly filling the gap, however, it will stop below the finished ground level and it would not be any problem.	P. M. O.
4.	Mr. Hassan asked what GAMMON is responsible for. GAMMON stated their responsibilities as follows : – Drilling boreholes – Pouring concrete – Installation of re–bar cage – Pile Load Test – Sonic Coring Test	
5.	Mr. Hassan requested GAMMON to provide wooden boxes (30cm×30cm) for samples to be taken every meter. GAMMON agreed.	GAMMON
6.	Mr. Hassan stated that link chain(approx. Dia. 2mm) marked every meter shall be used to measure the depth of boreholes and ask GAMMON to submit a sample of link chain. GAMMON agreed.	GAMMON
7.	Mr. Hassan said that an equipment capable of core–drilling full length of pile shall be prepared. ABC mentioned that NCCL seems to have the equipment and ABC will submit letter of support to P. M. O.	ABC
8.	Mr. Hassan asked GAMMON how they will clean the bottom of borehole.	

번호	토의 사항	행동(조치)
3.	하싼은 에이비씨사가 영구적 케이싱 직경 1,500mm와 임시 케이싱 직경 1,200mm 사이의 갭을 어떻게 다룰 것인가를 질문하였음. 에이비씨사는 콘크리트가 약간 넘쳐서 간격을 채울 것이라고 설명하였음. 그러나 그것은 그라운드 레벨 이하에서 멈추고 어떠한 문제가 되지 않을 것이라고 답변함.	
4.	하싼은 가몬사가 무슨 책임을 지는가를 질문함. 가몬사는 그들의 책임은 다음과 같다고 진술하였음. – 천공작업 – 콘크리트 타설 – 철근 케이지 설치 – 재하시험 – 초음파 시험	감독관
5.	하싼은 가몬사에게 매 미터마다 디스터브드 샘플용 나무상자 (30cm×30cm)를 제공해 달라고 요청함. 가몬사는 동의하였음.	가몬사
6.	하싼은 천공의 깊이를 측정하기 위하여 사용될 매 미터마다 표시가 된 직경 2mm 링크 체인가 사용될 것임을 진술하였고 가몬사에게 링크 체인의 샘플을 제출하도록 요청함. 가몬사는 동의하였음.	가몬사
7.	하산은 파일의 전 길이를 코어 드릴링할 수 있는 장비가 준비되어야 한다고 언급하였음. 에이비씨사는 NCCL이 그 장비를 보유하고 있다고 언급하였음. 에이비씨사는 감독관 사무소 앞으로 협조요청 서한을 제출할 것임.	에이비씨
8.	하싼은 가몬사에게 천공의 바닥을 청소하는 방법을 질문하였음.	

No.	Discussion	Action
	GAMMON explained that after boring is completed, about half an hour shall be allowed for setting the suspended particles in water and the grab shall be lowered lightly too collect the settled materials. Mr. Hassan commented that air lift is not acceptable. ABC agreed.	
9.	Mr. Hassan mentioned that two pumps should be provided for cleaning water in casing, one pump(submersible) for discharging dirty water and the other one for supplying clean water. GAMMON said that new temporary casing will be used and tremie pipe is water tight. There will be no leakage of concrete. The discharge end of the tremie pipe is always kept submerged in the fresh concrete at least 0.5m~1.0m below concrete surface to prevent concrete from mixing with water. ABC explained that the same practice is used for concrete casting in the sea water. therefore there is no need to change with clean water, however, they will pour concrete upto approximately 1.0m above cut-off level and the latent and weak concrete will be chipped off in order to expose the sound concrete.	
10.	Mr. Hasan asked GAMMON how they will check verticality? GAMMON answered that they will use plumb bob. Mr. Hassan said that it is not acceptable. He suggested GAMMON to use tripod system with explanation and asked GAMMON to submit a proposal.	GAMMON
11.	Mr. Hassan requested GAMMON to use a Standard Penetration Test Machine with an automatic motor. GAMMON mentioned that they do not have such a machine and they will use S. P. T. machine with rope complying with the requirements of British Standard 1377.	

번호	토의 사항	행동(조치)
	가몬사는 천공이 완료된 후 수중의 부유물질이 가라앉기 위하여 약 30분 정도 허용되어야 하고 해머 그래브가 침전된 물질을 수거하기 위하여 가볍게 내려질 것이라고 설명하였음. 하싼은 에어 리프트는 수락할 수 없다고 논평하였음. 에이비씨사는 동의하였음.	
9.	하싼은 케이싱 내에서 물을 제거하기 위하여 두 개의 펌프가 제공되어야 한다고 언급하였음. 한 개의 펌프는 더러운 물을 제거하기 위한 것이고, 다른 한 개는 깨끗한 물을 공급하기 위한 것이다. 가몬사는 새 임시 케이싱이 사용되고 트레미 파이프는 방수되어 있다고 말했음. 콘크리트의 누출이 없을 것임. 트레미 파이프의 방출 부분은 언제나 콘크리트와 물이 혼합되는 것을 방지하기 위하여 콘크리트 표면 아래로 적어도 0.5m~1m의 깨끗한 콘크리트에 잠겨 있다. 에이비씨사는 동일한 관행이 바닷물 콘크리트를 타설하는데 사용되고 있다고 설명하였음. 그러므로 깨끗한 물로 교환할 필요가 없다. 그렇지만 그들은 콘크리트를 절삭 레벨보다 1m 이상까지 타설하고 건전한 콘크리트를 노출시키기 위하여 약한 콘크리트는 쪼아낼 것이다.	
10.	하싼은 가몬사에게 수직을 점검하는 방법을 질문하였음. 가몬사는 납추를 사용할 것이라고 답변하였음. 하싼은 납추를 수락할 수 없다고 말하였음. 하싼은 가몬사가 트리포드 시스템을 사용하도록 제안하였고 가몬사에게 제안을 하라고 요청함. 가몬사는 동의하였음.	
11.	하싼은 가몬사가 자동 모터가 있는 표준관입 시험장비를 사용하라고 요청하였음. 가몬사는 그와 같은 기계를 가지고 있지 않다고 언급하였고, 영국표준 1377의 요구조건에 순응하여 로프가 있는 표준관입 시험장비를 사용할 것임.	

Model– 5 Executive Summary

EXECUTIVE SUMMARY

ABC/DEF Team wishes to express its appreciation to CTI for this opportunity to propose on CTI's new facility. We recognize how important this project is to CTI and accordingly, we are committed to bringing to the project resources that will ensure success.

The single most significant factor on this project is schedule. CTI wants state–of–art, high quality facility built safely in near record time. To achieve this goal, it is critical that all parties to the project work closely together as a team focused on the same goal. There is no margin for delays, disputes, design errors, delays with delivery of materials, or rework in construction. Everything must be right the first time, on time. In our proposal we have concentrated on these issues and have tried to describe how to bring this team together to achieve CTI's critical objectives.

The Highly specialized ABC staff, who will be involved with this project have excellent experience in all areas of semiconductor plant design and construction, the DEF staff, consisting of over 100 Korean and foreign staff, provides an unparalleled level of technical services working in a fully integrated environment. Everyone we bring to this project has substantial experience in Korea, with considerable experience in adapting advanced foreign practices to the Korean marketplace.

Other benefits to CTI of the ABC/DEF Team are as follows :

–ABC/DEF has one of the most experienced teams available for assignment on this project. ABC holds more Korean technical licenses than any other foreign firm in Korea. ABC/DEF has developed tools, methods, techniques and approaches for minimizing language, translation and cultural difficulties. In particular, our team has developed and tested procedures for both inspection and supervision both in Korean and English which will be available for this project.

이그제큐티브 서머리

에이비씨/디이에프팀은 씨티아이사의 새로운 시설물에 관하여 제안을 하는 기회에 대하여 씨티아이사에게 감사를 표합니다. 당 팀은 이 프로젝트가 씨티아이사에게 얼마나 중요한 것인가를 인식하고 성공을 담보할 자원을 프로젝트에 투입할 것을 약속합니다.

본 프로젝트에 있어서 가장 중요한 요인은 일정입니다. 씨티아이사는 기록적인 시간 내에 최상의 고품질의 시설을 안전하게 건축하는 것입니다. 이 목표를 달성하기 위하여 프로젝트의 모든 당사자들이 동일한 목표에 초점을 맞춘 팀으로써 서로 긴밀하게 일하는 것이 중요합니다. 지연, 분쟁, 설계오류, 자재 인도 지연 또는 재시공에 대한 여유가 없습니다. 모든 것이 처음부터 올바르고 정시에 되어야 합니다. 당 팀의 제안서에서 당 팀은 이러한 문제점들에 관심을 집중하였고 씨티아이사의 중요한 목적을 달성하기 위하여 이 팀을 어떻게 조직할 것인가를 기술하기 위하여 노력했습니다.

본 프로젝트에 개입할 에이비씨사의 특수한 요원들은 반도체 공장설계 및 시공 분야에서 우수한 경험을 가지고 있고 100명이 넘는 한국인 및 외국인 요원으로 구성된 디이에프사 요원은 완전히 통합된 환경 속에서 비할데 없는 수준의 기술용역을 제공합니다.
본 프로젝트에 투입할 모든 사람은 한국 내에서 실질적인 경험이 있고 한국시장에 선진외국 관행을 접목시키는데 있어서 상당한 경험을 가지고 있습니다.

에이비씨/디이에프팀의 씨티아이사에 대한 기타 이득은 다음과 같습니다.

– 에이비씨/디이에프팀은 본 프로젝트에 할당을 위하여 이용 가능한 가장 경험 있는 팀 중의 하나를 가지고 있습니다. 에이비씨는 한국 내에서 여타 외국사보다 많은 한국의 기술면허를 보유하고 있습니다. 에이비씨/디에프팀은 언어, 번역 및 문화적 차이점을 최소화하기 위한 도구, 방법, 기술 및 접근방법을 개발했습니다. 특별히 당 팀은 본 프로젝트에 이용 가능한 한국어 및 영어로 검사 및 감리용 절차서를 개발하였고 시험했습니다.

—ABC/DEF has the most advanced integrated operation in Korea, having pioneered CM technology with an integrated workforce. Based on its extensive experience, ABC/DEF is totally familiar with Korean regulations, standards, practices and working conditions. Based on proven, existing methods, ABC/DEF will be able to integrate CTI staff into the CM organization for added benefit : Not only will CTI be assured of a quality facility, the CTI staff will be able to develop their own capabilities working hand in hand with the ABC/DEF staff.

—A critical element of this project will be the ability to mobilize the staff immediately. ABC/DEF has the staff, both Korean and foreign, available for immediate assignment and will be able to "hit the ground running".

—ABC, being one of the largest engineering companies in the world, has the experience and personnel to respond to virtually and every technical issue that might arise on this project.

In preparing this proposal we tried to emphasize certain key points.

—TECHNOLOGY TRANSFER

Based on our substantial experience in Korea, ABC/DEF is keenly aware of the Client's interest in Technology Transfer. In fact, one of the primary reasons for establishing DEF was the transfer of technology in Construction Management techniques to Korea. ABC/DEF has the tools, techniques, and experience to work with CTI staff and develop their capabilities in all areas of our program. Additionally, just as DEF is integrated, we encourage an integrated approach to the CM, integrating CTI and ABC/DEF staff together.

– COST SAVINGS

During an earlier presentation to CTI, we were asked how much money and time a CM could save.

– 에이비씨/디이에프팀은 한국 내에서 가장 앞선 통합운영을 가지고 있고 통합된 인력을 가지고 건설사업관리 기술을 개척했습니다. 광범위한 경험에 기초하여 에이비씨/디이에프는 총체적으로 한국 법규, 기준, 관행 및 근로조건에 익숙합니다. 입증되었고 존재하는 방법에 기초하여 에이비씨/디이에프는 씨티아이사 직원을 부가적 이득을 위하여 CM 조직에 통합시킬 수 있습니다. 씨티아이사가 품질 시설을 보장받을 수 있을 뿐만 아니라 씨티아이사 직원은 에이비씨/디이에프 직원과 함께 손에 손을 잡고 일하는 자신의 능력을 개발할 수 있습니다.

– 본 프로젝트의 중요한 요소는 요원을 즉시 동원할 수 있는 능력이 될 것입니다. 에이비씨 디이에프는 즉각적인 할당이 가능한 한국인 및 외국인 요원이 있고 즉시 착공할 수 있습니다.

– 세계에서 대형 엔지니어링 회사 중의 하나인 에이비씨는 본 프로젝트에서 생길지도 모르는 여러 기술적 문제점에 대응할 경험과 인력을 가지고 있습니다.

본 제안서를 작성함에 있어서 특정한 핵심 사항을 강조하려고 노력했습니다.

– 기술이전

한국에서 실질적인 경험에 근거하여 에이비씨/디이에프사는 기술 이전에 있어서 고객사의 흥미를 날카롭게 인식하고 있습니다. 사실상 디이에프사를 설립하는 이유 중의 하나는 한국에 대한 건설기술관리에 있어서 기술이전이었습니다. 에이비씨/디이에프사는 씨티아이사 직원과 함께 일할 수 있고 또한 모든 프로그램의 분야에 있어서 그들의 능력을 개발하기 위하여 도구, 기술 및 경험을 가지고 있다. 추가로 디이에프사가 통합되어 있는 것처럼, CM에 대하여 씨티아이사/에이비씨/디이에프 직원 모두를 통합한 통합된 접근 방법을 권장합니다.

– 원가절감

씨티아이사에 대한 초기 프레젠테이션 기간 중에 CM이 얼마나 돈과 시간을 절약할 수 있는가를 질문 받았습니다.

We noted at the time that it was very difficult to quantify the savings derived from CM since there were so many factor involved, including when the CM first became involved with a project. Notwithstanding, as we mentioned in that discussion, the savings that a good CM can achieve especially during the Preconstruction phase can be quantified. We have case after case where our staff, when involved early in the design review effort, were able to make quantifiable changes both through constructability reviews and value engineering studies. On a recently completed project, the costs saved during the Preconstuction phase exceeded the CM costs by several multiples.

–COLLABORATIVE APPROACH

In section 3, we attempted to stress the necessity to use a Team approach for this project. Given the difficult schedule restraints, there will be no slack in the schedule for any delays caused by any reason. Based on our CM experience, it is imperative that a Team approach be used with everyone working towards the same goals with protections in place to avoid problems.

–FAB PLANT EXPERIENCE

The team that ABC/DEF has put together has extensive experience in the Construction Management of Fab Facilities including in the Sub. 25 Micron category. We have included a schedule of such projects as an attachment to this section.

–DESIGN REVIEW

Throughout the Proposal, we attempted to emphasize the urgency in getting the CM involved as early as possible. The sooner that the CM gets involved in reviewing the existing drawings, the sooner CTI will realize savings. Our staff has been involved with similar type structures and is fully aware of the problems and difficulties in Fab designs and is ready to bring this expertise to the project immediately.

– CM Vs CS

Legal requirements in Korea for construction supervision frequently lead to a fragmented approach to typical consulting services :

CM이 프로젝트에 처음으로 개입하는 요소를 포함하여 포함된 많은 요인들이 있기 때문에 그 당시에 CM으로부터 나오는 절약을 계수화하는 것이 매우 어렵다고 하였습니다. 그럼에도 불구하고 그 토의 속에서 언급했듯이 좋은 CM이 건설 전 단계기간 중에 특별하게 달성할 수 있는 절약은 계수화할 수 있습니다.
설계 검토에서 조기에 개입할 때 당사의 요원이 시공성 검토 및 가치공학 검토를 통하여 변경을 계량화할 수 있는 곳에서 여러 가지 케이스를 가지고 있습니다. 최근에 완공된 프로젝트에서 시공 전 단계 기간 중에 절약된 비용은 CM비용을 몇 배나 초과했습니다.

– 공동적 접근

섹션 3에서 본 프로젝트에 대한 팀 접근 방식을 사용할 필요성을 강조하기 위하여 노력했습니다. 어려운 일정 제한이 주어졌기 때문에 여하한 사유에 의하여 야기될 지연에 대한 일정에 느슨함이 없을 것입니다. 당사의 CM경험에 기초하여 문제점을 회피하기 위하여 제대로 된 방어책을 가진 동일한 목표에 대하여 모두가 함께 일하는 팀 접근 방식이 사용되는 것이 절대적입니다.

– FAB 플랜트 경험

에이비씨/디이에프가 조합한 팀은 FAB시설에 대한 건설관리에 있어서 Sub.25 마이크론 범주를 포함하여 광범위한 경험을 가지고 있습니다. 당사는 본 섹션에 대한 첨부물로써 그와 같은 프로젝트의 일정표를 포함시켰습니다.

– 설계 검토

제안을 통하여 가능한 한 빨리 CM이 개입할 긴급성을 강조하기 위하여 노력했습니다.
CM이 기존의 도면을 검토함에 빨리 개입하면 씨티아이사는 절약을 빨리 실현하게 됩니다. 당 요원은 비슷한 형태의 구조에 개입했었고, FAB설계에 있어서 문제점과 어려운 점을 완전히 인지하고 있고 또한 프로젝트에 이러한 전문가를 즉시 투입할 준비가 되어 있습니다.

– CM 대 감리

한국에서 건설감리에 대한 법률적 요구조건이 가끔 컨설팅 용역에 대한 단편적인 접근으로 인도합니다.

One firm provides CM Services and One Firm provides Construction supervision services. However in our view this fragmentation rarely works well because there is too much overlap between the two. In our proposal we have tried to explain the benefits of using a single entity to perform both Construction Management and Construction Supervision.
With regard to this project, one of the key critical path elements will be steel and concrete production. To the extent that concrete or steel construction activities are impact for either quality or production reasons, the overall schedule will slip. An integrated CM/CS approach preclude problems on these critical up-front activities and will ensure that various components of the project are constructed correctly the first time, on time.

-COMMITMENT

DEF is a Korean Company that is partially owned by ABC; ABC owns 45% of the stock and invested in DEF before all the current discussions about foreign investment in Korea. The ABC/DEF Team is not a Joint Venture that was thrown together for this single Project. The commitment to Korea translates into a combination of world-class engineering experience with local expertise. CTI will have access to a staff that is intimately familiar with the local conditions surrounding construction in Korea.

ABC/DEF thanks you very much for considering our proposal.

어떤 회사는 CM용역을 제공하고 어떤 회사는 건설감리 용역을 제공합니다. 그러나 우리가 보면, 이러한 단편은 좀처럼 작동되지 않습니다. 왜냐하면 두 개 사이에 너무 많은 중복이 있기 때문입니다.

당사의 제안서에서 건설사업 관리 및 건설감리를 이행하기 위하여 본 프로젝트와 관련하여 중요한 핵심 요소 중의 하나는 철골 및 콘크리트 생산이 됩니다. 콘크리트 또는 철골 시공활동이 품질 또는 생산 사유에 대한 충격(영향)이라는 한도까지 전반적인 일정은 지나갈 것입니다.

통합된 CM/CS 접근은 이러한 중요한 선행활동에 관한 문제점을 배제하고 프로젝트의 다양한 요소들이 올바르게 첫째로, 제 시간에 시공되는 것을 보장합니다.

– 헌신

디이에프사는 부분적으로 에이비씨사가 소유한 한국회사입니다. 에이비씨사는 주식의 45%를 소유하고 한국에 있어서 외국인 투자에 대한 현재의 모든 토의 전에 디이에프사에 투자를 했습니다.

에이비씨/디이에프 팀은 본 단일 프로젝트를 위하여 태어난 회사가 아닙니다. 한국에 대한 헌신은 현지 전문가와 세계적 엔지니어링 경험의 조합으로 옮겨졌습니다.

씨티아이사는 한국 내에서 건설을 둘러싼 현지조건에 친숙한 용원에 대한 접근이 가능합니다.

에이비씨/디이에프사는 귀사에게 당팀의 제안서를 고려함에 감사를 드립니다.

Model- 6 Performance Bond(Specimen)

BY THIS BOND We ××× Construction Co., Ltd. whose registered office is

____

______________________________ (hereinafter called "the Contractor")

and ××××× Securities Ltd. ______________________________

whose office in the United Kingdom is at ______________________

______________________________ (hereinafter called "the Surety") are

held and firmly bound unto ××××× National Company ____________

______________________________ (hereinafter called "the Employer")

in the sum of ______________________________ for the payment

of which sum the Contractor and Surety bind themselves their successors and

assigns jointly and severally by these presents.

Sealed with our respective seals and dated the First day of February 2009

WHEREAS the Contractor by an Agreement made between the Employer of the one part and the Contractor of the other part has entered into a contract (hereinafter called "the said Contract") for the construction, completion and maintenance of certain Works as therein mentioned in confirmity with the provisions of the said Contract.

모델- 6 이행보증서(표본)

이 보증에 의하여 ×××건설(주) 주소지 ______________________________

______________________________ (이제부터 "시공자" 라고 칭한다)와

×××××××보증회사, 그 주소지가 영국의 ______________________________

______________________________ (이제부터 "보증자" 라고 칭한다)는

×××××××국영회사, 주소지 ______________________________

______________________________ (이제부터 "발주자" 라고 칭한다)에 대하여

총금액 ______×××××××______ 까지 책임지고 확실하게 법적인 의무를 진다.

시공자와 보증자는 이것의 제시에 의하여 연대책임으로 그들 자신의 승계자와 양도자를 구속하는 금액을 지급하기 위하여 각자의 사인(인감)을 ××년 ×월 ××일에 압날하였다.

한편, 시공자는 발주자를 한 당사자로 하고 또한 타 당사자인 시공자 사이에 상기 계약의 규정에 순응하여 그 안에서 언급된 대로 특정 공사를 시공, 완공 및 하자보수하기 위하여 행하여진 합의에 의하여 계약(이제부터 "상기계약" 으로 칭한다)을 체결하였다.

NOW THE CONDITION of the above-written Bond is such that if the Contractor shall duly perform and observe all the terms, provisions, conditions and stipulations of the said Contract on the Contractor's part to be performed and observed according to the true purport, intent and meaning thereof or if on default by the Contractor the Surety shall satisfy and discharge the damages sustained by the Employer thereby up to the amount of the above-written Bond then this obligation shall be null and void but otherwise shall be and remain in full force and effect but no alteration in terms of the said Contract made by agreement between the Employer and the Contractor or in the extent or nature of the works to be constructed, completed and maintained thereunder and no allowance of time by the Employer or the Architect under the said Contract nor any forbearance or forgiveness in or in respect of any matter or thing concerning the said Contract on the part of the Employer or the said Architect shall in any way release the Surety from any liability under the above-written Bond.

The Common Seal of
××× Construction Co., Ltd.
was hereunto affixed
in the presence of :

L. S.

____

The Common Seal of
××× Securities Ltd.
was hereunto affixed
in the presence of :

L. S.

____

이제 상기에 기록된 보증의 조건은 만약 시공자가 정당하게 이행하고 시공자 측에서 계약서의 진정한 목적, 의도 및 의미에 따라 준수될 상기 계약의 모든 조건, 규정, 컨디션 및 약정을 이행하고, 준수한다면 또는 시공자에 의한 해태에 의하여 보증자가 상기에 기재된 보증금액까지 발주자가 입은 피해금액을 충족시키고 해제시킨다면 본 계약적 의무가 무효가 되지만 그러나 달리 완전한 효력과 효과가 유지된다.

그러나 발주자와 시공자 사이에 합의하여 작성된 상기계약의 여하한 변경과 또는 그 계약 하에서 시공되고, 완공되고 하자 보수되는 공사의 범위 및 성격의 변경 또는 상기계약 하에서 발주자 또는 건축사가 시간의 허용 또는 발주자와 건축사 측에 있어서 상기계약에 관한 어떠한 문제 또는 사항에 있어서 권리행사의 보류나 면제가 결코 보증자를 상기에 기록된 보증 하에서 여하한 법적인 책임을 해제하지 않는다.

시공자의 사인(인감)이
여기에 압날되었다.

입회자 :

보증자의 사인(인감)이
여기에 압날되었다.

입회자 :

Model- 7 Cover Letter for Proposal

Date : Sept 29, 2008

Mr. ×××
U.S.A. Manager
A.B.C Power Co., Ltd.

Subject : Quotation for the Tarahan Coal Fired Power Project in Indonesia

Dear Mr. ××× :

It is our great pleasure and honor for us to have an opportunity to submit our quotation for the above mentioned project in Indonesia as enclosed herewith.

Please be advised that our proposal has been prepared in accordance with the Technical Data provided by you and based on our assumption and experiences.

Therefore, our offer will be valid until the end of December, 2008. However it may be changed when a formal revised Request for Proposal is issued, thereby making details of technical data on our work scope is available to us.

Please be assured that, being so anxious to participate in this particular project with you, we are most willing and ready to serve you in any respect.

Should you require any further clarification and information, please advise us.
We are looking forward to your favorable response.
Faithfully yours,

____

Gil Dong Hong
Overseas Business Division
DEF Engineering & Construction Co., Ltd.

모델- 7 카버 레터(타라한 석탄 발전소 제안서)

날짜 : 2008. 9. 29

×××
미국 매니저
에이비씨파워 주식회사

제목 : 타라한 석탄화력 발전소에 대한 제안서

인도네시아에 있는 타라한 석탄화력 발전소 프로젝트에 대한 당사의 견적서를 여기에 동봉한 대로 제출할 기회를 가지게 되어 매우 기쁘고 영광스럽습니다.

당사의 견적서는 귀사가 제공한 기술적 자료에 따라 작성되었고, 당사의 가정과 경험에 근거하였음을 알려드립니다.

그러므로 당사의 오퍼는 2008년 12월 말까지 유효합니다. 그러나 정식으로 수정된 제안 요청서가 발급될 때 그것에 의하여 당사의 공사범위에 관한 기술적 자료가 이용 가능하게 되면 당사의 오퍼는 변경될 수 있습니다.

당사는 귀사와 함께 이 특별한 프로젝트에 참여하기를 원한다는 것을 확신하기 바라며 여러 가지 점에서 귀사에 도움이 될 준비가 되어 있습니다.

추가 설명과 정보가 필요하시다면, 통지하여 주시기 바랍니다.
귀사의 호의적인 회신을 기대합니다.

홍길동
해외사업본부장
디이에프 건설주식회사

Summary of Provisional Contract Price

Description	Amount(U$)	Remarks
1. Direct Cost		
1.1 Material Cost	30,767,717	
1.2 Direct Labor Cost	13,541,396	
1.3 Construction Equipment Cost	12,145,420	
1.4 Tool & Consumable Cost	2,671,790	
1.5 Inland Transportation Cost	670,000	
1.6 Commissioning Assistance Cost	54,400	
Sub Total	59,850,723	
2. Indirect Cost		
2.1 Management & Supervisory Cost	7,403,416	
2.2 Indirect Labor	1,212,440	
2.3 Mob. & Demob for Equipment, Tool & Consumables	832,336	
2.4 Mob. & Demob for Personnel and Others	1,148,906	
2.5 Temporary Facilities	2,389,278	
2.6 Camp Facilities	1,018,950	
2.7 Catering & House Keeping	1,358,390	
2.8 General field Expenses	3,066,167	
2.9 Overhead & Profit	6,883,313	
2.10 Taxes	877,622	
Sub Total	26,190,818	
Grand Total	86,041,541	
	V. A. T. excluded	

잠정계약금액 요약표

내역	금액(미국 달러화)	비고
1. 직접비		
1.1 자재비	30,767,717	
1.2 직접 노무비	13,541,396	
1.3 건설 장비비	12,145,420	
1.4 도구 및 소모품비	2,671,790	
1.5 내륙 운송비	670,0000	
1.6 시운전 조력비	54,000	
소계	59,850,723	
2. 간접비		
2.1 관리 및 감독비	7,403,416	
2.2 간접 노무비	12,124,440	
2.3 장비, 도구 및 소모품 동원 및 철수비	8,32,336	
2.4 인력 및 기타 동원 및 철수비	1,148,906	
2.5 가설 시설물	2,389,278	
2.6 캠프시설비	1,018.950	
2.7 식사 및 주택관리비	1,358,390	
2.8 일반 현장경비	3,066,167	
2.9 본지사 관리비 및 이익	6,883,313	
2.10 세금	877,622	
소계	26,190,818	
합계	86,041,541	

부가가치세는 제외하였음.

Model- 8 Proposed Terms & Conditions

Our Provisional contract price has been made on the terms and conditions as set forth hereunder.

Ⅰ. COMMERCIAL

1) Since the time & technical data available is very limited, we are not in a position to provide you with our firm offer at this stage.

2) In case that your evaluation criteria do vary and differ from the conditions of our proposal, then the price shall be adjusted as such.

3) Progress Payment

The progress payment shall be paid to us on the monthly basis. The monthly statement shall be certified within 15(fifteen) days from the date of submission thereof.

The amount payable under any interim certificate shall be paid to us within 30(thirty) days from the date of issuance of such interim certificate.

Such interim certificate shall include the value of materials/equipment and goods delivered and stored at the site.

4) Payment for Retention Money

The retention money amounting to 10(ten) percent of the contract amount shall be returned to us within 30(thirty) days from the issuance of preliminary acceptance certificate.

5) Contract and Payment Currency

All payment shall be made in the U.S.A. Dollars.

모델- 8 제안 조건

당사의 잠정 계약금액은 아래에서 규정된 조건 하에서 작성되었습니다.

Ⅰ. 상업적 조건

1) 견적을 위한 시간과 이용 가능한 기술적 자료가 제한된 관계로, 이번 단계에서 귀사에게 확정 오퍼를 제공할 위치에 있지 않습니다.
   그러므로 이 안에서 제공된 제안은 귀사의 참조를 위하여 사용되는 잠정적인 것이고 또한 공사범위가 명확하게 되는 것과 마찬가지로 상세한 기술적 자료와 현장조건이 명확하게 될 때 변경을 적용받는 조건입니다.

2) 귀측의 평가기준이 변동하고 당사의 제안조건과 다를 경우에는 그 금액은 그와 같이 조정될 것입니다.

3) 기성지급
   기성지급은 월별 기준으로 당사에 지급되어야 합니다. 월별 기성 신청서는 그것의 제출 날짜로부터 15일 이내에 인증되어야 합니다.
   여하한 임시 기성증명서 하에서 지급될 금액은 그와 같은 임시 기성증명서의 발급일로부터 30일 이내에 당사에게 지급되어야 합니다.
   그와 같은 임시 기성지급 증명서는 인도되었고, 현장에 보관된 자재/장비/재화를 포함합니다.

4) 유보금 지급
   계약금액의 10%에 해당하는 유보금은 예비 준공증명서 발급일로부터 30일 이내에 반환되어야 합니다.

5) 계약 및 지급통화
   모든 지급은 미국 달러화로 행하여집니다.

6) Performance Bond

Performance Bond shall be 10(ten) percent of the contract amount and to be effective until defect liability period.

7) Defects Liability Period

The defects liability period shall be 12(twelve) months from the date of issuance of preliminary acceptance certificate.

8) Insurance

Contractor's All Risks & Third Party Liability Insurances shall be covered by the Client.

9) Taxes and Duties

Our contract amount does not include Value Added Taxes levied in Indonesia.

10) Customs Duties

10.1 Customs Duties shall be borne by the Client.

10.2 Contractor will be responsible for customs clearance and inland transportation after unloading all the equipment & materials supplied by the Client in the port (Panjang Lampung)of Indonesia.

11) Visas and Permit

We shall be allowed to import any necessary number of expatriate work forces for the efficient execution of the works.

The visas and work permits for expatriates required by us for the execution of the works shall be arranged and obtained under the responsibility of the Client.

12) Permit & Approval

The Client shall assist us in getting any necessary permits and approvals from governmental authorities concerned or other organizations in connection with the execution of the works.

13) Any other terms & conditions not specified in this proposal shall be based on the "Conditions of Contract for Works of Civil Engineering Construction, Fourth Edition 1987", and we shall be allowed to further negotiate and finalize the contract conditions by mutual agreement.

6) 이행보증

이행보증금은 전체 계약금액의 10%이고 하자보수 기간까지 효력이 있습니다.

7) 하자보수기간

하자보수기간은 예비준공 증명서 발급일로부터 12개월입니다.

8) 보험

시공자 공사보험과 제3자 책임보험은 발주자가 부보한다.

9) 세금 및 공과금

당사의 계약 금액은 인도네시아에서 부과되는 부가가치세를 포함하지 않는다.

10) 관세

10.1 관세는 발주자가 부담한다.

10.2 시공자는 인도네시아의 항구(판장 람풍)에서 발주자가 공급하는 모든 장비 및 자재를 하역한 후에 통관 및 내륙운송을 책임진다.

11) 입국사증 및 허가증

당사는 공사의 효율적인 시행을 위하여 필요한 외국인 근로자를 데려오는 것이 허용되어야 한다. 당사가 필요로 하는 외국인에 대한 입국사증 및 노동허가증은 발주자의 책임 하에 준비되고 획득되어야 한다.

12) 허가증 및 승인서

발주자는 공사의 시행과 관련하여 관계되는 정부기관 또는 기타 기관으로부터 모든 필요한 허가증과 승인서를 획득함에 있어서 당사를 조력한다.

13) 본 제안서에서 규정되지 않은 여하한 기타 조건은 “토목공사를 위한 계약조건, 4판, 1987”에 근거하고 당사는 상호간의 합의에 의하여 계약조건을 협상하고 종결하는 것이 허용된다.

II. TECHNICAL

1. Civil & Building

1.1 It is assumed that after refilling, the remaining soils will be disposed to the area within 1 km from the site.

1.2 It is assumed that suitable soils for the embankment of the site & the pavement of subbase will be carried from the borrow pit within 2 km.

1.3 Access road and road in the site area will be paved with asphalt concrete and other areas will be paved with cement concrete.

1.4 The quality of pipe for "Seawater Intake system" is prestressed concrete pipe(Dia.1,200mm×2EA). Elevation of the inlet pipe is −20m in depth from the sea water level and it will be installed to the same location as high as the intake structure.
It is necessary to confirm the detailed depth of water and execute the soil investigation after location of the circulating water structure is finally decided.

1.5 It is assumed that Catwalk(Width=6m) is 80m long and unloading jetty is 130m long, based on berthing 5,000 D W T ship. It is necessary to review, according to the result of detailed soil test.

1.6 The size of seawater intake pump structure is supposed to be 15m×15m×25m(H).

1.7 The method of "Cast in −Situ" pile(Dia.600mm, L=16m) shall be applied to the foundation of building.

1.8 The elevators in boiler building and coal handling building were not included.

1.9 In the present quotation, the Intake Structure will be set up at the point of about 450m from the shore line, passing through the present road. If the Intake Structure will be built to the direction of shore line prior to going through the road, the client may save some costs.

Ⅱ. 기술적 조건

1. 토목 및 건축

1.1 되메우기를 한 후에 잔토는 현장으로부터 1km 이내에 있는 지역으로 처리하는 것으로 가정하였다.

1.2 현장의 성토용 및 보조기층 포장용으로 적합한 흙은 2km 이내에 있는 토취장으로부터 운반되는 것으로 가정하였다.

1.3 접근 도로 및 현장 내의 도로는 아스팔트 콘크리트로 포장되고 기타 지역은 시멘트 콘크리트로 포장된다.

1.4 해수 흡입 시스템을 위한 파이프의 품질은 사전 인장된 콘크리트 파이프(직경 1,200mm×2개)이다. 인레트 파이프의 표고는 해수면으로부터 −20m이다. 그리고 그것은 인테이크 구조물 높이만큼 동일한 위치로 설치된다.
순환용수 구조물의 위치가 최종적으로 결정된 후에 바다의 상세한 깊이를 확인하고 토질조사를 시행하는 것이 필요하다.

1.5 5,000톤 선박의 접안에 기준하여 좁은 통로(넓이 6m)는 길이가 80m이고, 제티는 길이가 130m인 것으로 가정하였다. 상세한 토질시험에 따라 재검토하는 것이 필요하다.

1.6 해수 흡입펌프 구조물의 크기는 가로 15m×세로 15m×높이 25m로 가정하였다.

1.7 현장타설 파일(직경 600mm, 길이 16m)의 방법은 건물의 기초에 적용된다.

1.8 보일러 건물과 석탄 취급용 건물의 승강기는 포함되지 않았다.

1.9 현재의 견적에서, 흡수 구조물은 현재의 도로를 통과하여 해안가로부터 약 450m의 지점에 설치된다. 흡수 구조물이 도로를 통과하기 전에 해안선 방향으로 건설되면 발주자는 약간의 원가를 절감할 수도 있다.

2. Mechanical

2.1 Items not to be supplied by the Contractor

2.1.1 Equipment

- All the equipment to be constructed.
- Lube Oil for Turbine & Generator and Hydraulic Oil.
- Fuel Oil & Coal used for commissioning and Reliability Run.
- Flushing Oil for Turbine Generator
- Electricity used for commissioning and Reliability Run
- Lubricant, Spare Parts, Special Tools supplied by Vendors
- HVAC System for Turbine Building

2.1.2 Labour Cost

- Staff fee for Commissioning and Reliability Run(Staff of the Client)

2.1.3 Expenses

- Supervisor Fee(the Client)
- Third Party Inspection is excluded.

3. Electricity/Instrument

3.1 All the materials shall be supplied by the Client. However, The Contractor will supply material for Conduit, Tray and Tubing.

4. In the quotation of civil works & architectural works material costs are included, but in that of mechanical works & electrical works material costs are not included.
   However, consumable materials are included.(N.B. The quotations of mechanical works & electrical works are only erection cost.)

5. Generators shall be used for supplying temporary electricity with the camp & site.

2. 기계

2.1 시공자가 공급하지 않는 항목

2.1.1 장비

- 건설될 모든 장비
- 터빈 및 제네레이터용 윤활유 및 유압오일
- 시운전 및 신뢰성 테스트용 연료 및 석탄
- 터빈 제네레이터용 플러싱 오일
- 시운전 및 신뢰성 테스트용 전기
- 윤활유, 부품, 공급자가 공급하는 특별공구
- 터빈 건물용 HVAC 시스템

2.1.2 노무비

- 시운전 및 신뢰성 테스트를 위한 요원의 보수(발주자 요원)

2.1.3 경비

- 감독비(발주자)
- 제3자의 검사는 제외되었다.

3. 전기/계장

3.1 모든 자재는 발주자에 의하여 공급된다. 그러나 시공자는 콘뒤, 트레이 및 튜빙을 위한 보조자재는 공급한다.

4. 토목공사 및 건축공사의 견적에 있어서 자재비는 포함되었다. 그러나 기계공사 및 전기공사의 견적에 있어서 자재비는 포함되지 않았다. 그러나 소모품은 포함되었다.
(주의 : 기계공사와 전기공사의 견적은 오직 설치비용이다.)

5. 발전기는 캠프와 현장에 임시적인 전기를 공급하기 위하여 사용된다.

Model– 9 Application letter for extension of operation period for Asphalt Plant

Date : Aug 15, 2008
Ref. No. SARP–08–×××

Resident Engineer
Baghdad Abu Ghraib Road Project
State Corporation for Roads and Bridges

Subject : Extension of Operation Period for Asphalt Plant

Dear Sir,

We refer to your letter Ref. No. 724 dated May 2, 2008 and the Environment Department's letter Ref. No. 633 dated Feb 24, 2008.

We would like to ask your supporting letter addressed to the above mentioned department allowing us to extend the operation period for the Asphalt Plant on Plot No.2, Estate No.3, Kharnabat for a further six months for the execution of Baghdad Abu Ghraib Road Project.

Faithfully yours,
ABC Engineering and Construction Co., Ltd.

____

G D Hong
Project Manager

모델- 9 아스팔트 공장 운영기간 연장신청

날짜 : 2008. 8. 15
참조번호 : SARP-08-×××

현장 감독관
바그다드 아부그라이브 도로 프로젝트
도로교량 공사

제목 : 아스팔트 공장 운영기간 연장

당사는 2008. 5. 2일자 귀측의 서한 참조번호 724와 환경부 서한 참조번호 633 2008. 2. 24일자를 언급합니다.

당사는 플로트 번호 2, 단지번호 3, 카나바에 소재한 아스팔트 공장에 대한 운영기간을 바그다드 아부그라이브 도로 프로젝트의 이행을 위하여 6개월간 연장하는 것을 허락하도록 상기에 언급된 환경부 앞으로 협조요청 서한을 발급하여 주시기를 당부합니다.

에이비씨 건설주식회사

홍길동
현장소장

Model- 10 Clarification of Specification(soluble salt content)

Date : Oct 31, 2008
Ref. No. : SARP-08-123

Project Manager
Baghdad-Abu Ghraib Road Project
State Organization for Roads and Bridges

Subject : Soluble Salt Content of Sub-base

Further to our letter Ref. No. SARP-08-121 dated 29, Sept 2008, we would like to state that there is no stipulation not to exceed five percent of soluble salt content of sub-base in our Contract Documents. Furthermore, we have never received an official letter re the above subject.

If maximum five percent of soluble salt content should be instructed officially, this will increase the Construction cost and, accordingly, the unit rate will require to be adjusted.

For your reference, as far as we know, soluble salt content testing shall be done in compliance with the Method stipulated in Appendix E-8 of the Earth Manual published by the U.S. Dept. of the Interior which is a guide to the use of soils as foundations and as construction materials for hydraulic structures.

The relevant sections in connection with soluble salts given in the Earth Manual are as follows :

1. Page 43(Properties of Soils)
2. Page 61(Changes in Soil Properties)
3. Page 73(Principles of Investigation)
4. Page 202(Permeability)

모델- 10 시방서 확인요청(보조기층의 용해 염분 함량)

날짜 : 2008. 10. 30

참조번호 : SARP-08-123

제목 : 보조기층의 용해 염분 함량

2008년 9월 29일자 당사 서한 참조번호 SARP-08-121를 참조하시기 바라면서, 당사는 당사의 계약문서 안에 보조기층의 용해 염분 함량을 5% 초과하지 않는다는 규정이 없음을 천명합니다. 또한 당사는 상기 제목에 관하여 공식적인 서한을 접수한 적이 없습니다.

만약 최대 5%의 용해 염분 함량이 공식적으로 지시되야 한다면, 이것은 건설비용을 증가시키고 따라서 단가 조정이 요구됩니다.

참고로 당사가 알고 있는 한 용해 염분 시험은 미국 내무부에서 간행된 기층으로서 또한 하이드롤릭 구조용 건설자재로서 흙의 사용에 대한 지침서인 Earth Manual 부록 E-8에서 규정된 방법에 따라 실시될 것입니다.

Earth Manual에서 제시된 용해 염분에 관계된 섹션은 다음과 같습니다.

1. 페이지 43 (염분의 특성)
2. 페이지 61 (염분 특성의 변화)
3. 페이지 73 (조사 원칙)
4. 페이지 202 (투과성)

As far as the objective of principles of investigation is concerned, soluble salt content in earth embankment is related with the above No.1,2 and 3(Paragraph 3) and Ground Water and Permeability(No.4).

1) In our project, the sub−base is not a hydraulic structure and there is no possibility for the sub−base to come in contact with surface water or to be percolated by ground water since the sub−base is covered with asphalt concrete and is above the ground water level.
   Occasionally, small exposed portions of the sub−base may have the possibility of contacting rain water during the rainy season, but this season is too short for penetration by rain water and leaching out of soluble salts from the sub−base.
   Therefore, the above conditions cannot cause harmful attack to the sub−base which could result in a decrease of stability and strength of the road. Thus it is not necessary to change the Contract Specification and incur additional cost in order to comply with the Earth Manual.

2) Furthermore, since more than 80% of the earth embankment soil for hydraulic structure including sub−grade consists of minus No.4 sieve soil, the test of soluble content using the method in E−8 can be regarded as representing the property of the earth embankment as far as soluble salt is concerned. On the other hand, as the sub−base consists of less than 40% of minus No.4 sieve soil, and thus its physical property(i. e. the ratio of minus No.4 soil to total quantity) is quite different from earth embankment. Accordingly, the test result of the sub−base's soluble salt content using the same method as for embankment in accordance with appendix E−8 in the Earth Manual cannot represent the physical property of the sub−base relating to soluble salt content and the physically detrimental effect of leaching out of the soluble salts because the minus No.4 soil is only a minor portion of the sub−base.

3) Therefore, it must be carefully reviewed if the same criteria as for earth embankment can be applied to the sub−base because of the above two reasons.

조사 원칙의 목적에 관한 한 성토에 있어서 용해 염분은 상기 번호 1, 2 및 3(문단 3)과 지하수 및 투과성(번호 4)과 관계됩니다.

1) 당사의 프로젝트에서 보조기층은 하이드롤릭 구조가 아니고 보조기층이 지표수와 접촉할 가능성이 없고 또는 지하수에 의하여 투과될 가능성이 없습니다. 왜냐하면 보조기층은 아스팔트 콘크리트로 커버되고 지하수위보다 위에 있기 때문입니다.
   가끔 보조기층의 노출된 적은 부분이 우기 중에 우수와 접촉할 가능성이 있습니다.
   그러나 이 계절은 우수에 의한 침투가 보조기층으로부터 용해 염분의 용해하는 것에 대하여 너무 짧습니다. 그러므로 상기의 조건은 도로의 안정성과 힘을 감소시킬 수 있는 결과를 초래할 수 있는 보조기층에 해로운 공격을 가할 수 없습니다.
   그러므로 계약 시방서를 변경할 필요가 없고 또한 Earth Manual에 순응하기 위하여 추가 비용이 발생합니다.

2) 또한 보조기층을 포함하여 하이드롤릭 스트럭처에 대한 성토용 흙의 80% 이상이 마이너스 4번 체 흙이므로 부록 E-8에 있는 방법을 사용하여 용해 성분의 시험은 용해 염분에 관한 한 성토용 흙의 특성을 대표하는 것으로 간주되지 않습니다.
   한편, 보조기층은 마이너스 4번 체 흙의 40% 이하로 되어 있기 때문에 그리고 그 물성(즉 다시 말하면 총량에 대한 마이너스 4번 흙의 비율)은 성토용 흙과 아주 다릅니다. 따라서 Earth Manual의 부록 E-8에 따라서 성토에 대한 것과 동일한 방법을 사용한 보조기층의 용해 염분 성분에 대한 시험결과는 용해 염분 성분에 관계된 보조기층의 물성과 또한 마이너스 4번 체 흙은 보조기층의 경미한 부분이므로 용해 염분으로부터 용해되는 물질적으로 해로운 효과를 대표할 수 없습니다.

3) 그러므로 상기 2가지 사유로 인하여 성토용 흙에 대한 것과 마찬가지로 만약에 동일한 기준이 보조기층에 적용된다면 그것은 재검토되어야 합니다.

4) If the test is to be insisted on using the method in E−8 mainly for the construction control, in determination of the soluble salt content, a test for soluble salts which are more soluble than gypsum would be more proper, because most of the common salts comprise more soluble minerals than gypsum.

   Therefore, it is reasonable in testing to disregard the gypsum content in the sub−base(which is scarcely exposed to ground water in the case of our sub−base) and to apply a soil to water ratio of 1 : 10.

   That of 1 : 50 in the application of E−8 should not be used because the ratio of 1 : 10 is sufficient enough to dissolve completely all the common salts other than gypsum of which approximately 2.2%~2.4% can be dissolved in this water ratio of 1:10. (Further details are explained in the supplementary Illustration).

Besides this, for the reason stated in Para 2), it is preferable to calculate the soluble salt content of the sub−base including coarse materials in the percentage to give the representative property in the same manner as for earth embankment.

____

Gil Dong Hong
Project Manager

Enclosures : Supplementary Illustration

4) 주로 시공을 통제하기 위하여 용해 염분 성분을 결정함에 있어서 시험이 E-8에서의 방법을 사용하기를 주장한다면 집섬보다 더 용해할 수 있는 용해 염분에 대한 시험이 보다 적절할 것입니다. 왜냐하면 대부분의 염분은 집섬보다 용해할 수 있는 광물질로 되어 있기 때문입니다.
그러므로 시험에 있어서 보조기층(당사의 보조기층의 경우 지하수에 노출된 경우가 거의 없는)에 있어서 집섬 성분을 무시하는 것이 합리적입니다.
E-8의 적용에 있어서 흙과 물의 비율 1 : 50은 사용되어서는 안 됩니다. 왜냐하면 이러한 물에서 대략 2.2%~2.4%가 용해될 수 있는 집섬을 제외하고 흙과 물 1 : 10 비율이 모든 염분을 완전히 용해하기에 충분하기 때문입니다.
이것 외에도, 문단 2)에서 진술한 이유로 성토용 흙의 경우처럼 동일한 방법으로 대표적인 물성을 제시하기 위한 비율로 거친 물질을 포함하여 보조기층의 용해 염분 성분을 측정하는 것이 보다 바람직합니다.

홍길동
현장소장

동봉 : 보충적 설명자료

Model- 11 Refund of Retention Money

Subject : Interim Payment No.26- Retention

Dear sir,

We refer to Interim Payment No.26 for the period 26 May 2007 to 25 June 2007.
We would draw your attention to the fact that in our submission we calculated the amount of retention to be deducted was I. D. 3,181,860.
This amount was arrived at in accordance with the General Conditions for Contracts of Civil Engineering Works Part II Clause 10.1 wherein is stated that a rate of ten(10) percent of the value of such works shall be deducted as retention. Such deductions shall continue until the total deducted amounts reach five(5) percent of the cost of award including the contingencies.

Furthermore in the Letter of Award Ref. S/4609 of 3/9/2006 Paragraph 6 a), it is stated that "10% monthly retention will be deducted from each performed work payment up to five(5) % of the Contract Amount"

Cost of Award (contract amount) = I. D. 63,637,192.280
five % = I. D. 3,181,860.000

Amount of retention deducted = I. D. 3,248,716.000
Maximum retention = I. D. 3,181,860.000

Over deduction = I. D. 66,856.000

We thus respectfully request that the above mentioned amount of I. D. 66,856.000 be refunded to us at your earliest convenience and that retention amounts deducted from future payments be limited to the maximum as laid down in the Contract.
We thank you for your kind attention.

Your faithfully,
ABC Construction Co., Ltd.

____

Gil Dong Hong
Project Manager

모델- 11 유보금 환급(임시기성 증명서 번호 26-유보금)

제목 : 임시 기성증명서 번호 26(유보금)

2007년 5월 26일부터 6월 25일까지 기간 동안에 대한 임시 기성증명서 번호 26을 참조하시기 바랍니다.

당사는 신청서에서 공제될 유보금은 이라키 디나르 3,181,860으로 산출한 사실을 귀측이 주목하시기 바랍니다.

이 금액은 토목공사용 일반 조건 파트, 10조 1항에 따라서 산출 되었습니다. 10조 1항에 그와 같은 공사의 가치의 10% 비율이 유보금조로 공제될 것이라고 기술되었습니다. 그와 같은 공제는 총 공제금액이 예비비를 포함한 공사금액의 5%에 도달할 때까지 계속됩니다.

또한 낙찰 서한 참조번호 S/4609 (2006.9.3일) 문단 조항 6에서 계약금액의 5%에 달할 때까지 각각의 이행된 공사대금으로부터 월 단위로 10%의 유보금이 공제된다고 기술되어 있습니다.

낙찰금액(계약금액)	I. D.	63,637,192.800
5%	I. D.	3,181,860.000
공제된 유보금	I. D.	3,248,716.000
최대 유보금	I. D.	3,181,860.000
초과된 유보금	I. D.	66,856.000

상기에 언급된 I.D. 66,856을 조속히 당사에 환급하여 주시기 바라며, 장래에 지급할 공사대금으로부터 공제될 유보금은 계약서에 규정된 대로 최대한도로 제한되어야 한다는 것을 요청합니다.

귀측의 배려에 감사드립니다.

____

홍길동

현장소장

Model- 12 **Tutorial Presentation**

Tutorial Presentation
(수 주 관 리)

작성자 : 김 종 환

e-mail No.

작성일 : 2009.5.25

◆ 해외건설프로젝트 FLOW

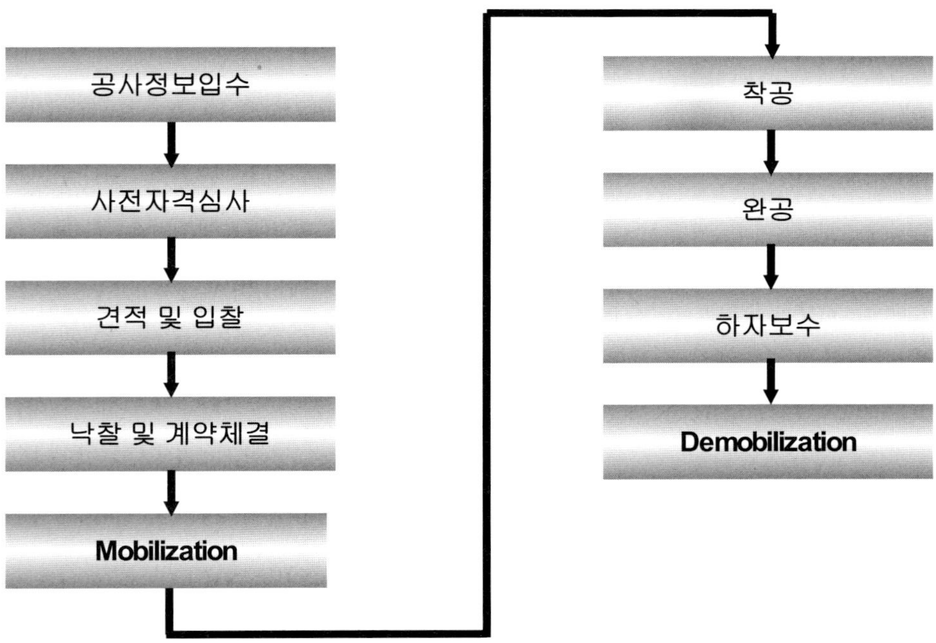

차　례

1. 수주정보 입수

1) Source of Information

- Employer(Government Agency, National Company, Private Company)
- Engineering Company(Bechtel, Parsons, Fluor, Spiecapag, Snamprogetti, Chiyoda, JGC)
- Architect(SOM, Portman Holdings, De Stefano & Partners, Jerdy Partnership, Daniel Liebeskind)
- Bank : World Bank, ADB, Africa Development Bank
- Journals, Magazines : MEED, ENR
- Promotion Agent

■ Analysis of Country Risks

- Country Risks
  - War Risk
  - Civil War Risk
  - Revolution Risk
  - Foreign Exchange Risk
  - Nationalization Risk
  - Embargo Risk
  - Inflation Risk
  - Labor Union Risk
  - Natural Disaster Risk

- Risks caused by the Employer
  - Management Ability of the Employer
  - Unreasonable Delay of Acceptance of the Project
  - Unreasonable Delay of Progress Payments
  - Bankruptcy of the Employer

■ Check Points

- Localization Policy
- Laws and Regulations
  - Immigration Control Law
  - Traffic Control Law
  - Environment Management Law
  - Commercial Law
  - Income Tax Law
  - Labor Law
  - Social Security Law
- Municipal Ordinances
- Availability of Laborers, Materials and Construction Plant & Equipment
- Infrastructure
  - Sea Port
  - Air Port
  - Road
  - Railway System
  - Electricity

- Privilege Granted to Foreign Contractors
- Weather Conditions
  - Flood
  - Volcanism
  - Tsunami
  - Typhoon
  - Inundation
  - Earthquake
  - Landslide

■ Competitors

- Foreign Contractors
- Local Contractors

수주정보 입수

2) Registration

- Prequalification Questionnaire
- Contractor Screening Questionnaire
- Contractor Registration
- Contractor/Vender Relations
  Department, Contract Administration Department

2. 사전자격심사 질문서 작성

1) Corporate Organization

2) Resources & Qualifications

- Engineers
- Architects
- Supervisors
- Project Managers
- Safety Engineers
- Certificate of Qualifications, Graduation
- Construction Equipment, Plant

3) Project Experience

- Certificates of Completion

4) Financial Information

- Balance Sheet
- Profit & Loss Statement
- Yearly Revenue/ Turnover

5) Safety Records/Statistics

3. 입찰/계약방식

1) 입찰관련 용어

- Invitation to Tender (Bid)
  Request for Proposal (RFP)
  Request for Quotation (RFQ)
- Tender (Bid)
  Commercial Proposal
  Technical Proposal
- Tenderer (Bidder)

입찰 / 계약방식

2) 입찰방식

- Open Tender
- Negotiated Contract

3) 계약방식

- (Fixed) Lump Sum Contract

Change Orders

Contract Amendments

Variations

입찰 / 계약방식

2) Unit Rate (Price) Contract

Work Unit Rate

Labor Rate

Equipment Rental Rate

All–in Rate (Cost)

3) Reimbursable Contract

- Cost Plus Fixed Fee
- Cost plus Percentage Fee(Mark–up)
- Cost Plus Maximum Ceiling Price

입찰 / 계약방식

4) Turnkey Contract= EPC Contract

- Lump Sum Turnkey Contract (LSTK)
- Engineering (Design) Contract
- Procurement Contract (Purchase Order)
- Construction Contract

5) Scope of EPC Contract

- Engineering Design
- Procurement. Logistics
- Construction
- Mechanical completion
- Pre-commissioning
- Commissioning
- Start-up
- (Commercial) Operation

4. 입찰초청 서류

1) Tender (Bid) Invitation Letter

- Brief Description of Scope of Works
- Tender Closing Date
- Bid Bond (Security) Requirement
- Bid Validity
- Bid Opening Date

2) Instructions to Bidders

- Proposal Letter
- Confidentiality (Secrecy) Agreement
- Form of Bid Bond
- Joint Ventures/Consortium
- Bid Preparation Requirements
- Bid Submission (Packaging & Labeling) Requirements

3) Bid Form

- Commercial Bid Form
- Technical Bid Form

4) Pro-forma Contract

- General Terms & Conditions

* Company Representative
* Change Orders
* Contract Amendments
* Payment Terms (By Cash, Clean L/C, P/Note, Crude Oil)
* Insurance(Contractor's All Risk, Builder's All RiskThird Party Liability, Automobile Accident Liability, Workmen's Compensation, Marine & Cargo)
* Inspection & Punch List
* Completion & Turnover /Acceptance
* Warranty
* Liquidated Damages
* Force Majeure
* Termination for Default by the Contractor / by the Employer
* Arbitration

* Entire Agreement
* Guarantees (Bonds, Securities)
* Permanent Facilities
* Temporary Facilities

– Special Terms & conditions

– Contract Price & Payment Provisions

* Lump Sum Price
* Provisional Sum
* Advance Payment
* Monthly Progress Payment
* Milestone Progress Payment
* Invoicing Procedure
* Payment currency/Conversion
* Retention
* Change Orders(Change of Price, Schedule Adjustment)

－Job Specification

* Scope of Works
* Technical Specification
* Work Schedule
* Owner's Procedural Requirements(Safety, QA/QC, Inspection, Invoicing)

－Design/Drawings

* Stage of Design

  Concept Design

  Basic Design

  Front–end Engineering & Design

  Detail Design
* Drawings

  Plot Plan

  Process Flow Diagram

  P & ID(Piping & Instrument Diagram)

  General Arrangement Drawings

Detail Drawings–Isometrics, Foundation, Structural Steel

As–built Drawings

5. Legal Entity

1) Representative Office

2) Branch Office

3) Local Company (subsidiary)

– Articles of Incorporation

  * Board of Directors
  * Paid–in Capital
  * Dissolution

– Tax Office Registration

– Construction/Design License

– Power of Attorney

4) Joint Venture(Incorporated)

– Joint Venture Agreement

* Shareholders

* Equity Participation

* Managing Shareholder(Partner)

* Governing Laws

* Validity/Termination

– Articles of Incorporation

* Board of directors

* Paid-in Capital

* Dissolution

– Tax Office Registration

– Construction/Design License

5) Agency/Sponsorship

– Promotion Agency

– Sponsor

 * Block visas/Work Permits

 * Permits & Licenses

 * Government Relations

– Fee Agreement

 Pro–rata Basis

6. 현지조사(Site Survey)

1) Subcontractors/Suppliers

– Subcontract Proposal

– Vender Quotations

– Subcontract Agreement

2) Pre–bid Meeting(Job Explanation Meeting)

– Site visit

3) Taxation

- Corporate Income Tax
- Personal Income Tax
- Withholding Tax
- Social Security Tax
- Religious Tax(Zhakat)
- Goods and Service Tax
- Tax exemption
- Double Taxation Avoidance Treaty

4) Customs Duty

5) Laws & Regulations

- Traffic Control Law
- Labor Law
- Social Welfare Law
- Environment Management Law
- Immigration Law

6) Corporate Registration

7) Visas/Work Permits

Block Visas

7. 입찰서 작성

1) Proposal Cover Letter

2) Commercial Proposal

- Lump Sum Price
- Provisional Sum
- Work Unit Rates
- Time Unit Rates: Labor Rates, Equipment Rental Rates
- Mark–up/Handling charges

3) Technical Proposal

- Project Organization, Site Organization, Offsite Support Organization
- Proposed Key Personnel
- Manpower Mobilization Plan
- Equipment Mobilization Plan

- Work Execution Plan
  * Description of Work Methodology
  * Temporary Facilities Plan
  * Subcontracting Plan
  * QA/QC Plan
  * Procurement/Material Control Plan
  * Nominated Venders
  * Material/Equipment Catalogs

4) Proposal conditions

5) Alternative Proposal

8. 낙찰(Award of Contract)

1) Letter of Intent

- Advance Payment Bond
- Performance Bond in the form of Bank Letter of Guarantee
- Surety Bond

2) Notice to Proceed

3) Contract Signing

◆ Addendum

- Prequalification Format
- Invitation to Tender
- Specimen of Bid Bond
- Instructions to Tenderers
- Joint Venture Agreement
- Articles of Incorporation
- Check List of Site Survey

Model– 13 Job description

Job Title : Schedule Controls Manager

Position Number. : 2.1

Employing Entity : Bechtel International Inc.

Directly Reports to : Project Controls Director

Functionally Reports to : N/A

Supervises : Deputy Schedule Controls Manager and Schedule Engineers

Position Summary : Directs planning and scheduling activities. Performs department organizational and administrative activities as directed.

Principal roles and responsibilities :

1. Prepare and coordinate the development of staffing and operating plans for planning and scheduling activities for the project.
2. Review contract drafts to ensure adequacy of scheduling requirements within these contracts. Co–ordinates development of all data forming approved contract schedules to support project schedule.
3. Manage the process of approving all Contractor prepared schedules.
4. Compile and maintain the project master schedule/plan.
5. Manage the preparation of scheduling presentations for IMPO, IIARC, KNR and Contractors as required.
6. Manage schedule analysis/studies and problem solving activities. Prepare and interprets guidelines applicable to the analysis function. Manage contingency planning as required.

모델– 13 직무기술서

직무 명칭 : 일정 관리자

직위 번호 : 2.1

고용자 : 벡텔 인터내셔날(주)

직속 보고자 : 일정관리 이사

기능적 보고자 : 없음.

감독 범위 : 부 일정 관리자 및 일정관리 기사들

직위 요약 : 계획 및 일정활동을 지시한다. 지시 받은 대로 부서의 조직적 및 행정적 활동을 한다.

주요 역할 및 책임 :

1. 프로젝트의 계획 및 일정활동을 위하여 인원 충원 및 운영계획의 개발을 작성하고 조정한다.
2. 계약 안에서 일정 요구조건의 충분성을 확보하기 위하여 계약서 초안을 검토한다.

   프로젝트 일정을 지원하기 위하여 승인 받은 계약 일정을 형성하는 모든 자료의 개발을 조정한다.
3. 모든 시공자가 작성한 일정표의 승인과정을 관리한다.
4. 프로젝트의 주공정표/계획을 편성하고 유지한다.
5. 요구 받는 대로 IMPO, IIARC, KNR 및 시공자들을 위하여 일정 프레젠테이션 자료의 작성을 관리한다.
6. 일정 분석/연구 및 문제해결 활동을 관리한다. 분석 기능에 적용되는 지침을 작성하고 해석한다. 요구 받는 대로 비상계획을 관리한다.

7. Prepare schedule-reporting activities and provides assistance and guidance for display or presentation of schedule information.
8. Prepare Schedule reporting formats for routine project reports to IIARC and Government.
9. Performs reviews of project schedules to ensure technical adequacy of planning and scheduling activities.
10. Manage performance evaluations, salary adminstration and career counselling for assigned personnel. Makes selection and termination recommendations.
11. Implement the project training policy for scheduling.
12. Provide technology transfer and training to Korean staff for scheduling as required.

《JOB KNOWLEDGE》

- 12–15 years of experience in the field of project controls with at least 5 years in urban/infrastructure planning and development projects.
- Experience on overseas projects, particularly in Asia, is highly desirable.
- Experience and demonstrated skill in directing planning and scheduling functions which include schedule development, schedule control and schedule analysis.
- Experience and demonstrated skill in establishing criteria for project planning and scheduling activities.
- Skilled in direction, personnel administration and training of technical and nontechnical personnel.
- Skilled in oral and written communication with the demonstrated skill to present planning and scheduling information to management/client.
- Demonstrated skill in identifying, analyzing and solving problems. Technical knowledge of engineering, procurement and construction techniques. Knowledgeable of current industry and technical developments.
- A recognized degree in engineering or a related science at bachelors level.

SALARY RANGE : U$ 80,000~100,000

7. 일정 보고활동을 준비하고, 일정 정보의 전시 또는 프레젠테이션을 위하여 조력과 안내를 제공한다.

8. IIARC 및 정부에 대한 통상적인 프로젝트 보고서용 일정보고 양식을 작성한다.

9. 계획 및 일정활동의 기술적 충분성을 확보하기 위하여 프로젝트 일정의 검토를 이행한다.

10. 성과 평가, 급여 행정 및 할당된 인원들의 경력 카운슬링을 관리한다. 선발 및 해지에 대한 권고를 한다.

11. 일정을 위한 프로젝트 훈련방침을 실행한다.

12. 요구받는 대로 일정에 대하여 한국인 직원에 대한 기술이전 및 교육훈련을 제공한다.

《직무 지식》

- 도시/인프라 스트럭처 계획 및 개발 프로젝트에 있어서 최소 5년 경력이 있고 프로젝트 관리 분야에 있어서도 12~15년 경력
- 해외 프로젝트, 특별히 아시아에 있어서 경력이 매우 바람직함.
- 계획을 지시하고 일정개발, 일정관리 및 일정 분석을 포함하는 기능을 스케줄링하는데 있어서 경험과 숙련된 스킬. 프로젝트 계획 및 일정활동에 대한 기준을 수립함에 있어서 경험 및 숙련된 스킬
- 지시, 인원관리 및 기술직 또는 비기술직 인원의 훈련에 있어서 스킬
- 경영자/고객사에 대하여 계획 및 일정 정보를 제시하기 위하여 숙련된 스킬과 함께 구두 및 문서통신에 스킬이 있는 자
- 문제를 식별하고, 분석하고 해결하는데 있어서 스킬이 있는 자. 엔지니어링, 구매 및 시공기술에 대한 기술적 지식 보유자. 현재의 산업 또는 기술적 발전에 대한 지식을 가진 자.
- 엔지니어링 또는 관련 과학 분야에서 학사 수준의 인정을 받은 학위 보유자

연봉 수준 : 미화 80,000~100,000달러

Model– 14 **Conditions of Subcontract**

Conditions of Subcontract For Works of Civil Engineering Construction

Part I – General Conditions

Part II – Guidance for Preparation of Conditions of Particular Application

With forms of Offer and Agreement

(For use in conjunction with the Conditions of Contract for Works of Civil Engineering Construction, Fourth Edition 1987 Reprinted 1992 with further amendments)

1st Edition 1994

모델- 14

토목공사를 위한 하도급 계약조건

제1부 – 일반조건
제2부 – 특별 적용조건 작성을 위한 지침
청약서 양식 및 계약서 양식 첨부

(토목공사용 일반계약조건, 제4판 1987년, 개정안과 함께 1992년 재인쇄된 것과 연계하여 사용)

초판 1994년

CONTENTS

차 례

II 특별 적용조건의 작성 지침 295

I GENERAL CONDITIONS

1. Definitions and Interpretation

Definitions

1.1 In the Subcontract(as hereinafter defined) all words and expressions shall have the same meanings as are respectively assigned to them in the Main Contract(as hereinafter defined), except where the context otherwise requires and except that the following words and expressions shall have the meanings hereby assigned to them :

(a) (i) "Employer" means the person named as such in Part II of the Conditions of Subcontract and the legal successors in title to, or assignees of, such person, as the Contractor shall notify the Sub-contractor from time to time.

(ii) "Contractor" means the person named as such in Part II of the Conditions of Subcontract and the legal successors in title to such person, but not(except with the consent of the Subcontractor) any assignee of such person.

(iii) "Subcontractor" means the person whose offer has been accepted by the Contractor and the legal successors in title to such person, but not(except with the consent of the Contractor) any assignee of such person.

(iv) "Engineer" means the person appointed by the Employer to act as Engineer for the purposes of the Main Contract and named as such in Part II of the Conditions of Subcontract.

(b) (i) "Main Contract" means the contract entered into between the Employer and the Contractor, particulars of which are given in Part II of the Conditions of Subcontract.

I 일반 조건

1. 정의 및 번역

정의

1.1 하도급 계약서에서(이제부터 정의되는 대로) 모든 단언 및 표현은 원도급계약서에서 그들에게 각각 부여된 대로 동일한 의미를 갖는다. 내용이 달리 요구하는 것과 아래의 단어와 표현은 여기에서 그들에게 부여된 의미를 갖는 것은 제외한다.

(가) (i) "발주자"는 하도급 계약조건의 파트II에서 그와 같이 거명된 자를 의미한다. 그리고 그들의 법적 승계자 또는 양수자 또는 원도급자가 하도급자에게 때때로 통지하는 사람을 의미한다.

(ii) "원도급자"는 하도급 계약조건의 파트II에서 그와 같이 거명된 자를 의미한다. 그리고 그들의 법적 승계자를 의미한다. 그러나 그와 같은 자의 여하한 양수자(하도급자의 동의가 있는 것을 제외하고)는 아니다.

(iii) "하도급자"는 그의 청약이 원도급자에 의하여 수락된 자를 의미한다. 그리고 그와 같은 자에 대한 법적 승계자를 의미한다. 그러나 그와 같은 자의 여하한 양수자(하도급자의 동의가 있는 것을 제외하고)는 아니다.

(vi) "감독관"은 원도급계약의 목적상 감독관으로서 행동하도록 발주자에 의하여 임명된 자를 의미한다. 그리고 하도급 계약조건 파트II에서 그와 같이 행동하도록 거명된 자를 의미한다.

(나) (i) "원도급계약"은 발주자와 원도급자 사이에 체결된 계약을 의미한다. 상세 내역은 하도급계약조건 파트II에서 제시되어 있다.

(ii) "Subcontract" means the Conditions of Subcontract (Parts I and II), the Subcontract Specification, the Subcontract Drawings, the Subcontract Bill of Quantities, the Subcontractor's Offer, the Contractor's Letter of Acceptance, the Subcontract Agreement (if completed) and such further documents as may be expressly incorporated in the Contractor's Letter of Acceptance or Subcontract Agreement(if completed).

(iii) "Subcontract Specification" means the specification of the Subcontract Works included in the Subcontract and any modification thereof or addition thereto made pursuant to Clause 9.

(iv) "Subcontract Drawings" means all drawings, calculations and technical information of a like nature under the Subcontract.

(v) "Subcontract Bill of Quantities" means the priced and completed bill of quantities forming part of the Subcontractor's Offer.

(vi) "Subcontractor's Offer" means the Subcontractor's priced offer to the Contractor for the execution and completion of the subcontract works and the remedying of any defects therein in accordance with the provisions of the Subcontract, as accepted by the Contractor's Letter of Acceptance.

(vii) "Contractor's Letter of Acceptance" means the formal acceptance by the Contractor of the Subcontractor's Offer.

(viii) "Subcontract Agreement" means the subcontract agreement(if any) referred to in Sub-Clause 3.3.

(ix) "Appendix to Subcontractor's Offer" means the appendix comprised in the form of Subcontractor's Offer annexed to the Conditions of Subcontract.

(ii) "하도급계약"은 하도급계약조건(파트I 및 파트II), 하도급계약 시방서, 하도급계약 도면, 하도급계약 물공량 명세서, 하도급자의 청약서, 원도급자의 승낙서, 하도급계약서(완료된 경우)에 명시적으로 통합된 대로 그와 같은 문서를 의미한다.

(iii) "하도급계약 시방서"는 하도급계약서에 포함된 그리고 그것의 어떠한 수정 또는 9조에 따른 그것에 대하여 첨가된 하도급 계약 공사의 시방서를 의미한다.

(iv) "하도급 계약도면"은 모든 도면, 계산자료 및 하도급계약 하에서 유사한 성질의 기술적 정보를 의미한다.

(v) "하도급계약 물공량 명세서"는 하도급자의 청약 부분을 형성하는 금액이 산정되었고, 완성된 물공량 명세서를 의미한다.

(vi) "하도급자의 청약서"는 원도급자의 승낙서에서 수락된 대로 하도급계약 공사의 이행 및 준공과 하도급계약 조건에 따라서 어떠한 하자를 보수하기 위하여 원도급자에게 제출한 하도급자의 금액이 산정된 청약을 의미한다.

(vii) "원도급자의 승낙서"는 하도급자의 청약에 대한 원도급자의 공식적인 승낙을 의미한다.

(viii) "하도급계약서"는 보조 조항 3.3에서 언급된 하도급계약서(있을 경우)를 의미한다.

(ix) "하도급 청약서 부록"은 하도급계약 조건에 첨부된 하도급자의 청약의 형태로 구성된 부록을 의미한다.

(x) "Conditions of Subcontract" means Part I and II of the Federation of International Consulting Engineers' "Conditions of Subcontract for Works of Civil Engineering Construction(for use in conjunction with the Conditions of Contract for Works of Civil Engineering Construction, Fourth Edition 1987 Reprinted 1992 with further amendments)", 1994, as adapted by the Contractor and the Subcontractor and forming part of the Subcontract.

(xi) "Conditions of Main Contract" means Part I of the Federation of International Consulting Engineers' "Conditions of Contract for Works of Civil Engineering Construction, Fourth Edition 1987 Reprinted 1992 with further amendments)", and Part II of such Conditions as adapted by the Employer and the Contractor, which form part of the Main Contract.

(c) (i) "Subcontractor's Commencement Date" means the date upon which the Subcontractor receives the notice to commence issued by the Contractor pursuant to Sub-Clause 7.1.

(ii) "Subcontractor's Time for Completion" means the time for completion of the Subcontract Works or any section thereof as stated in the appendix to Subcontractor's Offer (or as extended under Clause 7) calculated from the Subcontractor's Commencement Date.

(d) "Subcontract Price" means the sum stated in the Contractor's Letter of Acceptance as payable to the Subcontractor for the execution and completion of the Subcontract Works and the remedying of any defects therein in accordance with the provisions of the Subcontract.

(x) "하도급계약조건"은 원도급자와 하도급자에 의하여 채택되었고 하도급계약의 부분을 형성하는 국제컨설팅엔지니어 연맹의 토목공사용 하도급계약 조건 파트I 및 파트II(토목공사용 계약 조건 4차 1987년 및 개정된 1992년판과 연계하여 사용) 1994년을 의미한다.

(xi) "원도급계약 조건"은 국제컨설팅엔지니어 연맹 토목공사용 계약 조건 4판 1987, 1992년 개정판의 파트I과 원도급계약의 부분을 형성하는 발주자와 원도급자에 의하여 채택된 대로 그와 같은 조건의 파트II를 의미한다.

(다) (i) "하도급자의 개시일"은 보조 조항 7.1에 따라 원도급자에 의하여 발급된 착공 지시서를 하도급자가 접수한 날짜를 의미한다.

(ii) "하도급자의 준공시간"은 하도급자의 개시일로부터 산출된 하도급계약 공사 또는 하도급계약의 여하한 섹션에 대한 하도급자의 청약 (또는 7조 하에서 연장된 대로)에 대한 부록에 기술된 대로 준공시간을 의미한다.

(라) "하도급계약 금액"은 하도급계약 규정에 따라서 하도급계약 공사를 이행하고, 준공하고 여하한 하자를 치유하는 것에 대하여 하도급자에게 지급할 원도급자의 승낙서에서 진술된 금액을 의미한다.

(e) (i) "Main Works" means the works defined in the Main Contract.

(ii) "Subcontract Works" means the works described in Part II of the Conditions of Subcontract.

(iii) "Subcontractor's Equipment" means all appliances and things of whatsoever nature(other than Temporary Works) required for the execution and completion of the Subcontract Works and the remedying of any defects therein, but does not include plant, materials or other things intended to form or forming part of the Subcontract Works

Headings and Marginal Notes

1.2 The headings and marginal notes in the Conditions of Subcontract shall not be deemed part thereof or be taken into consideration in the interpretation or construction thereof or of the Subcontract.

Interpretation

1.3 Words importing persons or parties shall include firms and corporations and any organization having legal capacity.

Singular and Plural

1.4 Words importing the singular only also include the plural and vice versa where the context requires.

Notices, Consents, Approvals, Certificates, Confirmations & Determinations

1.5 Wherever in the subcontract provision is made for the giving or issue of any notice, consent, approval, certificate, confirmation or determination by any person, unless otherwise specified such notice, consent, approval, certificate, confirmation or determination shall be in writing and be the words "notify", "certify", "confirm" or "determine" shall be construed accordingly. Any such notice, consent, approval, certificate, confirmation or determination shall not unreasonably withheld or delayed.

(마) (i) "원도급 공사"는 원도급 계약에 정의된 공사를 의미한다.

(ii) "하도급계약 공사"는 하도급계약 조건파트 II에서 기술된 공사를 의미한다.

(iii) "하도급계약자의 장비" 하도급계약 공사의 이행 및 준공, 그리고 여하한 하자를 치유하는 데 요구되는 여하한 성질의 모든 기구장치 및 사물을 의미한다. (가설공사는 제외) 그러나 플랜트, 자재 또는 하도급계약 공사의 부분을 형성하는데 사용되는 기타 사물을 포함하지 않는다.

소제목 및 방주 1.2 하도급계약 조건에서 소제목 및 방주는 하도급계약 조건의 부분으로 간주되지 않고 또는 그것의 번역 또는 시공 또는 하도급계약에서 고려되지 않는다.

번역 1.3 사람과 당사자들을 의미하는 단어는 상사 및 법인 및 법적인 능력이 있는 여하한 조직을 포함한다.

단수 및 복수 1.4 단수만을 의미하는 단어는 또한 복수를 포함하고 문맥이 요구하는 곳에서 반대의 경우도 포함한다.

통지, 동의, 승인 증명서, 확인 및 결정 1.5 하도급계약에서 여하한 통지, 동의, 승인, 증명서, 확인 또는 여하한 자에 의한 결정의 제공 또는 발급에 대한 규정이 있는 곳에서 달리 기술되지 않는다면, 그와 같은 통지, 동의, 승인, 증명서, 확인 또는 결정은 문서로 되어야 하고 "통지하다", "증명하다", "확인하다", 또는 "결정하다"라는 단어는 적절하게 해석된다. 그와 같은 통지, 동의, 승인, 확인 또는 결정은 불합리하게 보류되거나 지연되지 않는다.

Instructions in Writing 1.6 Instructions given by the Contractor shall be in writing, provided that if for any reason the Contractor considers it necessary to give any such instruction orally, the Subcontractor shall comply with such instruction. Confirmation in writing of such oral instruction given by the Contractor, whether before or after the carrying out of the instruction, shall be deemed to be an instruction within the meaning of this SubClause. Provided further that if the Subcontractor, within 7 days, confirms in writing to the Contractor any oral instruction of the Contractor and such Confirmation is not contradicted in writing within 7 days by the Contractor, it shall be deemed to be an instruction of the Contractor.

2. General Obligations

Subcontractor's General Responsibilities 2.1 The Subcontractor shall, with due care and diligence, design(to the extent provided for by the Subcontract), execute and complete the subcontract works and remedy any defects therein in accordance with the provisions of the Subcontract. The Subcontractor shall provide all superintendence, labour, materials, Plant, Subcontractor's Equipment and all other things, whether of a temporary or permanent nature, required in and for such design, execution, completion and remedying of any defects, so far as the necessity for providing the same is specified in or is reasonably inferred from the Subcontract, and except as otherwise agreed in accordance with Clause 5 and set out in Part II of the Conditions of Subcontract.

The Subcontractor shall give prompt notice to the Contractor of any error, omission, fault or other defect in the design of or specification for the Subcontract Works which he discovers when reviewing the Subcontract and/or the Main Contract or executing the Subcontract Works.

문서상 지시 1.6 원도급자에 의한 지시는 문서로 실시된다. 다만 여하한 사유로 원도급자가 그와 같은 지시를 구두로 하는 것이 필요하다고 간주하면, 하도급자는 그와 같은 지시에 순응한다. 원도급자에 의한 그와 같은 구두상의 지시에 대한 문서 확인은 지시를 이행하기 전에 또는 한 후에 본 하도급 계약조건 보조 조항의 의미 내에서 지시로 간주된다. 다만, 하도급자가 원도급자의 여하한 구두지시를 원도급자에게 7일 이내에 문서상으로 확인하였고 그와 같은 확인이 원도급자에 의하여 7일 이내에 문서상으로 모순되지 않으면, 그것은 원도급자의 지시로 간주된다.

2. 일반적 의무

하도급자의 일반적 책임 2.1 하도급자는 정당한 주의와 근면하게 하도급계약에서 규정된 범위까지 하도급계약 공사를 설계하고, 이행하고, 준공하고, 하도급계약서 규정에 따라 여하한 하자를 치유한다. 하도급자는 임시적 또는 영구적인 것이든지 간에 그와 같은 설계, 이행, 준공 및 여하한 하자를 치유하는데 요구되는 모든 감독, 노무자, 자재, 플랜트, 하도급자의 장비 및 기타 등을 제공한다.

하도급계약서로부터 동일한 것을 제공할 필요성이 기술되어 있고 또는 합리적으로 하도급계약으로부터 추론되는 한, 그리고 달리 5조에 따라서 합의한 것을 제외하고 하도급계약조건 파트 II에서 규정된 것을 제외하고 하도급자는 원도급자에게 하도급계약 및 /또는 원도급계약을 검토할 때 또는 하도급계약 공사를 이행할 때 그가 발견하는 하도급계약 공사에 대한 설계 또는 시방서에 있어서 여하한 오류, 누락, 잘못 또는 기타 결함을 신속하게 통지해야 한다.

Performance Security

2.2 If the Subcontract requires the Subcontractor to obtain security for his proper performance of the Subcontract, he shall obtain and provide to the Contractor such security in the sum stated in the Appendix to Subcontractor's Offer. Such security shall be in the form annexed to the Conditions of Subcontract or in such form as may be agreed between the Contractor and the Subcontractor. The institution providing such security shall be subject to the approval of the Contractor. The cost of complying with the requirements of this Clause shall be borne by the Subcontractor, unless the Subcontract otherwise provides.

The performance security shall be valid until the Subcontractor has executed and completed the subcontract works and remedied any defects therein in accordance with the Subcontract. No claim shall be made against such security after the issue of Defects Liability Certificate in respect of the Main Works and such security shall be returned to the Subcontractor within 28 days of the issue of the said Defects Liability Certificate.

Prior to making a claim under the performance security the Contractor shall, in every case, notify the Subcontractor stating the nature of the default in respect of which the claim is to be made.

Programme to be Submitted by Subcontractor

2.3 The Subcontractor shall, within the time stated in Part II of the Conditions of Subcontract after the date of the Contractor's Letter of Acceptance, submit to the Contractor for his consent a programme, in such form and detail as the Contractor shall reasonably prescribe, for the execution of the Subcontract Works.

이행보증

2.2 하도급계약이 하도급자에게 하도급계약의 정당한 이행을 위하여 보증서를 획득하도록 요구하면, 하도급자는 원도급자에게 하도급자의 청약서 부록에서 기술된 금액에 해당하는 그와 같은 보증서를 획득하고 제공한다.

그와 같은 보증서를 제공하는 기관은 원도급자의 승인을 받아야 한다. 본 조항의 요구조건에 순응하기 위한 비용은 하도급계약이 달리 규정하지 않는 한 하도급자가 부담한다.

이행보증서는 하도급계약 조건에 따라 하도급자가 하도급계약 공사를 이행하고, 준공하고 여하한 하자를 치유할 때까지 유효해야 한다. 원도급 공사와 관련하여 하자책임 증명서가 발급된 후에는 그와 같은 보증서에 대하여 클레임이 제기될 수 없다. 그리고 그와 같은 보증서는 하자책임 증명서의 발급 후 28일 이내에 하도급자에게 반환된다.

이행보증서 하에서 클레임을 제기하기 전에, 원도급자는 모든 경우에 있어서 클레임이 제기되는 것과 관련하여 해태의 성격을 진술하는 내용을 하도급자에게 통지한다.

하도급자가 제출하는 공정표

2.3 하도급자는 하도급계약 공사를 이행하기 위하여 원도급자의 승낙서 날짜로부터 하도급계약 조건 파트 II에서 진술된 시간 이내에 원도급자의 동의를 획득하기 위한 원도급자가 합리적으로 기술한 형식과 상세내역의 공정표를 제출한다.

The Subcontractor shall, whenever required by the Contractor, also provide in writing for his information a general description of the arrangements and methods which the Subcontractor proposes to adopt for the execution of the Subcontract Works.

If at any time it should appear to the Contractor that the actual progress of the Subcontract Works does not conform to the programme to which consent has been given, the Subcontractor shall produce, at the request of the Contractor, a revised programme showing the modifications to such programme necessary to ensure completion of the Subcontract Works within the Subcontractor's Time for Completion.

Assignment of Subcontract

2.4 The Subcontractor shall not, without the prior consent of the Contractor(which Subcontract consent, notwithstanding the provisions of Sub-Clause 1.5, shall be at the sole discretion of the Contractor), assign the Subcontract or any part thereof, or any benefit or interest therein or thereunder, otherwise than by :

(a) a charge in favor of the Subcontractor's bankers of any monies due or to become due under the Subcontract, or

(b) assignment to the Subcontractor's insurers(in cases where the insurers have discharged the Subcontractor's loss or liability) of the Subcontractor's right to obtain relief against any other party liable.

Sub-subcontracting

2.5 The Subcontractor shall not subcontract the whole of the Subcontract Works, nor shall he subcontract any part of the Subcontract Works without the prior consent of the Contractor. Any such consent shall not relieve the Subcontractor from any liability or obligation under the Subcontract and the Subcontractor shall be responsible for the acts, defaults and neglects of any of his subcontractors, including such subcontractor's agents, servants or workmen as fully as if they were the acts, defaults and neglects of the Subcontractor, his agents, servants or workmen.

하도급자는 원도급자가 요구할 때마다 하도급계약 공사의 이행을 위하여 하도급자가 채택하기를 제안하는 준비 및 방법의 일반적인 기술을 원도급자의 정보용으로 문서상으로 또한 제공한다.

만약에 언제라도 하도급계약 공사의 실질적인 진척이 원도급자가 동의한 공정표에 일치하지 않는 것으로 보일 때, 하도급자는 원도급자의 요청에 따라서 하도급계약의 준공시간 이내에 하도급계약 공사의 준공을 보장하는데 필요한 공정표에 대한 수정을 보여주는 수정된 공정표를 만들어야 한다.

하도급계약의 양도

2.4 하도급자는 원도급자의 사전 동의 없이 (서브 조항 1.5의 규정에도 불구하고 그 동의는 원도급자의 전적인 자유재량에 따른다) 하도급계약 또는 그것의 일부, 또는 하도급계약 안에서 또는 하도급계약 하에서 수익 또는 이해를 양도할 수 없다. 아래의 사항은 예외이다.

(가) 하도급계약 하에서 하도급자의 은행에 지급할 여하한 만기가 된 금전 또는 지급하게 될 금전의 청구

(나) 보험자가 하도급자의 손실 또는 법적 책임을 해제한 경우에 하도급자의 보험자에게 책임을 질 타 당사자에 대하여 구제를 획득하기 위한 하도급자의 권리를 양도

재하도급

2.5 하도급자는 하도급계약 공사의 전부를 하도급줄 수 없고 원도급자의 사전 동의 없이 하도급계약 공사의 여하한 부분을 하도급 줄 수 없다.

어떠한 그와 같은 동의는 하도급계약 하에서 여하한 책임 또는 의무로부터 하도급자를 면제하지 않고, 그리고 하도급자는 자신의 재하도급자의 작위, 불이행 및 태만에 대하여 책임을 진다.

재하도급자의 대리인, 종업원 또는 노동자들이 마치 하도급계약자, 그의 대리인, 종업원 또는 노동자의 작위, 불이행 또는 태만인 것처럼 전적으로 그들을 포함한다.

Provided that the Subcontractor shall not be required to obtain such consent for :

(a) the provision of labour, or

(b) the purchase of materials which are in accordance with the standards specified in the Subcontract and/or the Main Contract.

In the event of a subcontractor having undertaken towards the subcontractor in respect of the work executed, or the goods, materials, Plant or services supplied by such subcontractor, any continuing obligation extending for a period exceeding that of the Defects Liability Period under the Main Contract in respect of the Main Works or of the Section or Sections or part or parts thereof in which the Subcontract Works are comprised, as the case may be, the Subcontractor shall at any time, after the expiration of such Period, assign to the Contractor, at the Contractor's request and cost, the benefit of such obligation for the unexpired duration thereof.

3. Subcontract Documents

Language/s

3.1 Unless otherwise stated in Part II of the Conditions of Subcontract :

(a) the language or languages in which the Subcontract documents shall be drawn up shall be the same as the language or languages in which the Main Contract documents have been drawn up, and

(b) if the Subcontract documents are drawn up in more than one language, the Subcontract shall be construed and interpreted according to the ruling Language of the Main Contract.

다만, 하도급자는 아래 사항에 대하여 그와 같은 동의를 필요로 하지 않는다.

(가) 노동자의 공급 또는

(나) 하도급계약 또는 원도급계약에서 기술된 표준에 따라 자재의 구매

하도급자가 이행한 공사 또는 재화, 자재와 관련하여 원도급자에게 대하여 이행을 완료한 하도급자의 경우 그와 같은 하도급자에 의하여 공급된 플랜트 또는 용역 원도급 공사와 관련하여 원도급계약 하에서 하자책임 기간을 초과하여 연장된 기간에 계속되는 의무, 하도급계약 공사가 포함된 섹션 또는 섹션즈 또는 부분 또는 부분들은 경우에 따라서 하도급자는 언제라도 그와 같은 기간의 만료 후에 원도급자에게 원도급자의 요청 및 비용부담으로 그것들의 만료되지 않은 기간에 대하여 그와 같은 의무의 수익을 양도한다.

3. 하도급계약 문서

언어

3.1 하도급계약 조건 파트 II에서 달리 기술하지 않는 한 :

(가) 하도급계약 문서가 작성된 언어는 원도급계약서가 작성된 언어와 동일하다. 그리고

(나) 하도급계약 문서가 한 개 이상의 언어로 작성된다면 하도급계약은 원도급계약의 지배언어에 따라서 해석되고 통역된다.

Governing Law 3.2 Unless otherwise stated in Part II of the Conditions of Subcontract, the law of the country or state which applies to the Main Contract and according to which the Main Contract is construed shall also apply to the Subcontract and be the law according to which the Subcontract shall be construed.

Subcontract Agreement 3.3 The Subcontractor shall, if called upon so to do, enter into and execute the Subcontract Agreement, to be prepared and completed at the cost of the Contractor, in the form annexed to the Conditions of Subcontract with such modification as may be necessary.

Priority of Subcontract Documents 3.4 The several documents forming the Subcontract, listed in the Contractor's Letter of the Contractor's Letter of or the Subcontract Agreement(if any), are to be taken as mutually explanatory of one another. Unless otherwise provided in the Subcontract, the priority of documents forming the Subcontract shall be as follows :

(1) The Subcontract Agreement(if any) ;
(2) The Contractor's Letter of Acceptance ;
(3) The Subcontractor's Offer ;
(4) Part II of the Conditions of Subcontract ;
(5) Part I of the Conditions of Subcontract ; and
(6) Any other document forming part of the Subcontract.

4. Main Contract

Subcontractor's Knowledge of Main Contract 4.1 The Contractor shall make the Main Contract(other than the details of the Contractor's price thereunder as stated in the bills of quantities or schedules of rates and prices as the case may be) available for inspection to the Subcontractor and, if so requested by the Subcontractor, shall provide the Subcontractor with a true copy of the Main Contract(less such details of the Contractor's prices), at the cost of the Subcontractor.

준거법 3.2 하도급계약 조건 파트 II에서 달리 기술되지 않는 한, 원도급계약에 적용되는 국가 또는 주의 법률이 그리고 그 법률에 의하여 원도급계약이 해석되는 국가 또는 주의 법률이 또한 하도급계약에 적용되고 하도급계약이 해석되는 법률이 된다.

하도급 계약서 3.3 하도급자는, 그렇게 하기를 요청받았으면, 원도급자의 비용으로 작성되었고 완성된, 필요시 수정과 함께 하도급계약 조건에 첨부된 형태 내에서 하도급계약을 체결하고 이행한다.

하도급계약 문서의 우선순위 3.4 원도급자의 승낙서 또는 하도급계약서(있을 경우)에 열거된 하도급계약을 형성하는 몇 개의 문서는 상호간에 설명한 것으로 간주된다. 하도급계약서에서 달리 규정하지 않는 한, 하도급계약을 형성하는 문서의 우선순위는 아래와 같다. :

(1) 하도급계약서(있을 경우)
(2) 원도급자의 승낙서
(3) 하도급자의 청약서
(4) 하도급계약 조건 파트 II
(5) 하도급계약 조건 파트 I
(6) 하도급계약을 형성하는 기타 문서

4. 원도급계약

하도급자의 원도급계약 숙지 4.1 원도급자는 원도급계약(물공량 명세서 또는 요율표 및 금액 표에서 기술된 원도급자의 금액에 대한 내역은 제외하고)을 하도급자가 검사할 수 있도록 해야 한다. 그리고 만약 하도급자가 요청한다면, 하도급자에게 원도급계약의 사본(원도급자의 금액에 대한 상세내역은 제외)을 하도급자의 비용부담으로 제공하여야 한다.

The Contractor shall, in any event, provide the Subcontractor with a copy of the Appendix to Tender to the Main Contract together with Part II of the Conditions of Main Contract and details of any other contract conditions which apply to the Main Contract which differ from Part I of the Conditions of Main Contract.
The Subcontractor shall be deemed to have full knowledge of the provisions of the Main Contract(less such details of the Contractor's prices).

Subcontractor's Responsibilities in Relation to Subcontract Works
4.2 Save where the provisions of the Subcontract otherwise require, the Subcontractor shall so design(to the extent provided by the Subcontract), execute and complete the Subcontract Works and remedy any defects therein that no act or omission of his in relation thereto shall constitute, cause or contribute to any breach by the Contractor of any of his obligations under the Main Contract. The Subcontractor shall, save as aforesaid, assume and perform hereunder all the obligations and liabilities of the Contractor under the Main Contract in relation to the Subcontract Works.

No Privity of Contract with Employer
4.3 Nothing herein shall be construed as creating any privity of contract between the Subcontractor and the Employer.

Possible Effects of Subcontractor's Breaches of Subcontract
4.4 If the Subcontractor commits any breaches of the Subcontract, he shall indemnify the Contractor against any damages for which the Contractor becomes liable under the Main Contract as a result of such breaches. In such event, the Contractor may, without prejudice to any other method of recovery, deduct such damages from monies otherwise becoming due to the Subcontractor.

원도급자는 어떠한 경우에 있어서, 하도급자에게 원도급계약 조건 파트 II와 함께 원도급계약 입찰서의 부록 사본과 원도급계약 조건의 파트 I과 상이한 원도급계약에 적용되는 어떠한 계약조건의 상세 사항을 제공해야 한다.

하도급자는 원도급계약의 규정(원도급자의 금액에 대한 것은 제외하고)에 대하여 완전한 지식을 가진 것으로 간주된다.

하도급 계약 공사와 관련된 하도급자의 책임

4.2 하도급계약의 규정이 달리 요구하는 곳을 제외하고, 하도급자는 (하도급계약에 의하여 규정된 한도까지) 하도급계약 공사를 설계하고, 이행하고 완공하고 또한 어떠한 하자를 치유한다.

하도급계약 공사와 관련하여 하도급자의 작위 또는 부작위가 원도급계약 하에서 원도급자가 자신의 계약적 의무를 위반하는 것을 형성하고, 야기시키고 기여해서는 아니 된다.

하도급자는 위에서 언급한 것을 제외하고 하도급 공사와 관련하여 원도급계약 하에 원도급자의 모든 계약적 의무와 책임을 담당하고 이행한다.

발주자와의 계약관계 없음

4.3 이 안에서 하도급계약자와 발주자 사이에 여하한 직접적인 계약관계를 형성하는 것으로 해석되는 것이 없다.

하도급자의 원도급계약 위반에 대한 효과

4.4 만약 하도급자가 하도급계약을 위반한다면, 하도급자는 그와 같은 위반의 결과로 하도급계약 하에서 원도급자가 책임을 지게 되는 여하한 배상금에 대하여 원도급자를 면책한다. 그와 같은 경우, 원도급자는 회수방법에 대한 기득권을 침해하지 않고 달리 하도급자에게 지급하게 될 금전으로부터 그와 같은 배상금을 공제한다.

5. Temporary Works, Contractor's Equipment and/or other Facilities(if Any)

Subcontractor's Use of Temporary Works

5.1 Unless otherwise stated in Part II of the Conditions of Subcontract, the Contractor shall not be required to provide or retain any Temporary Works for the Subcontractor. However, the Contractor shall permit the Subcontractor, in common with the Contractor and/or such other subcontractors as the Contractor may allow, for the purpose of executing and completing the Sub-contract Works and remedying any defects therein, to use such Temporary Works as are from time to time provided by the Contractor in connection with the Main Works. No such permission shall impose any liability upon the Contractor in respect of the use of such Temporary Works by the Subcontractor, his agents, servants or workmen, nor relieve the Subcontractor of any statutory or other obligation to test or inspect the Temporary Works to be used by his agents, servants or workmen or to provide suitable Temporary Works for their use.

Subcontractor's Use of Contractor's Equipment and/or Other Facilities (if Any) in common with Other

5.2 The Contractor shall provide at the Site the Contractor's Equipment and/or other facilities(if any) specified in Part II of the Conditions of Subcontract and shall permit the Subcontractor, in common with the Contractor and/or such other subcontractors as the Contractor may allow, to have the use thereof for the purposes executing and completing the Subcontract Works but not of remedying any defects therein, upon such terms and conditions(if any) as are specified in Part II of the Conditions of Subcontract.

5. 가설공사, 원도급자의 장비 및/또는 기타 시설물(있을 경우)

가설공사의 하도급자의 사용

5.1 하도급계약 조건 파트 II에서 달리 진술되지 않는 한, 원도급자는 하도급자에게 여하한 가설공사를 제공하거나 보유하는 것이 요구되지 않는다. 그러나 원도급자는 하도급자가 원도급공사와 관련하여 원도급자에 의하여 때때로 제공되는 그와 같은 가설공사를 하도급계약 공사를 이행하고 준공하고 여하한 하자를 치유하기 위하여 원도급자, 그리고/또는 원도급자가 허락하는 기타 하도급자들과 공통으로 사용하는 것을 허락한다.

그와 같은 허가가 하도급자, 그의 대리인, 종업원 또는 노동자에 의하여 그와 같은 가설공사의 사용과 관련하여 원도급자에게 여하한 책임을 부과하지 않고 하도급자를 그의 대리인, 종업원 또는 노동자들에 의하여 사용될 가설공사를 시험하고 검사하고 또는 그들의 사용을 위하여 적절한 가설공사를 제공하는 성문법상의 또는 기타 의무를 면제하지 않는다.

하도급자의 원도급자의 장비 및/또는 기타 시설물(있을 경우)을 타 하도급자와 공통으로 사용

5.2 원도급자는 현장에서 하도급계약 조건 파트 II에서 기술된 원도급자의 장비 및/또는 기타 시설물(있을 경우)을 제공하고 하도급자가 원도급자 및/또는 원도급자가 허용하는 기타 하도급자들과 공통으로 하도급계약 공사의 이행 및 준공을 위하여 그러나 하자를 치유하는 것이 아니고, 하도급계약 조건 파트 II에 기술된 그와 같은 조건(있을 경우)에 따라 그것들에 대한 사용을 허가한다.

Subcontractor's Exclusive Use of Contractor's Equipment and /or Other Facilities (if Any)	5.3 The Contractor shall also provide for the exclusive use by the Subcontractor of the Contractor's Equipment and/or other facilities(if any) specified in Part II of the Conditions of Subcontract upon such terms and conditions (if any) as are specified therein.
Indemnification for Misuse of Temporary Works, Contractor's Equipment and/or Other Facilities(if Any)	5.4 The Subcontractor shall indemnify the Contractor against any damages arising from the misuse by the Subcontractor, his agents, servants or workmen, of Temporay Works, Contractor's Equipment and/or other facilities provided for his use by the Contractor.

6. Site Working and Access

Working Hours on Site ; Subcontractor's Compliance with Rules and Regulations	6.1 The Subcontractor shall observe the working hours of the Contractor as contained in Part II of the Conditions of Subcontract, unless otherwise agreed, and shall comply with all rules and regulations governing the execution of the work, the arrival at and departure from the Site of materials and Subcontractor's Equipment on the Site.
Availability of Site to Subcontractor and Access to Site	6.2 The Contractor shall, from time to time, make available to the Subcontractor so much of the Site and such access as may be required to enable the Subcontractor to proceed with the execution of the Subcontract Works with due dispatch in accordance with the Subcontract. The Contractor shall not be bound to make available exclusively to the Subcontractor any part of the Site, unless otherwise stated in Part II of the Conditions of Subcontract.

하도급자의 원도급자의 장비 및/또는 기타 시설물의 독점적 사용 5.3 원도급자는 또한 하도급계약 조건 파트 II에서 기술된 원도급자의 장비 및/또는 기타 시설물 (있을 경우)을 그 안에서 기술된 조건에 따라 하도급자가 독점적으로 사용하도록 제공해야 한다.

원도급자의 장비 및/또는 기타 시설물의 사용 잘못에 대한 배상(있을 경우) 5.4 하도급자는 원도급자를 하도급자, 그의 대리인, 종업원 또는 노동자에 의한 사용 잘못으로부터 발생하는 여하한 원도급자가 하도급자의 사용을 위하여 제공하는 가설공사, 원도급자의 장비 및/또는 기타 시설물의 피해금액에 대하여 배상한다.

6. 현장작업 및 접근

현장근무 시간 하도급자의 법률 및 규칙 준수 6.1 하도급자는 달리 합의하지 않는 한, 하도급계약 조건 파트 II에서 포함된 대로 원도급자의 근로시간을 준수한다. 그리고 공사의 이행을 지배하는 모든 법률 및 규칙에 순응하고 현장으로부터 자재와 장비의 도착 및 출발을 순응한다.

하도급자에 대한 현장의 이용 가능성 및 현장 접근 6.2 원도급자는 때때로 하도급계약 조건에 따라서 하도급자가 하도급계약 공사의 이행을 신속하게 진행하는 것을 가능하게 하기 위하여 요구되는 대로 하도급자가 현장을 이용 가능하게 하고 접근 가능하게 해야 한다.

원도급자는 하도급계약 조건 파트 II에서 달리 기술하지 않는 한 현장의 여하한 부분을 하도급자가 독점적으로 이용 가능하게 하도록 할 의무는 없다.

Subcontractor's Obligation to Permit Access to Subcontract Works

6.3 The Subcontractor shall permit the Contractor , the Engineer and any person authorized by either of them, to have reasonable access, during working hours, the Subcontract Works and to the places on the Site where any work or materials therefor are being executed, prepared or stored. the Subcontractor shall also permit or procure reasonable access for the Contractor, the Engineer, and any person authorized by either of them, to such places off the Site where work is being executed or prepared by or on behalf of the Subcontractor in connection with the Subcontract Works.

7. Commencement and Completion

Commencement of Subcontract Works ; Sub-contractor's Time for Completion

7.1 The Subcontractor shall commence the Subcontract works within 14 days, or such other period as may be agreed in writing, after the receipt by him of a notice to this effect from the Contractor, which notice shall be issued within the time stated in the Appendix to Subcontractor's Offer after the date of the Contractor's Letter of Acceptance. Thereafter, the Subcontractor shall proceed with the Subcontract Works with due expedition and without delay, except such as may be expressly sanctioned or instructed by the Contractor. The Subcontract Works and, if applicable, any Section required to be completed within a particular time as stated in the Appendix to Subcontractor's Offer shall be completed within the time for completion stated in the Appendix to Subcontractor's Offer for the Subcontract Works or the Section(as the case maybe), calculated from the Subcontractor's Commencement Date, or such extended time as may be allowed. under Sub-Clause 7.2.

하도급계약 공사에 대한 접근을 허락하는 하도급자의 의무

6.3 하도급자는 원도급자, 감독관 및 그들 중 한 당사자에 의하여 인가된 인물이 작업시간 중에 하도급계약 공사 및 현장에 있는 장소, 공사 또는 자재가 시행되고, 준비되며, 보관된 곳에 합리적인 접근을 하는 것을 허락해야 한다.

하도급자는 하도급계약 공사와 관련하여 원도급자, 감독관 및 그들 중 한 당사자가 인가한 인물에게 공사가 하도급자 또는 하도급자를 대리하여 이행되고 또는 준비되는 현장을 벗어난 장소에 접근하는 것을 허락하고 합리적인 접근을 획득해야 한다.

7. 착공 및 준공

하도급계약 공사 착공 ; 하도급자의 준공 시간

7.1 하도급자는 원도급자로부터 이러한 효과에 대한 통지서를 하도급자가 수취한 후에 14일 이내에 또는 문서상 합의한 기간 이내에 하도급공사를 착공한다. 그런데 그러한 통지서는 원도급자의 승낙한 서한 날짜로부터 하도급자의 청약에 대한 부록에서 기술된 시간 이내에 발급된다. 그 후에, 하도급자는 하도급계약 공사를 신속하게 또한 지체하지 않고 진행해야 한다. 다만, 명시적으로 원도급자에 의하여 제재를 받거나 지시받은 경우는 제외한다.

하도급계약 공사 및 적용된다면, 하도급계약 청약서에 대한 부록에서 기술된 대로 준공시간 이내에 준공되기를 요구하는 여하한 섹션은 하도급계약 공사 또는 섹션(경우에 따라서)에 대한 하도급 청약서 부록에서 기술된 준공시간 이내 또는 하도급자의 착공일로부터 서브 조항 7.2하에서 허용된 그와 같은 연장 기간 이내에 준공해야 한다.

Extension of Subcontractor's Time for Completion

7.2 If the Subcontractor shall be delayed in the execution of the Subcontract Works or, if applicable, any Section thereof by any ;

(a) circumstances in regard to which the Contractor is entitled to receive from the Engineer an extension of his time for completion of the Main Works under the Main Contract,

(b) instruction pursuant to Sub-Clause 8.2 to which paragraph(a) of this Sub-Clause does not apply, or

(c) breach of the Subcontract by the Contractor or for which the Contractor is responsible, then in any such event the Subcontractor shall be entitled to such extension of the Subcontractor's time for completion of the Subcontract Works or such Section thereof as may in all the circumstances be fair and reasonable.

Provided that the Subcontractor shall not be entitled to such extension of time unless he has submitted to the Contractor notice of the circumstances which are delaying him within 14 days of such delay first occurring together with detailed particulars in justification of the extension of time claimed in order that the claim may be investigated at the time and, in any case to which paragraph(a) of this Sub-Clause applies, the extension shall not in any event exceed the extension of time to which the Contractor is entitled under the Main Contract. Provided also that, where an event has a continuing effect such that it is not practicable for the Subcontractor to submit detailed particulars within the period of 14 days referred to in this Sub-Clause, he shall nevertheless be entitled to an extension of time provided that he has submitted to the Contractor interim particulars at intervals of not more than 14 days and final particulars within 14 days of the end of the effects resulting from the event.

하도급자의 준공 시간 연장

7.2 만약 하도급자가 하도급계약 공사의 이행에 있어서 또는 적용된다면, 그중의 여하한 섹션의 이행에 있어서 아래와 같은 사유에 의하여 지연된다면

(가) 원도급자와 관련된 상황이 원도급계약 하에서 원도급계약의 준공을 위한 원도급자의 준공시간 연장을 감독관으로부터 수취할 권리가 있는 경우

(나) 본 서브 조항 문단 (가)에 대하여 서브 조항 8.2에 따른 지시가 적용되지 않는 경우

(다) 원도급자에 의한 하도급계약의 위반 또는 원도급자가 책임을 지는 경우

그러한 때에는 모든 상황에서 공정하고 합리적인 것처럼 하도급자는 하도급계약 공사 또는 그것의 여하한 섹션의 준공시간 연장에 대한 권리가 있다.

다만, 하도급자가 원도급자에게 시간 연장을 청구함에 있어서 상세한 내역과 함께 그와 같은 지연이 일어난 날로부터 14일 이내에 지연시키는 상황에 대한 통지를 하지 않는다면 하도급자는 그와 같은 시간 연장에 대한 권리가 없다.

여하한 경우 본 서브조항의 (가)가 적용되는 경우, 원도급계약 하에 원도급자가 받을 권리가 있는 시간 연장을 초과하지 않는다.

다만, 사건이 계속되는 효과가 있는 경우 하도급자가 본 서브조항에서 언급된 14일 이내에 상세한 내역을 제출하는 것이 실용적이지 않을 경우에 하도급자는 그럼에도 불구하고 14일 이하의 기간마다 임시 내역을 원도급자에게 제출하면 시간 연장에 대한 권리가 있다. 그리고 마지막 내역은 그 사건으로부터 야기된 효과의 종료로부터 14일 이내에 제출해야 한다.

Contractor's Obligation to Notify

7.3 The Contractor shall promptly notify the Subcontractor of all extensions of time obtained under the provisions of the Main Contract which affect the Subcontract.

8. Instructions and Decisions

Instructions and Decisions under Main Contract

8.1 Subject to Clause 9, the Subcontractor shall in relation to the Subcontract Works comply with all the instructions and decisions of the Engineer which are notified and confirmed to him as an instruction by the Contractor, irrespective of whether such instruction and decisions were validly given under the Main Contract. The Sub-contractor shall have the like rights(if any) to payment from the Contractor in respect of such compliance as the Contractor has against the Employer under the Main Contract, then the Subcontractor shall be entitled to recover such costs as may be reasonable(if any) from the Contractor of complying therewith to the extent that such costs were not caused or contributed by any breach of the Subcontract by the Subcontractor.

Instructions under Subcontract

8.2 The Subcontractor shall take instructions only from the Contractor. The Contractor shall have the like authority in relation to the Subcontract Works to give instructions as the Engineer has in relation to the Main Works under the Main Contract. The Subcontractor shall have the like obligations to abide by and comply therewith and the like rights in relation thereto as the Contractor has under the Main Contract. The said authority of the Contractor shall be exercisable in any case irrespective of whether the Engineer has exercised like authority in relation thereto under the Main Contract.

원도급자의 통지 의무 7.3 원도급자는 신속하게 하도급자에게 하도급계약에 영향을 주는 원도급계약의 규정 하에서 획득한 모든 시간 연장을 통지해야 한다.

8. 지시 및 결정

원도급계약 하에서 지시 및 결정 8.1 9조를 적용 받아, 하도급자는 하도급계약 공사와 관련하여 그와 같은 지시 및 결정이 원도급계약 하에서 유효하게 제공되었는가와 상관없이 원도급자에 의한 지시로 하도급자에게 통지되었고 확인된 감독관의 모든 지시와 결정에 순응해야 한다.

하도급자는 원도급자가 원도급계약 하에서 발주자에게 대하여 가지고 있는 것처럼 그와 같은 순응과 관련하여 원도급자로부터 대금지급(있을 경우)과 같은 권리를 갖는다. 만약에 위에서 언급된 대로 통지되고 확인된 그와 같은 지시 또는 결정이 원도급계약 하에서 감독관에 의하여 유효하지 않고 또는 부정확하게 행하여졌다면, 그때 하도급자는 그와 같은 비용을 하도급자에 의하여 하도급계약의 여하한 위반에 의하여 원인이 되지 않거나 기여하지 않은 한도까지 거기에 순응함으로써 원도급자로부터 합리적인 비용을 회수할 권리가 있다.

하도급계약 하에서 지시 8.2 하도급자는 원도급자로부터만 지시를 받는다. 원도급자는 원도급계약 하에서 원도급 공사와 관련하여 감독관이 가지고 있는 것처럼 하도급 공사와 관련하여 지시를 하는 동일한 권한을 갖는다.

하도급자는 원도급자가 원도급계약 하에서 가지는 것처럼 하도급계약과 관련하여 지시와 결정을 준수하고 순응할 동일한 의무를 갖는다. 위에서 언급한 원도급자의 권한은 여하한 경우에 있어서 감독관이 원도급계약 하에 그것과 관련하여 동일한 권한을 행사한 것에 관계없이 행사한다.

9. Variations

Variations of Subcontract Works

9.1 The Subcontractor shall only make such variations of the Subcontract Works, whether by way of alteration, addition, or ommission, as may be instructed by :

(a) the Engineer under the Main Contract and notified and confirmed as an instruction to the Subcontractor by the Contractor, or

(b) the Contractor.

Any instruction relating to the Subcontract Works which is given by the Engineer under the Main Contract and constitutes a variation thereunder shall be deemed to constitute a variation of the Subcontract Works, if notified and confirmed by the Contractor in accordance with paragraph(a) of this Sub-Clause.

Instructions for Variations

9.2 The Subcontractor shall not act upon an unconfirmed instruction for the variation of the Subcontract Works which is directly received by him from the Employer or the Engineer. If the Subcontractor shall receive any such direct instruction, he shall forthwith inform the Contractor thereof and shall supply the Contractor with a copy of such direct instruction, if given in writing. The Subcontractor shall only act upon such instruction as directed in writing by the Contractor, but the Contractor shall give his directions thereupon promptly.

10. Valuation of Variations

Manner of Valuation

10.1 All Variations of the Subcontract Works shall be valued in the manner provided by this Clause and the value thereof shall be added to or deducted from the Subcontract Price, as appropriate.

9. 설계변경

하도급 공사의 설계변경

9.1 하도급자는 변경, 추가 또는 삭제를 아래와 같이 지시받는 대로 하도급계약 공사의 변경을 하여야 한다.

(가) 원도급계약 하에서 감독관 및 원도급자에 의하여 하도급자에게 통지되고 확인된 것

(나) 원도급자

본 서브 조항 문단 (가)에 따라서 원도급자에 의하여 통지되었고 확인된 경우에 원도급계약 하에서 감독관에 의하여 발급된 하도급계약 공사에 관계된 여하한 지시와 원도급계약 하에서 설계변경을 형성하는 지시는 하도급계약 공사의 설계변경을 형성하는 것으로 간주된다.

설계변경지시

9.2 하도급자는 발주자 또는 감독관으로부터 하도급자가 직접 수취한 하도급계약 공사의 설계변경에 대하여 확인받지 않은 지시에 따라서 행동하지 않는다. 만약에 하도급자가 그와 같은 직접적인 지시를 수취하면, 하도급자는 즉각 원도급자에게 그러한 사항을 통지하고 원도급자에게 만약에 문서로 제공받은 경우에는 그와 같은 지시의 사본을 제공한다. 하도급자는 원도급자에 의하여 문서상으로 지시받는 대로 그와 같은 지시를 따른다. 그러나 원도급자는 자신의 지시를 신속하게 해야 한다.

10. 설계변경에 대한 가격산정

가격산정방법

10.1 하도급계약 공사의 모든 설계변경은 본 조항에 의하여 규정된 방법으로 가격이 산정된다. 그것에 대한 가격은 적절하게 하도급계약 금액에 첨가하거나 하도급금액으로부터 공제된다.

Assesment of Value of Variations	10.2 The value of all variations shall be ascertained by reference to the rates and prices(if any) specified in the Subcontract for the like or analogous work, but if there are no such rates and prices, or if they are inappropriate or inapplicable, then such value shall be such as is fair and reasonable.
Valuation by Reference to Measurement under Main Contract	10.3 Where a variation of the Subcontract Works, which also constitutes a variation under the Main Contract, is measured by the Engineer thereunder, then provided that the rates and prices in the Subcontract permit such variation to be valued by reference to measurement made on behalf of the Engineer. Such measurement made under the Main Contract shall also constitute the measurement of the variation for the purposes of the Subcontract and such variation shall be valued accordingly.
Quantity Estimated and Quantity Executed	10.4 The quantities set out in the Subcontract Bill of Quantities are the estimated quantities for the Subcontract Works, and they are not to be taken as the actual and correct quantities of the Subcontract Works to be executed by the Subcontractor in fulfillment of his obligations under the Subcontract. No instruction shall be required for increase or decrease in the quantity of any work where such increase or decrease is not the result of an instruction given under Clause 9, but is the result of the quantities exceeding or being less than those stated in the Subcontract Bill of Quantities.
Daywork	10.5 Where the Subcontractor has been instructed by the Contractor to carry out work on a daywork basis the Subcontractor shall be paid for such work at the rates and prices specified in the daywork schedule included in the Subcontract.

설계변경금액의 평가

10.2 모든 설계변경에 대한 금액은 하도급계약에서 기술된 동종의 또는 유사한 공사의 요율 및 가격을 참조함으로써 확인된다. 그러나 만약 그와 같은 요율 및 가격이 없으면 또는 그것들이 부적절하고 또는 적용할 수 없다면, 그때에는 그와 같은 금액은 공정하고 합리적인 수준으로 결정된다.

원도급계약 하에서 검측 참조에 의한 가격 산정

10.3 원도급계약 하에서 또한 설계변경을 형성하는 곳에서 하도급계약 공사의 설계변경은 원도급계약 하에서 감독관에 의하여 검측된다. 그러한 때 다만, 하도급계약에서 요율 및 가격은 그와 같은 설계변경이 원도급자가 하도급자를 감독관을 대리하여 행하여지는 여하한 검측에 참여하는 것을 허가한다. 검측을 참조하는 것에 의하여 가격이 산정되는 그와 같은 설계변경을 허가한다.
원도급계약 하에서 행하여지는 그와 같은 검측은 하도급계약의 목적상 설계변경에 대한 검측을 형성한다. 그리고 그와 같은 설계변경은 그에 따라서 가격이 산정된다.

견적된 물공량 및 시행된 물공량

10.4 하도급계약 물공량 명세서에서 제시된 물공량은 하도급공사를 위한 견적된 물량이다. 그리고 그것들은 하도급계약 하에서 자신의 의무를 이행함에 있어서 하도급자에 의하여 이행될 하도급계약 공사의 실제적이고 정확한 물공량으로 간주되지 않는다.
그와 같은 증가 또는 감소가 9조 하에서 발급된 지시의 결과가 아닌 그러나 하도급계약 물공량명세서에 기술된 것보다 초과하거나 또는 적은 물공량의 결과인 곳에서 여하한 공사의 물공량에 있어서 증가 또는 감소를 위한 지시가 필요하지 않다.

일일 공사

10.5 하도급자가 일일공사 기준으로 공사를 시행하도록 원도급자에 의하여 지시를 받은 곳에서, 하도급자는 하도급계약서에 포함된 일일공사 요율표에서 기술된 요율과 가격으로 그와 같은 공사에 대하여 지급받는다.

11. Notices and Claims

Notices

11.1 Without prejudice to the generality of Clause 4, and unless otherwise stated in the Conditions of Subcontract, whenever the Contractor is required by the terms of the Main Contract to give any notice or other information to the Engineer or to the Employer, or to keep contemporary records, the Subcontractor shall in relation to the Subcontract Works give a similar notice or such other information in writing to the Contractor and keep contemporary records as will enable the Contractor to comply with such terms of the Main Contract. The Subcontractor shall do so in sufficient time to enable the Contractor to comply with such terms punctually.

Provided always that the Subcontractor shall be excused any non-compliance with this Sub-Clause for so long as he neither knew nor ought to have known of the Contractor's need of any such notice or information from him or such contemporary records.

Claims

11.2 Subject to the Subcontractor's complying with this Sub-Clause, the Contractor shall take all reasonable steps to secure from the Employer(including the Engineer) such contractual benefits (including additional payments, extensions of time, or both), if any, as may be claimable in accordance with the Main Contract on account of any adverse physical obstructions or physical conditions or any other circumstances that may be encountered during the execution of the Subcontract Works.

11. 통지 및 클레임

통지

11.1 4조의 일반성(통칙, 개론)에 대한 손상 없이, 그리고 하도급계약 조건에서 달리 기술하지 않는 한, 원도급자가 원도급계약 조건에 의하여 여하한 통지 또는 기타 정보를 감독관에게 또는 발주자에게 기록을 유지하는 것이 요구될 때마다, 하도급자는 하도급계약 공사와 관련하여 유사한 통지, 또는 기타 정보를 문서상으로 원도급자에게 제공하고 원도급자가 원도급계약의 조건에 순응하도록 당시의 기록을 유지한다.

다만, 하도급자는 본 조항의 어떠한 불일치를 하도급자가 알지 못했거나 그와 같은 통지에 대한 원도급자의 니즈를 또는 원도급자로부터의 정보나 그와 같은 당시의 기록을 알아야 하는데, 알지 못하는 한 면제받는다.

클레임

11.2 하도급자가 본 서브 조항을 순응하는 것을 조건으로 하여 원도급자는 발주자(감독관을 포함)로부터 하도급계약 공사의 이행기간 중에 조우하는 불리한 물리적 장애물 또는 물리적 조건, 기타 상황 때문에 원도급계약에 따라 클레임할 수 있는 계약적 수익(추가지급, 공기연장 또는 두 개 모두 포함)을 획득하기 위하여 모든 합리적인 단계를 밟는다.

The Subcontractor shall, in sufficient time, afford the Contractor all information and assistance that may be required to enable the Contractor to claim such contractual benefits. On receiving any such contractual benefits from the Employer, the Contractor shall pass on to the Subcontractor such proportion thereof as may in all the circumstances be fair and reasonable, it being understood that, in the case of any claim of the Contractor for an additional payment, the Contractor's receipt of payment therefor from the Employer shall be a condition precedent to the Contractor's liability to the Subcontractor in respect of such claim.

The Contractor shall notify the Subcontractor regularly of his steps to secure such contractual benefits and of the Contractor's receipt thereof. Save as provided in this Sub-Clause, or in Sub-Clause 7.2, the Contractor shall have no liability to the Subcontractor in respect of any obstruction, condition or circumstance that may be encountered during the execution of the Subcontract Works. The Subcontractor shall be deemed to have satisfied himself as to the correctness and sufficiency of the Subcontract Price to cover the provision and doing by him of all things necessary for the performance of his obligations under the Subcontract. Provided always that nothing in this Clause shall prevent the Subcontractor from claiming against the Contractor for delays in the execution of the Subcontract Works, or other circumstances, caused by the act or default of the Contractor.

하도급자는 충분한 시간 안에 원도급자에게 원도급자가 그와 같은 계약적 수익을 클레임하는 것을 가능하게 하는데 요구되는 모든 정보와 조력을 제공한다. 발주자로부터 그와 같은 계약적 수익을 받은 후에 원도급자는 하도급자에게 모든 상황 속에서 공정하고 합리적으로 그것에 대한 몫을 전달한다. 추가지급에 대한 원도급자의 클레임의 경우, 발주자로부터 그것에 대한 원도급자의 대금수취는 그와 같은 클레임과 관련하여 하도급자에 대한 원도급자의 책임에 대한 선행조건이 된다. 원도급자는 하도급자에게 정기적으로 그와 같은 계약적 수익의 획득을 위한 원도급자의 단계를 통지하고 그것에 대한 원도급자의 수취를 통지해야 한다. 본 서브 조항 또는 서브 조항 7.2에서 규정된 것을 제외하고 원도급자는 하도급자에게 대하여 하도급계약 공사 이행기간 중에 조우하게 되는 어떠한 장애물, 조건 또는 환경에 대하여 책임이 없다. 하도급자는 하도급계약 하에서 자신의 계약적 의무를 이행하기 위하여 필요한 모든 것을 행하는 것과 규정을 커버하기 위하여 하도급계약 금액의 정확성과 충분성에 대하여 자신을 충족시킨 것으로 간주된다.

다만, 본 조항에서 하도급자로 하여금 하도급계약 공사의 이행에 있어서 지연 또는 원도급자의 작위나 불이행에 의하여 야기된 기타 상황에 대하여 원도급자에게 클레임하는 것을 금지하지 않는다.

Effects of Failure to Give Notice

11.3 If by reason of any failure by the Subcontractor to comply with the provisions of Sub-Clause 11.1 the Contractor is prevented from recovering any sum from the Employer under the Main Contract in respect of the Main Works, then, without prejudice to any other remedy of the Contractor for such failure, the Contractor may deduct such sum from monies otherwise due to the Subcontractor under the Subcontract.

12. Subcontractor's Equipment, Temporary Works and Materials

Incorporation by Reference

12.1 The provisions of Clause 54 of the Conditions of Main Contract in relation to Contractor's Equipment, Temporary Works or Materials brought on to the Site by the Sub-contractor are hereby incorporated by reference into the Subcontract as completely as if they were set out in full therein.

13. Indemnities

Subcontractor's Obligation to Indemnify

13.1 The Subcontractor shall, except if and so far as the Subcontract provides otherwise, indemnify the Contractor against all losses and claims in respect of :

(a) death of or injury to any person, or

(b) loss or damage to any property(other than the Subcontract Works),

which may arise out of or in consequence of the execution and completion of the Subcontract Works and the remedying of any defects therein, and against all claims, proceedings, damages, costs, charges and expenses whatsoever in respect of thereof or in relation thereto, subject to what is provided in Sub-clause 13.2.

통지 실패에 대한 결과

11.3 본 서브 조항 11.1의 규정에 순응하기를 하도급자에 의하여 실패한 이유로 원도급자는 원도급공사와 관련하여 원도급계약 하에서 발주자로부터 여하한 금액을 회수하는 것을 방해당하면 그때에는 그와 같은 실패에 대하여 원도급자의 기타 구제에 대한 기득권을 침해함이 없이, 원도급자는 하도급약 하에서 하도급자에게 지급할 금전으로부터 그와 같은 금액을 공제할 수 있다.

12. 하도급자의 장비, 가설공사 및 자재

참조에 의한 통합

12.1 하도급자에 의하여 현장에 반입된 하도급자의 장비, 가설공사 또는 자재와 관련하여 원도급계약 조건 54조의 규정이 완전하게 마치 그것들이 그 안에서 완전하게 제시된 것처럼 완전하게 하도급계약 조건 안으로 참조에 의하여 통합되었다.

13. 면책 (배상)

하도급자의 면책할 계약적 의무

13.1 하도급자는 하도급계약이 달리 규정하는 것을 제외하고 아래와 관련하여 모든 손실 및 클레임에 대하여 원도급자를 면책한다.

(가) 여하한 인원의 사망 또는 부상

(나) 여하한 재산의 손실 또는 피해(하도급공사는 제외)

그런데 그것들은 하도급계약 공사의 이행 및 준공으로부터 또는 결과로, 그리고 하도급공사에 있어서 여하한 하자를 치유하는 것으로부터 또는 결과로 야기된다. 그리고 그것들과 관련 또는 관계된 모든 클레임, 소송절차, 피해배상금, 비용, 청구 및 경비에 대하여 서브 조항 13.2에서 규정된 것을 적용받는 조건으로 면책한다.

Contractor's Obligation to Indemnify

13.2 The Contractor shall indemnify the Subcontractor against all claims, proceedings, damages, costs, charges and expenses whatsoever in respect of the following matters to the like extent that the Contractor shall be indemnified by the Employer under the Main Contract, but no further :

(a) the permanent use or occupation of land by the Sub-contract Works, or any part thereof,

(b) the right of the Employer and/or the Contractor to execute the Subcontract Works, or any part thereof, on, over, under, in or through any land,

(c) damage to property which is the unavoidable result of the execution and completion of the Subcontract Works, or the remedying of any defects therein, in accordance with the Subcontract, and

(d) death of or injury to persons or loss of or damage to property resulting from any act or neglect of the Employer, his agents, workmen or servants or other contractors, not being employed by the Contractor, or in respect of any claims, proceedings, damages, costs, charges and expenses in respect thereof or in relation thereto.

The Contractor shall indemnify the Subcontractor against all claims, proceedings, damages, costs, charges and expenses in respect of death of or injury to persons or loss of or damage to property resulting from any act or neglect of the Contractor, his agents, workmen or servants or other subcontractors, not being employed by the Subcontractor, or in respect of or any claims, proceedings, damages, costs, charges and expenses in respect thereof or in relation thereto or, where the said death, injury, loss or damage was contributed to by the Subcontractor, his agents, workmen or servants, such part of the said death, injury, loss or damage as may be just and equitable having regard to the extent of the responsibility of the Contractor, his agents, workmen or servants or other subcontractors for the said death, injury, loss or damage.

원도급자의 면책할 의무

13.2 원도급자는 하도급자를 다음과 같은 사항과 관련하여 모든 클레임, 소송절차, 피해배상금, 비용, 청구 및 경비에 대하여 원도급자가 원도급계약 하에서 발주자에 의하여 면책되는 한도까지 면책한다. 그러나 더 이상은 아니다.

(가) 하도급계약 공사에 의한 토지의 영구적 사용 또는 점유나 그 중의 일부 사용

(나) 하도급계약 공사 또는 그 중의 일부를 여하한 토지 위, 공중, 지중, 토지를 관통하여 이행하기 위하여 발주자 및/또는 원도급자의 권리

(다) 하도급계약에 따라서 하도급계약 공사의 이행 및 준공에 대한 회피할 수 없는 재산에 대한 피해 또는 하자를 치유함에 있어서 회피할 수 없는 재산상 피해

(라) 발주자, 그의 대리인, 근로자 또는 종업원, 기타 시공자의 여하한 작위나 태만으로부터 초래된 원도급자가 고용하지 않은 인원의 사망 또는 부상, 재산에 대한 피해나 그들과 관계된 여하한 클레임, 소송절차, 피해배상금, 비용, 그와 관련된 경비원, 도급자는 하도급자에게 원도급자, 그의 대리인, 근로자 또는 하도급자에 의하여 고용되지 않은 종업원의 여하한 작위나 태만으로부터 초래된 인원의 사망, 부상 또는 재산에 대한 손실이나 피해와 관련하여 모든 클레임, 소송절차, 피해배상금, 비용, 청구 및 경비를 면책한다. 또는 여하한 클레임, 소송절차, 피해배상금, 비용, 그와 관련된 청구 및 경비 또는 상기의 사망, 부상, 손실 또는 피해에 대하여 원도급자, 그의 대리인, 근로자, 종업원, 기타 하도급자의 책임의 범위에 관하여 공정하고 공평한 바와 같이 상기의 사망, 부상 손실 또는 피해가 하도급자, 그의 대리인, 근로자 또는 종업원에 의하여 기여한 곳에서 면책한다.

14. Outstanding Works and Defects

Subcontractor's Obligation before Taking-Over

14.1 If the Subcontractor shall complete the Subcontract Works as required by Sub-Clause 2.1 before the issue of a Taking-Over Certificate is issued in respect of the Main Works, or, where under the Main Contract a Taking-Over Certificate is issued in respect of a Section or part of the Main Works, before a Taking-Over Certificate is issued in respect of the Section or Sections or part or parts of the Main Works in which the Subcontract Works are comprised, the Subcontractor shall continue to maintain the Subcontract Works in the condition required by the Main Contract to the satisfaction of the Contractor. The Subcontractor shall remedy every defect therein from whatever cause arising until a Taking-Over Certificate is issued in respect of the Main Works or such Section or Sections or part or parts. Subject to Claus15, the Subcontractor shall not be entitled to any additional payment for so doing unless such defect is caused by the act or default of the Employer, his agents, servants or workmen under the Main Contract or of the Contractor, his agents, servants or workmen under the Subcontract.

Subcontractor's Obligation after Taking-Over

14.2 After a Taking-Over Certificate is issued in respect of the Main Works or of the Section or Sections or part or parts thereof in which the Subcontract Works are comprised, as the case may be, the Subcontractor shall remedy such defects in the Subcontract Works as the Contractor is liable to remedy under the Main Contract for the like period and otherwise upon the like terms as the Contractor is liable to do under the Main Contract.

14. 잔여공사 및 하자

인계 전 하도급자의 계약적 의무

14.1 하도급자가 원도급계약 공사와 관련하여 또는 원도급계약 하에서 인수증명서가 원도급 공사의 섹션 또는 부분과 관련하여 발급된 곳에서 서브 조항 2.1에 의하여 하도급계약 공사를 준공한다면 하도급계약 공사를 구성하는 원도급계약 공사의 섹션이나 부분(들)과 관련하여 인수증명서가 발급되기 전에, 하도급자는 원도급자가 만족하도록 원도급계약에 의하여 요구된 조건 안에서 하도급계약 공사를 유지보수하기를 계속한다.

하도급자는 원도급 공사 또는 그와 같은 섹션이나 섹션즈 또는 부분, 부분들과 관련하여 인수증명서가 발급될 때 까지 여하한 원인으로부터 발생하는 모든 하자를 치유한다. 15조를 적용 받는 조건으로, 그와 같은 하자가 발주자, 그의 대리인, 종업원 또는 원도급계약 하에서의 근로자나 원도급자, 그의 대리인, 종업원 또는 하도급계약 하에서 근로자의 작위 및 불이행에 의하여 야기되지 않는 한, 하도급자는 그렇게 함으로써 여하한 추가 지급을 받을 권리가 없다.

인계 후 하도급자의 계약적 의무

14.2 경우에 따라서 하도급계약 공사가 구성되어 있는 원도급계약 공사, 섹션 또는 섹션즈, 부분이나 부분들과 관련하여 인수증명서가 발급된 후 하도급자는 원도급자가 원도급계약 하에서 할 책임이 있는 것처럼 동일한 조건에 따라 원도급자가 동일한 기간 동안 하자를 치유할 책임이 있는 대로 하도급계약 공사에 있어서 그와 같은 하자를 치유한다.

Defect Caused by Contractor's Act or Default

14.3 Provided always that if any defect remedied by the Subcontractor under Sub-Clause 14.1 or 14.2 is caused by the act or default of the Contractor, his agents, servants or workmen, then, notwithstanding that the Contractor may have no corresponding right under the Main Contract, the Subcontractor shall be entitled to be paid by the Contractor his costs of remedying such defect.

15. Insurance

Subcontractor's Obligation to Insure

15.1 The Subcontractor shall effect insurance against risks as are specified in Part II of the Condition of Subcontract and in such terms and for the benefit of such persons as are specified therein. Unless otherwise stated in Part II of the Conditions of Subcontract, the Subcontractor shall keep in force such insurance from the time that so much of the Site and such access is made available to him as may be required to enable him to commence and proceed with the execution of the Subcontract Works in accordance with the Subcontract until he has finally performed his obligation under the Subcontract. Provided that the Subcontractor shall insure against the liability in respect of any person employed by him on the Subcontract works in such manner that the Employer and/or the Contractor is indemnified under the policy.

Contractor's Obligation to Insure ; Subcontract Works at Subcontractor's Risk

5.2 The Contractor shall keep in force, until such time as a Taking-Over Certificate is issued in respect of the Main Works or the Main Works have ceased to be at his risk under the Main Contract, the policy of insurance specified in Part II of the Conditions of Subcontract.

원도급자의 작위 또는 불이행에 의한 하자 14.3 다만, 서브 조항 14.1 또는 14.2하에서 하도급자에 의하여 치유된 여하한 하자가 시공자, 그의 대리인, 종업원 또는 근로자의 작위 또는 불이행에 의하여 발생한다면 그때에는 원도급자가 원도급계약 하에서 상응하는 권리를 가지고 있지 않음에도 불구하고, 하도급자는 그와 같은 하자를 치유하는 비용을 원도급자에 의하여 지급받을 권리가 있다.

15. 보험

하도급자의 부보 의무 15.1 하도급자는 하도급계약 조건 파트 II에서 기술된 대로 그와 같은 위험에 대하여 그 안에서 기술된 대로 그와 같은 자의 수익을 위하여 그와 같은 금액으로 보험에 가입하여야 한다.

하도급계약 조건 파트 II에서 달리 기술하지 않는 한, 하도급자는 그가 하도급계약 하에서 그의 계약적 의무를 이행할 때까지 하도급계약조건에 따라서 그가 하도급계약 공사의 이행을 개시하고, 진행하는 것을 가능하게 하기 위하여 요구되는 대로 현장과 그와 같은 접근이 가능하게 된 시간으로부터 그와 같은 보험이 효력이 있게 한다.

다만, 하도급자는 하도급계약 공사에서 자신이 고용한 인원과 관련하여 법적인 책임에 대하여 발주자 및/또는 원도급자가 보험증권 하에서 면책을 받는 방법으로 부보한다.

원도급자의 부보 의무 ; 하도급 공사는 하도급자의 위험 부담 15.2 원도급자는 원도급계약 조건 하에서 원도급 공사 또는 원도급 공사가 자신의 위험이기를 중단된 것과 관련하여 인수증명서가 발급된 그와 같은 시간까지 하도급계약 조건 파트 II에서 기술된 보험증권을 효력 있게 해야 한다.

In the event of the Subcontract Works, Temporary Works, materials or other things belonging to the Subcontractor being destroyed or damaged during such period in such circumstances that a claim is established in respect thereof under the said policy, then the Subcontractor shall be paid the amount of such claim, or the amount of his loss, whichever is the less, and shall apply such sum in replacing or repairing that which was destroyed or damaged. Save as aforesaid the Subcontract Works shall be at the risk of the Subcontractor until a Taking-Over Certificate is issued in respect of the Main Works, if a Taking-Over Certificate is issued in respect of a Section or Sections or part or parts of the Main Works, until a Taking-Over Certificate is issued in respect of the last of the Sections or parts of the Main Works in which the Subcontract Works are comprised. The Subcontractor shall make good all loss or damage occurring to the Subcontract Works prior thereto at his own expense. The Subcontractor shall also be liable for any loss or damage to the Subcontract Works occasioned by him in the course of any operations carried out by him for the purpose of complying with his obligations under Sub-clause 14.2.

Evidence of Insurance ; Remedy on Failure to Insure

15.3 Where by virtue of this Clause either party is required to effect and keep in force insurance, he shall if so required by the other party provide evidence of insurance and the receipt for the payment of the current premium.

If either the Contractor or the Subcontractor fails to effect and keep in force any of the insurances required under the Subcontract, or fails to provide evidence of the insurance, when required, then and in any such case the other party may effect and keep in force any such insurances and pay premium as may be necessary for that purpose and may from time to time deduct the amount so paid from any monies due or to become due to the party in default, or recover the same as a debt due from the party in default, as the case may be.

하도급계약 공사의 경우에 있어서 그와 같은 기간 중 그와 같은 환경 속에서 상기의 증권 하에서 그와 관련하여 클레임이 제기된 때 가설공사, 자재 또는 하도급자에게 속하는 기타 사물이 파손되거나 피해를 입은 경우 하도급자는 그와 같은 클레임 금액을 지급받고, 그의 손실금액 중 적은 것을 지급받고, 그와 같은 금액이 파손되었거나 피해를 입은 것을 교체하거나 수리함에 있어서 사용한다.

위에서 언급된 것을 제외하고, 하도급계약 공사는 하도급계약 공사와 관련하여 인수증명서가 발급될 때까지 또는 하도급 공사가 구성된 원도급 공사의 마지막 섹션 또는 부분과 관련하여 인수증명서가 발급될 때 까지 하도급자의 위험부담이다.

하도급자는 자신의 경비로 인수증명서가 발급되기 이전에 하도급 공사에 일어나는 모든 손실 또는 피해를 수선한다.

하도급자는 또한 서브 조항 14.2 하에서 자신의 계약적 의무를 순응할 목적상 자신에 의하여 시행된 여하한 활동 중에서 자신에 의하여 발생한 도급 공사에 대한 여하한 손실 또는 피해에 대하여 책임을 져야 한다.

보험의 증거 ; 부보실패에 대한 구제책

15.3 본 조항으로 인하여 한 당사자가 보험에 가입하고 효력을 유지시키는 것이 요구되는 곳에서 타 당사자에 의하여 그렇게 하기를 요구받으면, 한 당사자는 보험의 증거와 현재의 보험료 지급 영수증을 제공한다.

만약에 원도급자 또는 하도급자가 하도급계약 하에서 요구되는 여하한 보험에 가입하고, 효력을 유지시키기를 실패한다면, 요구될 때, 그와 같은 경우에 타 당사자가 그와 같은 목적을 위하여 필요한 대로 여하한 보험에 가입하고 효력을 유지시키고 여하한 보험료를 지급하고 수시로 경우에 따라서 당사자에게 지급 또는 지급하게 될 여하한 금전으로부터 그렇게 지급한 금액을 공제하거나 불이행한 당사자로부터 지급할 부채와 같이 동일한 금액을 회수한다.

16. Payment

Subcontractor's Monthly Statements

16.1 The Subcontractor shall submit to the Contractor, 7 days after the end of each month (the "Specified Day"), 7 copies of a statement, in such form as the Contractor may from time to time prescribe(the "Statement"), showing the amounts to which the Subcontractor considers himself to be entitled up to the end of such month in respect of :

(a) the value of the Subcontract Works executed;

(b) any other items in the Subcontract Bill of Quantities including those for Subcontractor's Equipment, Temporary Works, day-works and the like ;

(c) the percentage of the invoice value of listed materials, all as stated in the Appendix to Subcontractor's Offer, and Plant delivered by the Subcontractor on the Site for incorporation in the Subcontract Works but not incorporated in such Works ;

(d) adjustments under Clause 21 ; and

(e) any other sums to which the Subcontractor may be entitled under the Subcontract or otherwise.

The value of work done shall be calculated in accordance with the rates and prices specified in the Subcontract, but if there are no such rates and prices, or if they are inappropriate or inapplicable, then such value shall be such as is fair and reasonable.

Contractor's Monthly Statements

16.2 Subject to the Subcontractor having submitted a Statement for any month to the Contractor, the Contractor shall include, unless inappropriate, the amounts set out therein in the Contractor's next statement for payment under the Main Contract.

16. 지급

하도급자의 월 기성 신청서

16.1 하도급자는 매월 말 후 7일(규정된 날짜)에 7부의 신청서를 원도급자가 기술하는 양식으로 하도급자가 매월 말까지 받을 권리가 있다고 생각하는 다음 사항과 관련하여 금액을 보여주는 신청서를 제출한다.

(가) 이행된 하도급계약 공사의 금액

(나) 하도급자의 장비, 가설공사, 일일공사 등을 포함한 하도급계약 물공량 명세서에 있는 기타 항목

(다) 열거된 자재의 인보이스 금액 비율, 모든 것이 하도급자의 청약서에 대한 부록에서 기술된 대로 및 하도급계약 공사에 통합하기 위하여 하도급자에 의하여 현장에 인도된 플랜트 그러나 그와 같은 공사에 통합되지 않은 것

(라) 21조 하에서 조정 및

(마) 하도급계약 하에서 또는 달리 하도급자의 권리가 있는 기타 금액, 시행한 공사의 금액은 기술된 요율과 가격에 따라서 산정된다. 그러나 만약 그와 같은 요율과 가격이 없다면, 또는 그들이 부적합하거나 적용될 수 없다면 그때에는 그와 같은 금액은 공정하고 합리적인 것으로 한다.

원도급자의 월 기성 신청서

16.2 하도급자가 원도급자에게 어떠한 달의 신청서를 제출한 것을 조건으로 하여 원도급자는 부적합하지 않는 한, 원도급계약 하에서 지급을 위한 원도급자의 다음 달 기성신청서 안에 하도급자의 신청서에서 제시된 금액을 포함시킨다.

In any proceedings, whether arbitral or other, instituted by the Contractor against the Employer to enforce payment of monies due under any certificate issued by the Engineer in accordance with the provisions of the Main Contract there shall be included all sums certified and unpaid in relation to the Subcontract Works, without prejudice to the Subcontractor's rights under Clause 19.

Payment Due; Payment Withheld or Deferred ; Interest

16.3 Within 35 days of the Specified Day or otherwise as agreed but subject to as hereinafter provided, the amounts included in a Statement shall be due and payable to the Subcontractor, subject to deduction of previous payments and of retention monies at the rate(s) specified in the Appendix to Subcontractor's Offer until such time as the limit of retention money(if any) therein specified has been reached.

The Contractor shall be entitled to withhold or defer payment of all or part of any sums otherwise due pursuant to the provisions hereof where :

(a) the amounts included in any Statement together with any sums to which the Subcontractor might otherwise be entitled in the opinion of the Contractor, but after all retentions and deductions, are less in the aggregate than the minimum amount (if any) stated in the Appendix to Subcontractor's Offer.

(b) the amounts included in any Statement together with any sums which are the subject of an application by the Contractor under the Main Contract in accordance with Sub-Clause 16.2, but after all retentions and deductions, are insufficient in the aggregate to justify the issue of an Interim Payment Certificate by the Engineer under the Main Contract,

원도급계약의 규정에 따라서 감독관에 의하여 발급된 여하한 증명서 하에서 지급할 금전의 지급을 실시하기 위하여 발주자에 대하여 원도급자에 의하여 시작한 어떠한 진행 안에서 중재 또는 기타이건 간에, 조항 19하에서 하도급자의 권리를 침해함이 없이 하도급 공사와 관련하여 증명되었고, 지급되지 않는 모든 금액을 포함하여야 한다.

지급할 금액 ; 유보된 금액 ; 또는 연불이자

16.3 규정된 날짜로부터 35일 이내에 또는 달리 합의된 대로 그러나 다음에 규정된 것을 적용받아 신청서에 포함된 금액은 하도급자에게 지급하게 된다. 다만, 전회 지급 및 유보금을 하도급청약서 부록에 기술된 비율로 그 안에서 기술된 유보금의 제한(있다면)에 도달할 때 까지 공제한다.

원도급자는 여기에 있는 규정에 따라 여하한 금액의 전부 또는 일부에 대한 지급을 유보하거나 연기할 권리가 있다.

(가) 원도급자의 의견에서 볼 때 하도급자가 달리 권리가 있는 어떠한 금액과 함께 신청서에 포함된 금액이, 그러나 모든 유보금과 공제금을 제한 후 하도급자의 청약서 부록에 기술된 최소 금액보다 합계에 있어서 적을 때

(나) 서브 조항 16.2에 따라 원도급계약 하에서 원도급자에 의한 신청 제목인 기타 금액과 함께 여하한 신청서에 포함된 금액이, 그러나 모든 유보금과 공제금을 제한 후, 원도급계약 하에서 감독관에 의한 임시 기성증명서의 발급을 정당화하기 위하여 합계에 있어서 불충분할 때

(c) the amounts included in any Statement are not certified in full by the Engineer, providing such failure to certify is not due to the act or default of the Contractor ,

(d) the Contractor has included the amounts set out in the Statement in his own Statement in accordance with the Main Contract and the Engineer has certified but the Employer has failed to make payment in full to the Contractor in respect of such amounts, providing such failure is not due to the act or default of the Contractor, or

(e) a dispute arises or has arisen between the Subcontractor and the Contractor and/or the Contractor and the Employer involving any question of measurement or quantities or any other matter included in any such Statement.

Any payment withheld under the provisions of paragraphs (c), (d) or (e) above shall be limited to the extent that the amounts in any Statement are not certified, not paid by the Employer or are the subject of a dispute, as the case may be. In the event of the Contractor withholding or deferring any payment he shall notify the Subcontractor of his reasons therefor as soon as is reasonably practicable but not later than the date when such payment would otherwise have been payable.

The provisions of paragraphs(a) and (b) of this Sub-Clause with regard to the time for payment shall not apply to the amounts in any Statement by the Subcontractor which are included in the Contractor's Final Statement to the Engineer under the provisions of the Main Contract. In respect of any such amounts payment shall be due 14 days after receipt by the Contractor of any payment which included a sum in respect of such amounts.

(다) 어떠한 신청서에 포함된 금액 전액이 감독관에 의하여 증명되지 않은 때, 그와 같은 증명을 위한 실패가 원도급자의 작위 또는 불이행 때문이 아닌 경우

(라) 원도급자가 신청서에서 제시된 금액을 원도급계약 조건에 따라 자기 자신의 신청서에 포함시켰고, 그리고 감독관이 증명했지만 발주자가 그와 같은 금액과 관련하여 전액 지급하기를 실패하였을 때 다만, 그러한 실패가 원도급자의 작위 또는 해태가 아닌 경우

(마) 하도급자와 원도급자 사이에 그리고/또는 원도급자와 발주자 사이에 검측에 대한 의문, 물량 또는 그와 같은 신청서 안에서 포함된 기타 사항을 포함하여 분쟁이 일어나거나 일어났을 때

상기 (다), (라) 또는 (마)의 규정 하에서 유보된 여하한 지급은 여하한 신청서 안에서 금액이 증명되지 않았고 발주자에 의하여 지급되지 않았거나 경우에 따라서 분쟁의 제목 한도까지로 제한된다.

여하한 지급을 유보 또는 연기하는 원도급자의 경우, 원도급자는 하도급자에게 그와 같은 지급이 달리 지급되어야 하는 날짜보다 늦지 않게 그것에 대한 이유를 통지해야 한다.

지급에 관한 본 서브 조항의 문단 (가) 및 (나)의 규정은 원도급계약의 규정 하에서 감독관에 대한 원도급자의 최종 신청서에 포함된 하도급자에 의하여 여하한 신청서에 있어서의 금액에 적용되지 않는다. 그와 같은 금액과 관련하여 지급은 그와 같은 금액과 관련하여 포함된 총금액을 원도급자가 수취한 날짜로부터 14일 이내에 지급해야 한다.

In the event of the Contractor failing to make payment of any sum properly due and payable to the Subcontractor or in the event of payment being withheld or deferred pursuant to paragraph (d) of this Sub-Clause, the Contractor shall, upon receiving a notice of claim for interest from the Subcontractor, which should be made within 7 days of the date when such sum became payable, pay to the Subcontractor interest on such overdue sum at the rate payable by the Employer to the Contractor under the provisions of the Main Contract. Provided always that, in the event of the Contractor not receiving a notice of a claim for interest within 7 days of the date when such sum became payable as aforesaid, interest shall be payable by the Contractor on such sum at such rate from the date of receipt of the said notice of claim.

Notwithstanding the immediately preceding paragraph the Subcontractor shall be paid any interest actually received by the Contractor from the Employer which is attributable to monies due to the Subcontractor.

Notwithstanding the terms of this Clause or any other Clause of the Subcontract no amount shall be due and payable to the Subcontractor until the performance security, if required under the Subcontract, has been provided by the Subcontractor and approved by the Contractor.

Payment of Retention Money

16.4 Within 35 days of the issue by the Engineer of the Taking-Over Certificate with respect to the whole of the Main Works or, where the Main Works are completed by Sections or parts, with respect to a Section or part of the Main Works in which the Subcontract Works are comprised, the Contractor shall pay to the Subcontractor one half, or such other proportion as the Contractor reasonably determines having regard to the relative value of such Section or part of the Subcontract Works, of the retention monies under the Subcontract.

정당하게 만기가 되었고 하도급자에게 지급해야 할 여하한 금액을 지급하기 실패한 경우 또는 본 서브 조항 문단 (라)에 따라서 유보 또는 연기된 경우, 원도급자는 하도급자로부터 이자에 대한 통지를 접수한 후, 그와 같은 클레임 통지는 그와 같은 금액이 지급하게 될 날짜로부터 7일 이내에 통지해야 한다. 다만, 위에서 말한 대로 원도급자는 그와 같은 금액을 지급해야 하는 날짜로부터 7일 이내에 이자에 대한 클레임 통지를 수취하지 않은 경우에 이자는 클레임 통지를 접수한 날짜로부터 그와 같은 이율로 원도급자에 의하여 지급하게 된다.

본 조항의 조건 또는 하도급계약서의 기타 조항에도 불구하고 하도급계약서에서에서 요구되는 이행보증이 하도급자에 의하여 제공되고 원도급자에 의하여 승인받을 때까지 어떠한 금액이 만기가 되고 하도급자에게 지급하지 않는다.

유보금의 지급

16.4 원도급 공사의 전체와 관련하여 또는 원도급 공사가 섹션이나 부분에 의하여 완공된 곳에서 하도급 공사가 구성된 원도급 공사의 섹션이나 부분과 관련하여 감독관에 의한 인수증명서 발급일로부터 35일 이내에 원도급자는 하도급자에게 하도급계약 하에서 유보금의 절반 또는 하도급계약 공사의 그와 같은 섹션이나 부분의 관계된 가격에 관하여 원도급자가 합리적으로 결정한 대로 그와 같은 몫을 지급한다.

Within 7 days of the Contractor's receipt of any payment under the Main Contract which is by way of release of the other half of the retention monies the Contractor shall pay the Subcontractor the other half, or the remaining proportion, of the retention monies under the Subcontract.

Payment of Subcontract Price and Other Sums Due

16.5 Within 84 days after the Subcontractor has finally performed his obligations under Clause 14, or within 14 days after the Contractor has recovered full payment under the Main Contract in respect of the Subcontract Works, whichever is the sooner, and provided that 35 days have expired since the submission by the Sub-contractor of his statement of final account to the Contractor, the Contractor shall pay to the Sub-contractor the Subcontract Price and any additions to or deductions from such sum as are provided for in the Subcontract, or are otherwise payable in respect thereof, less such sums as have already been received by the Subcontractor on account.

CONDITIONS OF SUBCONTRACT
FOR WORKS OF CIVIL ENGINEERING CONSTRUCTION

Following publication of the Conditions of Subcontract, 1st. Edition 1994, it was found that an error had occurred in Sub–Clause 16.3. The period of 35days stated in the first line is insufficient to allow for the subsequent stages of the procedure.
When the document is reprinted a correction will be made.
In the meantime, it is recommended that the following wording should be included in Part II of all Subcontracts :
CLAUSE 16
Sub–Clause 16.3 – Payment Due; Payment withheld or Deferred; Interest
In the first line delete "35 Days" and substitute "70 days".

November 21, 1995

원도급계약 하에서 유보금의 나머지 절반을 해제함으로써 원도급자가 여하한 지급을 수취한 날짜로부터 7일 이내에, 원도급자는 하도급자에게 나머지 하도급계약 하에서 유보금의 절반을 또는 나머지 몫을 지급한다.

하도급계약 금액 및 기타 정당히 지급할 금액

16.5 하도급자가 최종적으로 자신의 계약적 의무를 14조하에서 이행한 후 84일 이내에 또는 원도급자가 하도급계약 공사와 관련하여 원도급계약 하에서 완전한 대금 지급을 받은 후 14일 이내에 더 가까운 것으로 그리고 다만, 하도급자가 자신의 최종 정산서를 원도급자에게 제출한 이래 35일이 만료된다면, 원도급자는 하도급자에게 하도급계약 금액을 지급하고 하도급계약에서 규정된 대로 그와 같은 금액으로부터 여하한 추가 또는 공제하고 그와 관련하여 달리 지급해야 할 것에서 하도급자에 의하여 정산 시에 기 지급받은 금액을 공제한 것을 지급한다.

하도급 계약조건

토목공사용

아래의 출판물 하도급계약 조건 1판, 1994년 판은 서브 조항 16.3에서 잘못이 발견되었다. 첫째 줄에서 기술된 35일 기간은 다음 절차를 위한 후속 단계를 허용하기에 불충분하다. 문서가 재인쇄될 때, 정정조치가 취해질 것이다.

한편, 다음의 어휘가 모든 하도급계약 파트 II에서 포함되어야 한다.

16조

서브 조항 16.3- 정당하게 지급할 금액 ; 유보 또는 연기된 대금지급 ; 이자

첫째 줄에서 "35일" 을 삭제하고 "70일" 로 대체하시오.

1995년 11월 25일

Cessation of Contractor's Liability	16.6 The Contractor shall not be liable to the Subcontractor for any matter or thing arising out of or in connection with the Subcontractor or execution of the Subcontract Works, unless the Subcontractor has given a notice of claim in respect thereof to the Contractor before the issue if the Defects Liability Certificate in respect of the Main Works.

17. Termination of Main Contract

Termination of Subcontractor's Employment	17.1 If the Contractor's employment under the Main Contract is terminated, or if the Main Contract is otherwise terminated, for any reason whatsoever before the Subcontractor has fully performed his obligations under the Subcontract, then the Contractor may at any time thereafter by notice to the Subcontractor forthwith terminate the Subcontractor's employment under the Subcontract and thereupon the Subcontractor shall, subject to Clause 12, with due expedition remove his staff and workmen and Subcontractor's Equipment from the Site.
Payment after Termination	17.2 If the Subcontractor's employment is terminated as aforesaid, and subject to Sub-Clause 17.3. the Sub-contractor shall be paid by the Contractor, in so far as such amounts or items have not already been covered by payments on account made to the Subcontractor for : (a) all work executed prior to the date of termination at the rates and prices, if any, provided in the Subcontract, or if there are no such rates and prices, then such amount as may be fair and reasonable.

원도급자의 책임의 정지

16.6 원도급자는 원도급계약과 관련하여 하자 책임 증명서를 발급하기 전에 하도급자가 원도급자에게 그와 관련하여 클레임 통지를 제공하지 않는다. 하도급자에게 하도급계약 또는 하도급계약 공사의 이행과 관련하여 발생한 여하한 문제 또는 사물에 대하여 책임을 지지 않는다.

17. 원도급계약의 해지

하도급자 고용의 해지

17.1 하도급자가 하도급계약 하에서 자신의 계약적 의무를 완전히 이행하기 전에 원도급계약 하에서 원도급자의 고용이 해지되면 또는 달리 원도급계약이 해지되면 그때는 원도급자는 언제라도 그것이 발생한 후에 하도급계약 조건 하에서 하도급자의 고용을 즉각 해지한다.

12조를 적용받는 조건으로 하도급자는 현장으로부터 자신의 직원 및 근로자나 장비를 신속하게 철수시킨다.

해지 후 지급

17.2 하도급자의 고용이 위에서 언급된 대로 해지된다면, 그리고 서브조항 17.3을 적용받아 하도급자는 원도급자에 의하여 그와 같은 금액 또는 항목이 하도급자에게 행하여진 정산에서 지급에 의하여 회수되지 않은 것을 지급받는다.

(가) 해지일 이전에 이행한 모든 공사가 있다면, 하도급계약에서 규정된 요율과 가격에 따라 또는 그와 같은 요율과 가격이 없을 때에는 공정하고 합리적인 금액

(b) all materials properly brought and left on the Site by the Subcontractor, together with such proportion of the cost as may be reasonable, taking into account payments made or to be made for work executed, of removal of Subcontractor's Equipment from the Site and, if required by the Subcontractor, return thereof to the Sub-contractor's main plant yard in his country of registration or to other destination, at no greater cost.

(c) the reasonable cost of repatriation of all the Sub-contractor's staff and workmen employed on or in connection with the Subcontract works at the time of such termination, and

(d) any goods properly prepared or fabricated off the site for subsequent incorporation in the Subcontract Works, provided the Subcontractor delivers such goods to the Site or to such other place as the Contractor shall reasonably direct.

Provided always that nothing herein shall affect the rights of either party in respect of any breach of the Subcontract committed by the other prior to such termination, nor any right which accrued to the Sub-contractor prior to such termination to receive any payment which is not in respect or on account of the Sub-contract Price.

Termination of Main Contract in Consequence of Breach of Subcontract

17.3 If the Contractor's employment under the Main Contract is terminated, or if the Main Contract is otherwise terminated, by the Employer in consequence of any breach of the Subcontract by the Subcontractor, then the provisions of the preceding Sub-Clause as to payment shall not apply, but the rights of the Contractor and the Subcontractor hereunder shall be the same as if the Subcontractor had by such breach repudiated the Sub-contract and the Contractor had by his notice of termination under Sub-Clause 18.1 elected to accept such repudiation.

(나) 하도급자에 의하여 온당하게 반입되었고 현장에 남겨진 모든 자재, 합리적인 대로 그와 같은 비용의 비율과 함께 대금 지급이 행해진 또는 이행한 공사에 대하여 행해질 것을 고려한다. 현장으로부터 하도급자의 장비 철수, 그리고 하도급자에 의하여 요구되면, 그 장비를 등록한 국가에 있는 하도급자의 플랜트 야드로 반출 또는 보다 많은 비용이 들지 않고 타 국가로 반출

(다) 그와 같은 해지 시에 하도급계약 공사에서 또는 관련하여 고용된 모든 하도급자의 직원이나 근로자의 합리적인 귀환 비용

(라) 하도급계약 공사에 순차적으로 통합하기 위하여 현장 밖에서 온당하게 준비되었거나 제작된 여하한 재화, 다만, 하도급자가 그와 같은 재화를 현장으로 인도하거나 원도급자가 합리적으로 지시하는 대로 기타 장소로 인도하는 조건, 다만 그와 같은 해지 이전에 타 당사자에 의하여 저지른 여하한 하도급계약의 위반과 관련하여 각 당사자의 권리에 영향을 끼치지 않고 또한 그와 같은 해지 이전에 하도급계약 금액과 관련 또는 때문이 아닌 여하한 지급을 수취하기 위하여 하도급자가 획득한 여하한 권리에 영향을 끼치지 않는다.

하도급계약 위반으로 인한 원도급계약의 해지

17.3 만약 하도급자의 하도급계약 위반의 결과로 원도급계약 하에서 원도급자의 고용이 발주자에 의하여 해지된다면 또는 원도급계약이 달리 해지된다면, 그때에는 앞선 지급에 대한 서브 조항의 규정이 적용되지 않는다. 그러나 본 조항 하에서 원도급자와 하도급자의 권리는 마치 하도급자가 그와 같은 위반에 의하여 하도급계약을 거절한 것과 원도급자가 서브 조항 18.1 하에서 해지통지에 의하여 그와 같은 거절을 선택한 것처럼 동일하다.

18. Default of Subcontractor

Termination of Subcontract

18.1 If :

(a) the Subcontractor is deemed by law unable to pay his debts as they fall due, or enters into voluntary or involuntary bankruptcy, liquidation or dissolution(other than a voluntary liquidation for the purposes of amalgamation or reconstruction), or becomes insolvent, or makes an arrange-ment with, or assignment in favour of, his creditors, or agrees to carry out the Subcontract under a committee of inspection of his creditors, or if a receiver, administrator, trustee or liquidator is appointed over any substantial part of his assets, or if any act is done or event occurs with respect to the Subcontractor or his assets which, under any applicable law, has a substantially similar effect to any of his foregoing acts or events, or if the Subcontractor has contravened Sub-Clause 2.4. or has an execution levied on his goods,

(b) the Subcontractor has repudiated the Subcontract

(c) the Subcontractor, without reasonable excuse, has failed to commence or proceed with the Subcontract Works in accordance with Sub-Clause 7.1,

(d) the Subcontractor refuses or neglects to remove defective materials or remedy defective work after being instructed so to do by the Contractor under this Subclause,

(e) the Subcontractor, despite previous warning from the Contractor, in writing, is otherwise persistently or flagrantly neglecting to comply with any of his obligations under the Subcontract,

(f) the Subcontractor has contravened Sub-Clause 2.5, or

18. 하도급자의 불이행

하도급계약 해지

18.1 만약 :

(가) 하도급자가 법률에 의하여 만기가 된 자신의 채무를 지급할 수 없거나 자발적 또는 비자발적 파산을 신청하거나 청산 또는 해산(통합 또는 구조 조정을 위한 자발적 청산은 제외함), 지급 불능 채권자를 위하여 채무 조정 또는 양도하거나 채권자의 검사 하에서 하도급계약을 시행하기를 동의하거나 만약에 하도급 자산의 주요한 부분에 접수자, 관리자, 신탁자 또는 청산인이 임명된다면, 하도급자 또는 그의 자산과 관련하여 여하한 적용되는 법률 하에서 여하한 조치가 취해지고 사건이 발생한다면, 앞선 조치 또는 사건에 실질적으로 유사한 효과를 가진다면 또는 하도급자가 서브 조항 2.4를 위반하였다면 또는 자신의 재화에 집행이 부과되었다면

(나) 하도급자가 하도급계약을 거절했다면

(다) 합리적인 해명 없이 하도급자가 서브 조항 7.1에 따라서 하도급계약 공사를 시작하거나 진행하기를 실패하였다면

(라) 본 서브 조항 하에서 하도급자가 결함 있는 자재를 제거하기를 거절하거나 게을리하고 또는 원도급자에 의하여 하자 있는 공사를 치유하라고 지시받은 후 그렇게 하기를 거절하거나 게을리할 때

(마) 원도급자로부터 문서상으로 사전 경고에도 불구하고, 하도급자가 하도급계약 하에서 자신의 의무를 순응하기를 끈질기게 또는 명백하게 태만할 때

(바) 원도급계약에 따라 감독관으로부터 원도급자에게 문서상으로 원도급계약 공사로부터 하도급자를 제거하라는 것을 감독관에 의하여 요구받은 경우

(g) the Contractor is required by the Engineer to remove the Subcontractor from the Main Works after due notice in writing from the Engineer to the Contractor in accordance with the Main Contract, then in any such event, and without prejudice to any other rights or remedies, the Contractor may by a notice to the Subcontractor forthwith terminate the Subcontractor's employment under the Subcontract and thereupon the Contractor may take possession of all materials, Subcontractor's Equipment and other things whatsoever brought on to the Site by the Subcontractor and may by himself or any other contractor use them for the purpose of executing and completing the Subcontract Works and remedying any defects therein and may, if he thinks fit, sell all or any of them and apply the proceeds in or towards the satisfaction of monies otherwise due to him from the Subcontractor.

Contractor's and Subcontractor's Rights and Liabilities upon Termination

18.2 Upon such a termination, the rights and liabilities of the Contractor and the Subcontractor shall, subject to the preceding Sub-Clause, be the same as if the Subcontractor had repudiated the Subcontract and the Contractor had by his notice of termination under the preceding Sub-Clause elected to accept such repudiation.

Contractor's Powers

18.3 The Contractor may in lieu of giving a notice of termination under this Clause take part only of the Subcontract Works out of the hands of the Subcontractor and may by himself or any other contractor execute and complete such part of the Subcontract Works and remedy any defects therein and in such event the Contractor may recover his costs of so doing from the Subcontractor, or deduct such costs from monies otherwise becoming due to the Subcontractor.

그러한 때 어떠한 경우에 있어서 기타 여하한 권리 또는 구제책에 대한 침해 없이 원도급자는 하도급계약 하에서 즉시 하도급자의 고용을 해지한다. 그리고 그 후에 원도급자는 하도급자가 현장에 반입한 모든 자재, 하도급자의 장비 및 여하한 성질의 사물을 점유하고 자신이 또는 다른 시공자가 하도급계약 공사를 이행하고 준공하기 위하여 그리고 여하한 하자를 치유하기 위하여 그것들을 사용한다. 그리고 그가 타당하다고 생각하면, 그것들 모두 또는 일부를 매각하고 그 대금을 하도급자로부터 원도급자에게 달리 지급할 금전에 충당한다.

해지 후 원도급자와 하도급자의 권리 및 책임 18.2 그와 같은 해지 후에, 원도급자와 하도급자의 권리와 책임은 앞의 서브 조항의 적용을 받으며 마치 하도급자가 하도급계약을 거절한 것과 원도급자가 앞선 서브 조항 하에서 자신의 해지 통지에 의하여 그와 같은 거절을 수락하는 것을 선택한 것과 동일하다.

원도급자의 권력 18.3 본 조항 하에서 해지 통지를 하는 대신에 원도급자는 하도급자의 소유(관리/지배)로부터 하도급공사를 인수하고 원도급자 자신이 또는 다른 시공자에게 그와 같은 하도급공사를 이행 및 준공하고 여하한 하자를 치유하고 하도급자로부터 그렇게 하는 비용을 회수하거나 달리 하도급자에게 지급하게 될 금전으로부터 그와 같은 비용을 공제한다.

19. Settlement of Disputes

Amicable Settlement and Arbitration

19.1 If a dispute of any kind whatsoever arises between the Contractor and the Subcontractor in connection with, or arising out of, the Subcontractor or the execution of the Subcontract Works, whether during the execution of the Subcontract works or after their completion and whether before or after repudiation or other termination of the Subcontract, then the Contractor or the Subcontractor may give a notice of such dispute to the other party, in which case the parties shall attempt for the next fifty-six days to settle such dispute amicably before the commencement of Arbitration. Such notice shall state that it is made pursuant to this Clause. Any dispute which has not been amicably settled within fifty-six days after the day on which such notice is given shall be finally settled under the Rules of Conciliation and Arbitration of the International Chamber of Commerce by one or more arbitrators appointed under such Rules. Arbitration may be commenced prior to or after completion of the Subcontract Works, provided that the obligations of the Contractor and the Sub-contractor shall not be altered by reason of the arbitration being conducted during the progress of the Subcontract Works.

Dispute in Connection with or Arising out of Main Contract Touching or Concerning Subcontract Works

19.2 If a dispute of any kind whatsoever arises between the Employer and the Contractor in connection with, or arising out of, the Main Contract or the execution of the Main Works, whether during the execution of the Main Works or after com-pletion and whether before or after repudiation or other termination of the Main Contract, including any dispute as to any opinion, instruction, determination, certificate or valuation of the Engineer, and the Contractor is of the opinion that such dispute touches or concerns the Subcontract Works and arbitration of such dispute under the Main Contract com-mences, the Contractor may by notice require that the Sub-contractor provide such information and attend such meetings in connection therewith as the Contractor may reasonably request.

19. 분쟁의 해결

원만한 해결 및 중재

19.1 어떠한 종류의 분쟁이 원도급자와 하도급자 사이에 하도급계약과 관련하여 하도급계약으로부터 하도급계약 공사의 이행과 관련하여 하도급계약 공사의 이행기간 중 또는 준공 후, 그리고 거절 전 또는 거절 후나 기타 하도급계약의 해지이거나 간에 원도급자와 하도급자는 타당사자에게 그와 같은 분쟁을 통지한다. 그러한 경우에 당사자들은 다음 56일 동안 중재를 시작하기 전에 원만하게 해결하도록 노력한다. 그와 같은 통지는 본 조항에 따라 행하여졌음을 진술한다. 그와 같은 통지가 제공된 날로부터 56일 이내에 원만하게 해결되지 않은 어떠한 분쟁은 국제상공회의소의 화해 및 중재에 관한 규칙 하에 그와 같은 규칙 하에서 임명된 한 명 또는 두 명 이상의 중재인에 의하여 최종적으로 해결된다.

중재는 하도급 공사의 준공 전 또는 준공 후에 시작된다. 다만, 원도급자와 하도급자의 의무는 하도급계약 공사 진행기간 중에 시행되는 중재를 이유로 변경되지 않는다.

원도급계약과 관련 또는 원도급계약으로 부터 하도급계약 공사에 관한 분쟁

19.2 만약에 발주자와 원도급자 사이에 원도급계약 또는 원도급계약 공사와 관련하여 그것들로부터 어떠한 분쟁이 발생한다면 원도급계약 공사의 이행기간 중 또는 준공한 후, 그리고 원도급계약 공사의 거절하기 전이나 거절한 후 어떠한 의견, 지시, 결정, 증명서 또는 감독관과의 가격 산정에 대한 분쟁을 포함하여 원도급자가 그와 같은 분쟁은 하도급계약 공사와 관련이 있고 원도급계약 하에서 그와 같은 분쟁의 중재가 시작한다면 원도급자는 통지함으로써 하도급자가 그와 같은 정보를 제공하고 원도급자가 합리적으로 요청하는 대로 그것에 관련된 회합에 참석하도록 요구한다.

20. Notices and Instructions

Giving of Notices and Instructions	20.1 All notices to be given to either the Contractor or the Subcontractor and all instructions to be given to the Subcontractor under the terms of the Subcontract shall be sent by post, cable, telex or facsimile transmission to or left at the principal place of business of the Contractor or Subcontractor, as the case may be, or such other address as the Contractor or Subcontractor shall nominate for that purpose.
Change of Address	20.2 Either party may change a nominated address to another address in the country where the Subcontract Works are being executed by prior notice to the other party.

21. Changes in Cost and Legislation

Increase or Decrease of Cost	21.1 There shall be added to or deducted from the Subcontract Price such sums in respect of rise or fall in the cost of labour and/or materials or any other matters affecting the cost of the execution of the Subcontract Works, to the like extent that such sums shall be added to or deducted from the Contract Price under the Main Contract, but no further.
Subsequent Legislation	21.2 If, on or after the date the Subcontract is executed, there occur in the country in which the Subcontract Works are being or are to be executed changes to any National or State Statute, Ordinance, Decree or other Law or any regulation or bye-law of any local or other duly constituted authority, or the introduction of any such State Statute, Ordinance, Decree, Law, regulation

20. 통지 및 지시

통지 및 지시 20.1 원도급자 또는 하도급자에게 제공될 모든 통지는 하도급계약 조건 하에서 하도급자에게 발급 모든 지시는 우편, 전보, 텔렉스 또는 팩시밀리 전송으로 보내지고 원도급자나 하도급자의 주사무소로 경우에 따라서 전달되고 또는 그와 같은 목적으로 원도급자나 하도급자가 지명하는 주소로 전달된다.

주소의 변경 20.2 각 당사자는 지명된 주소를 하도급계약 공사가 이행되는 국가 안에서 다른 주소로 상대방에게 사전 통지함으로써 변경할 수 있다.

21. 원가 및 법률의 변경

원가의 상승 또는 감소 21.1 노무비 및/또는 자재비, 하도급계약 공사의 이행원가에 영향을 미치는 원가의 상승 또는 감소와 관련하여 하도급계약 금액으로부터 그와 같은 금액을 첨가하거나 공제한다.

그와 같은 금액이 원도급계약 하에서 계약금액으로부터 첨가 또는 공제되는 동일한 한도까지이고 그러나 그 이상은 아니 된다.

후속 법률 21.2 만약에 하도급계약이 체결된 날짜에 또는 이후에 하도급계약 공사가 이행되고, 이행될 국가에서 하도급자에게 추가 또는 감액 원가를 발생시키는 국법이나 주법, 조례, 포고령, 기타 법률 또는 어떠한 규칙, 여하한 지방이나 기타 정당하게 설립된 기관의 조례(부칙, 내규)에 대한 변경이 생길 경우, 서브 조항 21.1하에서는 제외하고, 하도급계약의 이행에 있어서 그와 같은 추가적 또는 감액적 원가는 원도급자와 하도급자 사이에서 합의되고 하도급계약 금액으로부터 추가되거나 감액된다.

or bye-law which causes additional or reduced cost to the Subcontract, such additional or reduced cost to the Subcontractor, other than under Sub-Clause 21.2 in the execution of the Subcontract, such additional or reduced cost shall be agreed between the Contractor and the Sub-contractor, and shall be added to or deducted from the Sub-contract Price, to the like extent that such additional or reduced cost shall be added to or deducted from the Contract Price under the Main Contract, but no further.

22. Currency and Rates of Exchange

Currency Restrictions

22.1 If, on or after the date the Subcontract is executed, the Government or authorized agency of the Government of the country in which the Subcontract Works are being or are to be executed imposes currency restrictions and/or transfer of currency restrictions in relation to the currency or currencies in which the Subcontract Price is to be paid, the Contractor shall reimburse any loss or damage to the Subcontractor arising therefrom to the like extent that such loss or damage shall be reimbursed to the Contractor under the Main Contract, but no further. Any other rights or remedies to which the Subcontractor is entitled in such event shall not be prejudiced.

Rates of Exchange

22.2 Where the Subcontract provides for payment in whole or in part to be made to the Subcontractor in foreign currency or currencies, such payment shall not be subject to variations in the rate or rates of exchange between such specified foreign currency or currencies and the currency of the country in which the Subcontract Works are to be executed.

그와 같은 추가 또는 감액 원가가 원도급계약 하에서 계약금액으로 첨가되거나 감액되는 동일한 한도까지이고 더 이상은 안 된다.

22. 화폐 및 환율

통화 제한

22.1 하도급계약이 체결된 날짜에 또는 이후에 하도급계약이 이행되고 이행될 국가에서 하도급계약 금액이 지급될 통화의 화폐와 관련하여 정부나 해당 국가의 인가를 받은 정부기관이 통화 제한 및 송금 통화의 제한을 부과한다면, 원도급자는 그것으로부터 발생하는 손실 또는 피해를 하도급자에게 상환한다. 단, 그와 같은 손실 및 피해는 원도급계약 하에서 원도급자에게 상환되는 한도와 동일한 범위 안에서 이루어진다.

그와 같은 경우에 하도급자의 권리가 있는 여하한 권리와 구제책은 침해를 받지 않는다.

환율

22.2 하도급계약이 하도급자에게 외국화폐로 지급되기 위하여 전체 또는 부분적인 지급을 규정한 곳에서 그와 같은 지급은 그와 같이 기술된 외국화폐 또는 화폐와 하도급공사가 이행될 국가에 있어서 화폐 사이에 환율 또는 환율들에 있어서 변동을 적용받지 않는다.

◈ REFERENCE TO PART II ◈

As stated in the Forward at the beginning of this document, the F I D I C Conditions of Subcontract comprise both Part I and Part II. Certain Clauses, namely Sub-Clauses

1.1 paragraphs (a) (i), (ii) and (iv), b(i) and (e)(ii), 2.3, 6.1, 15.1 and 15.2 must include additional wording in Part II for the Conditions of Subcontract to be complete. Other Clauses may require additional wording to supplement Part II.

◈ 파트 II에 대한 참조 ◈

본 문서의 서두에서 진술된 대로 F I D I C 하도급계약 조건은 파트 I과 파트 II로 구성되어 있다. 특정한 조항, 즉 서브 조항 1.1 문단 (가) (i) (ii) 및 (iv), (나) (i) 및 (마) (ii), 2.3, 6.1, 15.1 및 15.2는 하도급계약 조건 파트 II에서 완성되기 위하여 추가적인 어휘를 포함해야만 한다.

기타 조항은 파트 I을 보충하기 위하여 추가 어휘를 필요로 한다.

II GUIDANCE FOR THE PREPARATION OF CONDITIONS OF PARTICULAR APPLICATION

Clause 1

Definitions

1.1 (a) (i) the Employer is (insert name)

(a) (ii) The Contractor is (insert name)

(a) (iv) The Engineer is (insert name)

(b) (i) The Main Contract between the Employer and the Contractor is composed of the following contract documents(insert particulars of the Main Contract)

(e) (ii) The Subcontract Works are (insert description, including, if applicable, any matter of design or specification of any part of the Permanent Works or of any Plant(as defined in the Conditions of Main Contract) to be incorporated therein to be provided in connection with any Provisional Sum(as defined in the Conditions of Main Contract)

If further definitions are essential, additions should be made to the list.

Clause 2

Performance Security

2.2 Two example forms of performance security are given on pages 6, 7 and 8 of Part II of the Federation Internationale des Ingenieurs-Conseil' "Conditions of Contract for Works of Civil Engineering Construction, Fourth Edition 1987 Reprinted 1992 with further amendments". The wording of the example forms must be adapted to the Subcontract and may have to be varied to comply with the law of the Subcontract which may require the forms to be executed under seal.

II 특별 적용조건의 작성을 위한 지침

제1조

정의

1.1 (가) (i) 발주자는 ×××(이름을 삽입)이다.

(가) (ii) 원도급자는 ×××(이름을 삽입)이다.

(가) (iv) 감독관은 ×××(이름을 삽입)이다.

(나) (i) 발주자와 원도급자 사이의 원도급계약은 다음과 같은 계약문서(원도급계약의 상세내역을 삽입)로 구성되어 있다.

(마) (ii) 하도급계약 공사는 (내역을 삽입, 적용한다면 설계에 관한 문제 또는 영구적 공사에 대한 시방서(원도급계약 조건에서 정의된 대로) 잠정금액(원도급계약 조건에서 정의된 대로)과 관련하여 공급되기 위하여 그 안에 통합되는 여하한 플랜트를 포함한다.

만약 그 이상의 정의가 필수적이면, 추가는 목록에 작성되어야 한다.

제2조

이행보증

2.2 두 개의 이행보증서 양식이 F I D I C 파트 II 6.7 및 8쪽 "토목공사용 계약 조건" 4판 1987년 추가 개정과 함께 1992년 재인쇄된 것에 제시되어 있다.

샘플양식의 어휘는 하도급계약에 적응시켜야 한다. 그리고 양식이 날인증서 하에서 이행되기를 요구하는 하도급계약의 법률에 순응하기 위하여 어휘는 변동되어야만 한다.

Programme to be Submitted by Subcontractor

2.3 The time within which the programme shall be submitted by the Subcontractor shall be(insert number) days.

Clause 3

Language/s

3.1 If the language or languages in which the Subcontract Documents shall be drawn up are not the same as the language or languages in which the Main Contract Documents have been drawn up, this should be indicated here as follows :

The language is (insert as applicable)

If necessary, this should be varied to read :

The languages are (insert as applicable)

and there should be added :

The ruling Language is (insert as applicable)

Governing Law

3.2 If the governing law of the Subcontract is not the same as the law of the country or state which applies to the Main Contract and according to which the Main Contract is concerned, this should be indicated here as follows :

The law is that in force in (insert the name of country)

Priority of Subcontract Documents

3.4 If no Subcontract Agreement is entered into, the Subcontract Documents should be listed here. If it is decided to vary the order of precedence for the Subcontract Documents from that provided for in Part I of these Conditions of Subcontract, such order should be set out here. If it is decided that no order of precedence for the Subcontract Documents should be included, this Sub-clause may be varied as follows :

EXAMPLE

The several documents forming the Subcontract are to be taken as mutually explanatory of one another, but in the case of ambiguities or discrepancies the priority shall be that accorded by law.

하도급자가 제출할 공정표 2.3 하도급자에 의하여 제출될 공정표는 ××(숫자를 삽입)일 이내로 한다.

제3조

언어/언어들 3.1 만약에 하도급계약 문서가 작성될 언어 또는 언어들이 원도급계약 문서들이 작성된 언어 또는 /언어들과 동일하지 않다면, 이것은 다음과 같이 여기에 제시되어야 한다.

언어(적용되는 언어 삽입)이다.

필요하다면, 이것은 읽기 위하여 변동되어야 한다.

언어들은(적용되는 언어들을 삽입)이다.

그리고 추가되어야 한다.

지배 언어는 (적용되는 언어를 삽입)이다.

준거법 3.2 만약 하도급계약의 준거법이 원도급계약에 적용되는 국가나 주의 법률과 동일하지 않다면 또한 원도급계약이 해석되는 법률에 따르지 않는다면 이것은 다음과 같이 여기에서 제시되어야 한다. :

법률은 ××××(국가 명칭을 삽입) 내에서 효력 있는 것으로 한다.

하도급계약 문서의 우선순위 3.4 만약 하도급계약서가 체결되지 않는다면, 하도급계약 문서는 여기에서 열거되어야만 한다.

만약 하도급계약 조건 파트 I에서 규정된 것으로부터 하도급계약 문서의 우선순위가 변동하도록 결정된다면, 그와 같은 순서는 여기에서 제시되어야 한다. 만약 하도급계약 문서의 우선순위가 포함되지 않기로 결정된다면, 이 서브 조항은 다음과 같이 변동된다.

예)

하도급계약을 형성하는 몇 개의 문서들은 상호간에 보충하는 것으로 간주된다. 그러나 모호함 또는 차이가 발생할 경우, 우선순위는 법률에서 부여된 것으로 한다.

Clause 4

4.2 If in connection with any Provisional Sum the Sub-contractor is required to provide design or specification of any part of the Permanent Works or of any Plant to be incorporated therein, an additional paragraph may be necessary.

EXAMPLE

Subcontractor's Responsibilities in Relation to Subcontract Works

The Subcontractor shall indemnify the Contractor against any liability which the Contractor may incur as the result of the failure of the Subcontractor to provide, as agreed, design or specification of any part of the Permanent Works or of any Plant to be incorporated therein, and against all claims, proceedings, damages, costs, charges and expenses whatsoever arising out of or in connection therewith.

Possible Effects of Subcontractor's Breaches of Subcontract

4.4 If the Subcontractor is delayed in the execution of the Subcontract Works by circumstances which do not entitle the Subcontractor to an extension of the Subcontractor's Time for Completion then this would ordinarily be a breach of the Subcontract. If as a result of such breach the Contractor became liable for liquidated damages under the Main Contract the Subcontractor would, under this Sub-Clause 4.4 be liable to indemnify the Contractor against the same. The parties may wish to agree on a limit to the Subcontractor's liability under the Sub-Clause.

As an alternative to passing through liquidated damages under the Main Contract the Subcontractor under the Subcontract, the parties may wish to provide for the imposition of liquidated damages by a special Sub-Clause in the Subcontract. An example clause for this purpose is given under Sub-Clause 7.4 below. If such example is adopted, it is suggested that the first sentence of Sub-Clause 4.4 be revised by inserting, after the word "Subcontract", in the first line, the words "other than delays in the execution of the Subcontract works or any Section thereof".

제4조

4.2 만약에 잠정금액과 관련하여 하도급자가 설계를 제공하거나 영구적 공사의 여하한 부분의 시방서 또는 그 안에 통합될 어떠한 플랜트의 시방서를 제공하는 것이 요구되면 추가 문단(조항)이 필요하다.

하도급계약 공사와 관계된 하도급자의 책임

예) 하도급자는 원도급자를 합의된 대로 설계 또는 영구적 공사의 어떠한 부분의 시방서 또는 그 안에 통합될 어떠한 플랜트의 시방서를 제공하기를 하도급자가 실패함으로써 원도급자가 입은 어떠한 책임에 대하여 원도급자를 면책하고, 그것들과 관련하여 또는 그것들로부터 발생한 모든 클레임, 소송절차, 피해배상금, 원가, 청구 및 경비에 대하여 원도급자를 면책한다.

하도급자의 계약 위반에 대한 가능한 효과

4.4 만약에 하도급자가 하도급 준공시간의 연장을 받은 권리가 없는 상황에 의하여 하도급계약 공사의 이행에 있어서 지연되면 그때는 이것은 통상적으로 하도급계약 위반이다. 만약 그러한 위반의 결과로 원도급자가 원도급계약 하에서 지체배상금에 대한 책임을 지게 되면 하도급자는 본 서브 조항 4.4하에서 동일한 것에 대하여 원도급자를 면책할 책임이 있다.

당사자들은 본 서브 조항 하에서 하도급자의 책임에 대한 제한에 합의하기를 원한다.

원도급계약 하에서 지체배상금을 하도급자에게 전가시키는 것에 대한 대체 안으로서,

당사자들은 하도급계약 안에서 특별 서브 조항에 의하여 지체 배상금의 부과를 규정하기를 원한다. 만약에 그와 같은 예가 채택되면, 서브 조항 4.4의 첫째 문장은 첫째 줄 "하도급계약" 단어 뒤에 "하도급계약 공사의 이행 또는 그것의 여하한 섹션의 이행에 있어서 지연은 제외" 라는 단어들을 삽입함으로써 수정되어야 한다는 것이 제안되었다.

Clause 5

Subcontractor's Use of Equipment and/or Other Facilities (if any) in Common with Other Subcontractors

5.2 The Contractor's Equipment and/or other facilities(if any) for Subcontractor's use in common with other subcontractors are(insert description and specify terms and conditions of use, if any)

Subcontractor's Exclusive Use of Contractor's Equipment and/or Other Facilities(if any)

5.3 The Contractor's Equipment and/or other facilities for Subcontractor's exclusive use are (insert description and specify terms and conditions of use, if any)

Clause 6

Working Hours on Site; Subcontractor's Compliance with Rules and Regulations

6.1 The working hours of the Contractor, to be observed by the Subcontractor, are (insert working hours)

Availability of Site to Subcontractor and Access to Site

6.2 If the Contractor is bound to give the Subcontractor exclusive control of any part of the Site, this should be stated here.

Clause 7

Commencement of Subcontract Work; Subcontractor's Time for Completion

7.1 If there are different Subcontractor's Times for Completion for different Sections of the Subcontract Works, then these should be set out in the Appendix to Subcontractor's Offer.
If the parties wish to provide that the Subcontractor shall be liable for liquidated damages under the Subcontract if he is delayed, an additional Sub-Clause should be added.

제5조

하도급자의 원도급자의 장비 및/또는 기타 시설물(있을 경우)의 기타 하도급자들과 공동 사용

5.2 하도급자가 기타 하도급자들과 공동으로 사용할 원도급자의 장비 및/또는 기타 시설물(있을 경우)은 (내역을 삽입하고 사용조건을 기술한다. 있을 경우)이다.

하도급자의 원도급자의 장비 및/또는 기타 시설물(있을 경우)의 독점적 사용

5.3 하도급자가 독점적 사용을 위한 원도급자의 장비 및/또는 기타 시설물 (내역을 삽입하고 사용조건을 기술한다. 있을 경우)이다.

제6조

현장에서 작업 시간 ; 하도급자의 법률 및 규칙 순응

6.1 원도급자의 작업시간, 하도급자가 준수할, (작업시간을 삽입)이다.

하도급자에 대한 현장 이용 및 현장 접근

6.2 만약에 시공자가 하도급자에게 현장의 여하한 부분에 대한 독점적인 통제권을 준다면, 이것은 여기에 진술되어야 한다.

제7조

하도급계약 공사의 시작 ; 하도급자의 준공 시간

7.1 하도급계약 공사에 다양한 섹션에 대한 다양한 하도급자의 준공시간이 있다면 그때에는 이러한 것들이 하도급자의 청약서 부록에서 제시되어야 한다.

만약 당사자들이 공기가 지연될 경우 하도급자가 하도급계약 하에서 지체배상금에 대한 책임을 진다는 것을 규정하기를 원한다면, 추가적인 서브 조항이 첨가되어야 한다.

EXAMPLE SUB-CLAUSE

Liquidated Damages for Delay

7.4 If the Subcontractor fails to comply with the Subcontractor's Time for Completion in accordance with Sub-Clause 7.1 or , if applicable, any Section within the relevant time prescribed by Sub-Clause 7.1, then the Subcontractor shall pay to the Contractor the relevant sum stated in the Appendix to Subcontractor's Offer as liquidated damages for such default and not as a penalty(which sum shall be the only monies due from the Subcontractor for such default) for every day or part of a day which shall elapse between the relevant Subcontractor's Time for Completion and the date the Subcontract Works or the relevant Section is complete as evidenced(where applicable) by a Taking Over Certificate, subject to the applicable limit on liquidated damages stated in the Appendix to Subcontractor's Offer. The Contractor may, without prejudice to any method of recovery, deduct such damages from monies otherwise becoming due to the Subcontractor. The payment of deduction of such damages shall not relieve the Subcontractor from his obligation to complete the Subcontract Works, or from any other of his obligations and liabilities under the Subcontract.

If this Sub-Clause is used, it is suggested that, as mentioned under Sub-Clause 4.4 above, the first sentence of Sub-Clause 4.4 be revised by inserting, after the word "Subcontract," in the first line, the words "other than delays in the execution of the Subcontract Works or any Section thereof,"
Both the amount of liquidated damages per day for the Subcontract Works and/or, if applicable, any section thereof, and a limit of liquidated damages should be set out in the Appendix to Subcontractor's Offer.

예문 서브조항

지연에 대한 지체 배상금

7.4 만약에 하도급자가 서브 조항 7.1에 따라 하도급자의 준공시간을 또는 적용된다면 서브 조항 7.1에 의하여 기술된 관련 시간 이내에 순응하기를 실패한다면 그때 하도급자는 원도급자에게 그와 같은 불이행에 대한 지체배상금으로써 하도급자의 청약서 부록에서 기술된 지체배상금에 적용되는 제한을 적용받는 조건으로 하도급자의 준공시간과 인수증명서에 의하여 증명된(적용되는 곳에서) 하도급계약 공사 또는 관련 섹션의 준공일 사이에 지나간 모든 날짜 또는 하루에 대한 하도급자의 청약서에 대한 부록에서 진술된 관련 금액을 지체배상금조로 원도급자에게 지급한다. 그것은 벌과금이 아니다.(그것은 하도급자로부터 이와 같은 불이행에 대하여 마땅히 지급해야 할 금전이다)

원도급자는 회수에 대한 여하한 방법을 침해당하지 않고, 하도급자에게 달리 지급하게 될 금전으로부터 이와 같은 배상금을 공제한다. 이러한 피해배상금에 대한 지급 또는 공제는 하도급자가 자신의 하도급계약 공사를 완공시킬 의무 또는 하도급계약 하에서 자신의 의무 및 책임의 여하한 것으로부터 면제하지 않는다.

만약에 본 서브 조항이 사용된다면 상기 서브 조항 4.4하에서 언급된 대로, 서브 조항 4.4의 첫 번째 문장은 첫 번째 줄 "하도급계약" 이라는 단어 뒤에 ("하도급계약 공사 또는 어떠한 섹션의 이행에 있어서 지연을 제외")를 삽입함으로써 수정되어야 한다.

하도급계약 공사 및/또는 적용된다면 그것의 어떠한 섹션에 대한 일당 지체배상금의 금액과 지체배상금에 대한 제한은 하도급자의 청약서 부록에서 제시되어야 한다.

Clause 12

Incorporation by Reference 12.1 The parties may wish to agree on whether, and the extent to which, the Contractor shall assist the Subcontractor in respect of customs clearance and re-export of Sub-contractor's Equipment.

Clause 14

Subcontractor's Obligations before Taking-Over 14.1 The parties may wish to agree that the Subcontractor's obligations to maintain the Subcontract Works and to remedy any defects therein shall cease as soon as the Subcontractor has completed the Subcontract Works and irrespective of when a Taking-Over Certificate is issued in regard of the Main Works or the Section or Sections or part or parts of the Main Works in which the Subcontract Works are comprised.

Subcontractor's Obligations after Taking-Over 14.2 The parties may wish to agree that the Subcontractor's Obligations to remedy defects in the Subcontract Works shall end earlier than or be on different terms from what is applicable to the Contractor under the Main Contract.

Clause 15

Subcontractor's Obligation to Insure 15.1 The risks insured(or the insurances effected) by the Subcontractor are (insert description, including sums and names of beneficiaries)

Contractor's Obligation to Insure ; Sub-contract Works 15.2 The Contractor's policy of insurance is(insert description)

제 12 조

참조에 의한 통합 12.1 당사자들은 원도급자가 하도급자의 장비에 대한 통관과 재수출과 관련하여 하도급자를 도와줄지와 도와주는 범위에 대하여 합의해야 한다.

제 14 조

인계 전 하도급자의 의무 14.1 당사자들은 하도급계약 공사를 유지보수하고 그것의 여하한 하자를 치유하는 하도급자의 의무를 하도급자가 하도급계약 공사를 준공하자마자 및/또는 원도급계약 공사 또는 섹션이나 섹션즈, 하도급공사가 구성된 원도급 공사의 부분, 부분들에 관하여 인수증명서가 발급된 때와 상관없이 곧 중단되는 것에 합의하기를 원한다.

인계 후 하도급자의 의무 14.2 당사자들은 하도급계약 공사에 있어서 하자를 치유할 하도급자의 의무가 원도급계약 하에서 원도급자에게 적용되는 상이한 조건에 따라 끝날 것인지 합의하기를 원한다.

제 15 조

하도급자의 부보 의무 15.1 하도급자에 의하여 부보된 위험(또는 가입한 보험)은 (내역, 금액 및 수익자 이름을 기입)이다.

원도급자의 부보 의무 ; 하도급계약 공사는 하도급자의 위험 15.2 원도급자의 보험증권은 (내역을 기입)이다.

Clause 16

If payments have to be made to a nominated Subcontractor, an additional Sub-Clause should be made.

EXAMPLE SUB-CLAUSE

Direct Payment to Nominated Subcontractor

16.7 Subject to the terms of Sub-Clause 59.5 of the Conditions of Main Contract, the Subcontractor shall be entitled to be paid by the Employer direct, upon certificate of the Engineer, all payments, less retentions, provided for in the Subcontract, which the Contractor has failed to make to the Subcontractor.

Clause 19

Amicable Settlement and Arbitration

19.1 Sub-Clause 19.1 assumes that the Contractor and Sub-contractor will be from different countries or will otherwise wish to provide for the international arbitration of their disputes. This will not necessarily be so. If it transpires that the successful offer is from a Subcontractor from the same country as the Contractor, for example, they may prefer to have recourse to their own national courts or tribunals(even though the Contractor may have agreed to the international arbitration of disputes under the Main Contract, as provided for by Clause 67 of the Red Book). In this case, the two parties would have to agree an appropriate modification to Part II.

In certain circumstances, parties may wish to agree on a longer period than fifty-six days before either party may commence arbitration of a dispute under the Subcontract to allow time for the procedure for the settlement of disputes under Clause 67 of Part I if the Federation Internationale des Ingenieurs-Conseils' "Conditions of Contract for Works of Civil Engineering Construction, Fourth Edition 1987 Reprinted 1992 with further amendments"(beginning with the reference of a dispute to the Engineer) to be completed before either party can bring arbitration under the Subcontract.

제16조

만약에 지급이 지명된 하도급자에게 행해져야 한다면 추가 서브 조항이 첨가되어야 한다.

서브조항 샘플

지명된 하도급자에 대한 직접 지급

16.7 원도급계약 조건의 서브 조항 59.5의 조건을 적용받아 하도급자는 발주자로부터 감독관의 증명을 받은 후 원도급자가 하도급자에게 지급하기에 실패한 모든 지급을 직접 지급받을 권리가 있다. 단, 하도급계약에서 규정된 유보금은 공제한다.

제19조

원만한 해결 및 중재

19.1 서브 조항 19.1은 원도급자와 하도급자가 상이한 국가 출신이거나 달리 그들의 분쟁에 대한 국제적 중재를 규정하기를 원한다는 것으로 추정한다. 이것은 반드시 그렇지는 않다. 만약 성공적인 청약이 원도급자와 동일한 국가 출신의 하도급자로부터 나온다면, 예를 들면, 그들은 자신들 국가의 법원 또는 법정(비록 원도급자가 레드북 67조에 의하여 규정된 대로 분쟁의 국제적 중재를 동의했더라도)에 소구하기를 선호할 것이다. 이러한 경우 양 당사자는 파트 II에 대한 적절한 수정을 합의해야 할 것이다.

특정한 상황에서, 당사자들은 하도급계약 하에서 한 당사자가 중재를 신청하기 전에 국제컨설팅엔지니어 연맹의 토목공사용 계약 조건 4판 1987년, 1992년 개정과 함께 재인쇄된 파트 I 67조(감독관에게 분쟁의 조회를 시작하기) 하에서 분쟁의 해결을 위한 절차에 대한 시간을 허용하기 위하여 하도급계약 하에서 각 당사자가 분쟁의 중재를 시작하기 전에 더 긴 기간에 합의하기를 원할 수도 있다.

For example, a period of 210 days from the date a party gives notice under the Sub−Clause 19.1 is the sum of various time periods in Sub−clause 67.1 and 67.2 (namely, 84 days for the Engineer's decision, plus 70 days for the notice of intention to commence arbitration, plus 56 days for attempting to reach an amicable settlement) which must elapse before arbitration may begin under Sub−Clause 67.3 of Part I of the aforesaid Conditions.

Where it is considered desirable to add to this Sub−Clause provisions with respect to the number of arbitrators, the place of arbitration and the language of the arbitration, or where this Sub−Clause should be varied because it is decided that a settlement of dispute procedure other than of the International Chamber of Commerce(ICC) should be used, the parties may refer to the example paragraph and sub−clause given under Clause 67 of the Part II of the Federation Internationale des Ingenieurs−Conseils' "Conditions of Contract for Works of Civil Engineering Construction, Fourth Edition 1987 Reprinted 1992 with further amendments."

Dispute in Connection with or Arising out of Main Contract Touching or Concerning Subcontract Works

19.2 With respect to disputes in connection with or arising out of the Main Contract which touch or concern the Subcontract Works, the Contractor and the Subcontractor may wish to consider agreeing on procedure for multi−party arbitration(that is an arbitration to which the Employer, the Contractor and the Subcontractor would be parties). However, the current edition of the Federation Internationale des Ingenieurs−Conseils' "Conditions of Contract for Works of Civil Engineering Construction, Fourth Edition 1987 Reprinted 1992 with further amendments", in conjunction with which these Conditions of Subcontract are meant to be used, does not provide for the necessary consent by the Employer to multi−party arbitration.

예를 들면 19조 1하에서 한 당사자가 통지를 하는 날짜로부터 210일 기간은 서브 조항 67.1 및 67.2(즉 다시 말하면 감독관의 결정을 위하여 84일 더하기 중재를 시작하려는 의사의 통지 70일 더하기 원만한 해결에 도달하기 위한 시도에 56일)에 있어서 다양한 기간의 합계이다. 그것은 위에서 언급된 조건의 파트 I 서브 조항 67.3하에서 중재가 시작하기 전에 지나가야 하는 것이다.

본 서브 조항 규정에 첨가하는 것이 바람직한 곳에서 중재자의 수, 중재 장소 및 중재 언어와 관련하여 또는 국제상공회의소의 중재절차를 제외한 중재절차가 사용되어야 한다는 것이 결정되었기 때문에 본 규정이 변동되어야 하는 곳과 관련하여 당사자들은 예문 문단과 토목공사용 계약 조건 4판 1987년, 추가개정과 함께 재인쇄된 1992년의 파트 II 67조 하에서 제시된 서브 조항을 참조해도 좋다.

하도급공사 관련하여 원도급계약 관련 또는 원도급계약으로부터 발생하는 분쟁

19.2 하도급계약 공사를 관련 짓는 원도급계약과 관련하여 또는 원도급계약으로부터의 분쟁과 관련하여 원도급자와 하도급자는 복수 당사자 중재(즉 발주자, 원도급자 및 하도급자가 당사자가 되는 것)의 절차에 합의한다.

그러나 현재의 F I D I C 토목공사용 계약조건, 4판 1987년, 1992년 추가 개정판과 함께 재인쇄된 것은 본 하도급 조건이 사용되기를 의도한 것과 관련하여 복수 당사자 중재에 대한 발주자에 의해 필요한 동의를 규정하지 않는다.

결과적으로, 이것은 원도급자와 하도급자 사이에 복수 당사자 중재에 관한 여하한 합의와 관련하여 별도의 규정 또는 문서에서 획득되어야 한다.

Consequently, this would have to be obtained in a separate provision or document in conjunction with any agreement on multi-party arbitration between the Contractor and the Subcontractor.

The drafting of any clause or agreement providing for the arbitration of disputes among the Employer, the Contractor and the Subcontractor is a complex exercise. Thus, to draft a multi-party arbitration clause providing for the resolution of such disputes under the dispute resolution provisions of the Main Contract the following matters, among others, need to be considered:

(1) The consent of the Employer, the Contractor and the Subcontractor to multi-party arbitration will be required(as mentioned above).

(2) The multi-party arbitration procedure must tie in with the procedure under the Main Contract requiring a reference of a dispute to the Engineer under Clause 67 as a condition precedent to arbitration.

(3) A test in the form of words must be developed for determining when a dispute under the Subcontract is to be deemed sufficiently similar to a dispute under the Main Contract to be referable to arbitration under the Main Contract, e. g. will it be sufficient to state that a dispute in connection with or arising out of the Main Contract "which touches or concerns the Subcontract Works", or presents "common issues of law and fact" with a dispute under the Subcontract, is referable to arbitration under the Main Contract?

(4) As a practical matter, someone-perhaps the Contractor -will probably have to be given the power to decide when the test is satisfied, that is, when the disputes under the two contracts are to be deemed sufficiently similar to justify their being heard in one arbitration under the Main Contract. If someone is not given this power, the issue would normally fall to be decided by the competent courts, resulting often in much delay.

발주자, 원도급자 및 하도급자 사이에서 분쟁의 중재에 대하여 규정하는 어떠한 조항 또는 합의를 기안하는 것은 복잡한 활동이다. 그래서 원도급계약의 분쟁 해결규정 하에서 그와 같은 분쟁의 해결을 규정하는 복수 당사자 중재규정을 기안하는 것은 무엇보다도 고려되어야 할 필요가 있다.

(1) 발주자, 원도급자 및 하도급자의 복수당사자 중재에 대한 동의가 필요하다.(위에서 언급한 대로)

(2) 복수당사자 중재절차는 원도급계약 하에서 중재에 대한 선행조건으로 67조 하에서 감독관에게 분쟁을 조회시키는 것을 요구하는 절차와 함께 연계되어야 한다.

(3) 어휘 형식에 있어서 시험이 개발되어야 한다. 하도급계약 하에서 분쟁이 원도급계약 하에서 분쟁과 충분히 유사한 것으로 간주될 때(원도급계약 하에서 중재에 회부될 만한) 예를 들면 하도급계약 공사와 관계되는 또는 하도급계약 하에서 분쟁과 함께 법과 사실에 대한 공통적 문제점을 제시하는 원도급계약과 관련하여 또는 원도급계약 조건으로부터 분쟁이 원도급계약 하에서 중재에 회부될만하다고 진술하는 것이 충분합니까?

(4) 실용적인 문제로, 누군가가 즉 원도급자가 시험이 만족스러울 때 결정할 권능이 부여되야 할 것이다. 즉 다시 말하면, 두 개의 계약 하에서 분쟁이 원도급계약 하에서 한 개의 중재에서 그들의 청문을 정당화하는 데 충분하다고 간주될 때 만약 누군가가 이러한 권능이 부여되지 않는다면, 그 문제가 정상적으로 권능이 있는 법원에 의하여 결정될 것이다. 종종 많은 지연을 초래한다.

(5) A determination will have to be made as to the action(e.g. a notice to the other parties) which must be taken to permit the hearing of the two disputes in a single arbitral proceeding.

(6) A determination will have to be made as to when such action must be taken to permit the joint hearing of the two disputes. Before arbitrators are appointed in any Main Contract proceeding? Earlier than this?

(7) A decision must be made as to the maximum number of parties that would be acceptable in any multi-party arbitration proceeding :

(a) Horizontally, all subcontractors of the Contractor in relation to the project ; and

(b) Vertically, sub-contractors, sub-sub-subcontractors, and so on down the line. To the extent any multi-party arbitration will include parties in addition to the Employer, the Contractor and the Subcontractor, those parties must also be consented to by all the parties involved in the proceeding.

(8) As yet, no international arbitration rules(e. g. I C C or U N C I T R A L) satisfactorily address multi-party arbitration problems.

The above does not address the possibility of disputes under the Main Contract being resolved in a multi-party arbitration under the dispute resolution provisions of the Subcontract. However, similar considerations to those described above would apply.

As an alternative to a multi-party arbitration, the parties may wish to provide for separate Main Contract and Sub-contract arbitrations but arrange for some or all of the arbitrators to be common to both proceedings.

(5) 한 개의 중재절차에서 두 개의 분쟁 청문을 하도록 하는 조치 (타 당사자에 대한 통지)에 대하여 결정되어야 한다.

(6) 두 개의 분쟁 합동청문을 허락하는 그와 같은 조치가 취해져야 할 때에 결정이 내려져야 한다.

(7) 복수당사자 중재절차에서 수락할 만한 당사자들의 최대 숫자에 관하여 결정이 내려져야 한다.

(가) 수평적으로, 프로젝트와 관련있는 원도급자의 모든 하도급자들 ; 그리고

(나) 수직적으로, 하도급자, 재하도급자 등 아래 라인까지 어떠한 복수중재가 발주자, 시공자 및 하도급자 이외에 당사자들은 포함시키는 한도에 대하여 중재 절차에 참가하는 모든 당사자들에 의하여 또는 동의 되어야 한다.

(8) 그렇지만 어떠한 중재규책(예 : 국제상공회의소 또는 국제상거래법위원회)도 복수 당사자 문제점을 만족스럽게 취급하지 않는다.

상기의 것은 하도급계약 분쟁해결 규정 하에서 복수당사자 중재에 있어서 해결될 원도급계약 하에서 분쟁의 가능성을 다루지 않는다. 그러나 위에서 기술된 것들에 대한 유사한 고려가 적용될 것이다.

복수 당사자 중재에 대한 대체 안으로서, 당사자들은 별개의 원도급계약 및 하도급계약 중재에 대하여 규정하기를 원할 수도 있다. 그러나 두 개의 진행절차에 대하여 일부 또는 모든 중재자들을 공통적으로 배치하기를 원할 수도 있다.

Clause 22

If payments have to be made to a Nominated Subcontractor, the Contractor and the Subcontractor should agree on the proportions or amounts to be paid in foreign currencies in respect of Provisional Sums.

If the Contractor has required the Subcontractor's Offer to be expressed in a single currency but with payment to be made in more than one currency, the Subcontractor should state the proportions or amounts of other currency or currencies in which he requires payment to be made, and the Contractor and the Subcontractor should agree on the rate or rates of exchange applicable for calculating the payment of such proportions or amounts.

Further additions or modifications may be necessary depending on the contents of Part II of the Conditions of Main Contract.

제22조

만약에 지급이 지명된 하도급자에게 행해져야만 한다면 원도급자 및 하도급자는 잠정금액과 관련하여 외국 화폐로 지급될 부분 또는 금액에 대하여 합의해야 한다.

만약에 원도급자가 하도급자의 청약이 단일화폐로 표시될 것을 요구하였고 그러나 지급은 한 개 이상의 통화로 요구했다면, 하도급자는 그가 행하여질 통화 또는 통화들의 비율이나 금액을 진술해야 한다. 그리고 원도급자와 하도급자는 그와 같은 비율 또는 금액에 대한 지급을 계산하는데 적용되는 환율이나 환율들에 대하여 합의해야 한다.

원도급계약 조건 파트 II의 내용에 따라 추가 또는 수정이 필요할 수도 있다.

Model– 15 Subcontractor's Offer(Specimen)

SUBCONTRACTOR'S OFFER

NAME OF SUBCONTRACT : * ____________________________________

____

TO : * ____

____

Gentleman,

1. Having examined the Conditions of Subcontract, the Subcontract Specifications, the Subcontract Drawings, and the Subcontract Bill of Quantities and Addenda Nos ______________ for the execution of the above-named Subcontract Works, we, the undersigned, offer to execute and complete such Works and remedy any defects therein in conformity with the Conditions of Subcontract, the Subcontract Specifications, the Subcontract Drawings, the Subcontract Bill of Quantities and Addenda for the sum of ____________

   ____

   (____)

   or such other sum as may be ascertained in accordance with the said Conditions.

2. We acknowledge that the Appendix hereto forms part of our Offer.

3. We undertake, if our Offer is accepted, to commence the Subcontract Works within 14 days, or such other period as may be agreed in writing, after the receipt of your notice to commence, and to complete the whole of the Subcontract Works comprised in the Subcontract within the time stated in the Appendix hereto.

모델– 15

하도급자의 청약

하도급자의 오퍼

하도급자 이름 : ______________________________

____

귀중 : ______________________________

____

관계자에게

1. 상기에 거명된 당사는 하도급계약 공사의 이행을 위한 하도급계약 조건, 시방서, 도면 및 물공량 명세서와 부록번호__________를 검토하였고, 공사금액__________ ______________________________ 에 대하여 또는 상기 조건에 따라서 확인될 기타 금액으로 하도급계약 조건, 시방서, 도면 및 물공량 명세서, 그리고 부록에 순응하여 그와 같은 공사를 이행하고, 준공하고 어떠한 하자를 치유하기를 청약한다.

2. 여기에 관계된 부록은 당사의 청약 부분을 형성하는 것으로 인정한다.

3. 당사의 청약이 수락된다면 당사는 14일 이내에 또는 문서상으로 합의되는 기타 기간 이내에 하도급계약 공사를 시작하기를 담보한다.
   귀사의 착공 지시서를 수취한 후에, 그리고 여기에 있는 부록에서 기술된 시간 이내에 하도급계약서에서 구성되어 있는 하도급계약 공사의 전체를 준공하기를 담보한다.

4. We agree to abide by this Offer for the period of*________ days from the date fixed for receiving the same and it shall remain binding upon us and may be accepted at any time before the expiration of that period.

5. Unless and until a formal Subcontract Agreement is prepared and executed this Offer, together with your written acceptance thereof, shall constitute a binding contract between us.

6. We understand that you are not bound to accept the lowest or any offer you may receive.

Dated this ____________________ day of ____________________ 200____________

____

Signature ____________________ in the capacity of ____________________

duly authorized to sign offers for and on behalf of ____________________

____

(IN BLOCK CAPITALS)

Address ____

____

Witness ____

Address ____

____

Occupation ____

(Note : All details marked* shall be inserted before issue of offer documents)

4. 당사는 동일한 것(청약)을 수취하기 위한 지정된 날짜로부터 ________일의 기간 동안 본 청약을 준수하기를 동의하고, 그것은 당사를 구속한 채 유효하고 그 기간의 만료 전에 언제라도 승낙된다.

5. 정식 하도급계약이 작성되고 이행되지 않거나 이행될 때까지 본 청약은 귀측의 청약에 대한 문서상의 수락과 함께 양자 사이에 구속력 있는 계약을 형성한다.

6. 귀측이 가장 금액이 낮거나 어떠한 오퍼를 수락하지 않는다는 것을 양해하였다.

날짜 : ____________________

서명 : ____________________

×××를 대리하여 정당하게 인가를 받았다.

____

주소 : ____________________________________

증인 : ____________________________________

주소 : ____________________________________

직업 : ____________________________________

(주의사항 : *표로 표시된 모든 상세내역은 청약문서를 발급하기 전에 삽입되어야 한다.)

Model- 16 SUBCONTRACT AGREEMENT(Specimen)

This Subcontract Agreement made the ______________________
day of ______________________ 20______________
Between ______________________
of ______________________
______________ (hereinafter called the "Contractor") of the one part and
______________ of ______________ (hereinafter called the "Subcontractor") of the other part

Whereas the Contractor is desirous that certain Subcontract Works should be executed by the Subcontractor, viz______________ and has accepted a Subcontractor's Offer for the execution and completion of such Subcontract Works and the remedying of any defects therein

Now this Subcontract Agreement witnesseth as follows :

1. In this Subcontract Agreement words and expressions shall have the same meanings as are respectively assigned to them in this Conditions of Subcontract hereinafter referred to.

2. The following documents shall be deemed to form and be read and construed as part of this Subcontract Agreement, viz :

   (a) The Contractor's Letter of Acceptance ;
   (b) The Subcontractor's Offer ;
   (c) The Conditions of Subcontract(Parts I and II) ;
   (d) The Subcontract Specification ;
   (e) The Subcontract Drawings ; and
   (f) The Subcontract Bill of Quantities.

모델- 16 하도급 계약서(견본)

하도급 계약서(F I D I C 조건)

본 하도급 계약은 ______________________________

××× 건설주식회사 (주소 : ______________________________

______________________________(이제부터 "시공자" 라고 칭한다)를

한 당사자로 하고 ××× 건설 주식회사(주소 : ______________________________

______________________ (이제부터 "하도급자" 로 칭한다)를 당사자로 하여 작성되었다.

한편 시공자는 특정한 하도급계약 공사가 하도급자에 의하여 이행되기를 바라고 그와 같은 하도급계약 공사의 이행 및 준공과 하도급계약 공사의 여하한 하자를 치유하기 위한 하도급자의 청약을 수락했다.
본 하도급계약은 다음 사항을 증거한다.

1. 본 하도급계약서에서 단어와 표현은 이제부터 언급되는 하도급계약 조건에서 각자 그들에게 부여된 대로 동일한 의미를 갖는다.

2. 아래의 문서는 본 하도급계약서의 부분으로 형성하고 읽혀지고 해석되는 것으로 간주된다. 즉

(가) 시공자의 승낙 서한
(나) 하도급자의 청약
(다) 하도급 계약조건(파트 I 및 II)
(라) 하도급계약 시방서
(마) 하도급계약 도면
(바) 하도급계약 물공량 명세서

3. In consideration of the payments to be made by the Contractor to the Subcontractor as hereinafter mentioned the Subcontractor hereby covenants with the Contractor to execute and complete the Subcontract Works and remedy any defects therein in conformity in all respects with the provisions of the Subcontract.

4. The Contractor hereby covenants to pay the Subcontractor in consideration of the execution and completion of the Subcontract Works and the remedying of any defects therein the Subcontract Price or such other sum as may be become payable under the provisions of the Subcontract at times and in the manner prescribed by the Subcontract.

In Witness Whereof the parties hereto have caused this Subcontract Agreement to be executed the day and year first before written in accordance with their respective laws.

The Common Seal of ______________________________

____

(1) was hereunto affixed in the presence of :

or

( ) Signed Sealed and Delivered by the
said ______________________________
in the presence of :

3. 이제부터 언급되는 대로 시공자에 의하여 하도급자에게 행하여질 대금 지급을 약인으로 하여 하도급자는 시공자에게 하도급계약 공사를 이행하고, 준공하고 모든 면에서 하도급계약의 규정을 순응함에 있어서 어떠한 하자를 치유하기를 서약한다.

4. 시공자는 하도급계약 공사의 이행 및 준공과 하도급계약 공사의 어떠한 하자를 치유하는 것을 약인으로 하여 하도급자에게 하도급계약 금액 또는 하도급계약의 규정 하에서 지급하게 될 수도 있는 기타 금액을 하도급계약서에서 기술된 시기와 방법으로 지급하기를 서약한다.

상기 사항을 증거로 하여 관계된 당사자는 본 하도급계약서가 관계되는 법률에 따라 상기에 기재된 날짜에 체결되었다.

회사 인감(사인) ________________________

____

직접 날인하였다.

또는

서명, 날인되었고 교부되었다.

×××에 의하여 ________________________

면전에서 ________________________

Model– 17 **Resume**

Malcolm B Kennedy, P. E.
1234 Ashen Grove 33
Austin, TX 68773
(512) 563–3456

Objective : Senior or supervisory position that utilizes a background in Civil Engineering

---

PROFESSIONAL EXPERIENCE

Bechtel Corporation — Nov. 2004 to Present
San Francisco, California

POSITION : Project Manager. Responsibilities included project controls, project operations and staffing plan.

PROJECT : Incheon High Way Project in Incheon, South Korea

Parsons Overseas Company — May 1998 to Aug. 2004
Los Angeles, California

POSITION : Structural Engineer. Responsibilities included reviewing the structural design and commenting on the design adequacy and constructability of Kuwait Habour Project.

PROJECT : Kuwait Harbour Project in Kuwait

Sargent and Lundy Engineers — Sept. 1994 to Mar. 2004
Chicago, Illinois

모델– 17 이력서

맬컴 케네디, 기술사
아센그로브 33
오스틴, 텍사스 68773
전화(512) 563–3456

목적 : 토목공학 분야에서 경력을 활용할 수 있는 간부 또는 감독 직위

경 력

벡텔 2004년 11월~현재
샌프란시스코, 캘리포니아주

직위 : 프로젝트 매니저. 담당하는 책임은 프로젝트 관리, 운영 및 인원 충원 계획을 포함함.

프로젝트 : 인천고속도로 프로젝트, 대한민국

파슨스 해외건설(주) 1998년 5월~2004년 8월
로스앤젤레스, 캘리포니아주

직위 : 구조엔지니어. 담당하는 책임은 쿠웨이트 항만 프로젝트의 구조설계 검토 및 설계의 충분성에 대한 코멘트 및 시공성에 대한 코멘트를 포함함.

프로젝트 : 쿠웨이트 항만 프로젝트, 쿠웨이트

사전 앤드 런디 엔지니어링 1994년 9월~ 2004년 3월
시카고, 일리노이주

POSITION : QA/QC Engineer. Responsibilities included implementing the provisions of the quality control contract with the construction contractors.

PROJECT : Sual Coal Fired Power Plant Project in Indonesia

EDUCATION

University of California 1986 to 1990
Los Angeles
DEGREE : Bahelor of Science in CIVIL ENGINEERING

Grduate School of Stanford University 1990 to 1993
Seattle
DEGREE : Master of Science in CIVIL ENGINEERING

PROFESSIONAL CERTIFICATION

Licensed Professional Engineer
State of California, Reg. No. C−45678

PROFESSIONAL ORGANIZATION

American Society of Civil Engineering, Senior Member

REFERENCES

Available upon request.

직위 : 품질보증/품질관리 기사. 담당하는 책임은 시공자들과의 품질관리 계약 규정을 실행하는 것임.

프로젝트 : 수알 석탄 화력발전소 프로젝트, 인도네시아

학 력

캘리포니아 대학교 1986년 ~ 1990년
로스앤젤레스
학위 : 토목 공학사

스탠포드 대학원 1990년 ~ 1993년
시애틀
학위 : 토목공학 석사

자격증

프로페셔널 엔지니어 면허
캘리포니아주. 등록번호 C-45678

직능단체

미국토목공학 협회. 정회원

평판조회

요청 시 제공 가능함.

Model– 17–1 **Cover Letter**

1224 Lincoln Road
Tenafly, NJ 34567
24 May 2009

Ms. Jane Smith
Bectel Overseas Corporation
P.O. Box 1218
San Francisco, CA12345

Dear Ms. Smith :

Please accept the attached resume as application for the position of Civil Engineering Engineer currently available wlth your company.

I will be looking forward to meeting with you at you earliest convenience, I can be reached at (512)371–4567 during regular working hours or at (512)327–5678 in the evenings and weekends.

Please contact me if you need any further information about my background or qualifications.

Sincerely,

John D. Kennedy
Encl. : Resume

Model- 17-1 커버 서한

주소 : 1224 링컨가
테나플라이, 뉴저지 34567

날짜 : 2009년 5월 4일

제인 스미스
벡텔 해외건설(주)
사서함 1218
샌프란시스코, 캘리포니아주 12345

스미스씨에게

동봉한 이력서를 현재 귀사에서 채용하려는 토목엔지니어 포지션에 대한 신청으로 받아주시기 바랍니다.

귀하의 편리한 시간에 만나 뵙기를 기대합니다.

근무시간 중에는 본인과 전화번호 (512)371-4567로 연락이 가능하고 또는 저녁시간 및 주말에는 전화번호 (512)327-5678로 연락이 가능합니다.

본인의 배경 또는 자격에 대하여 여하한 추가 정보가 필요하다면 연락주시기 바랍니다.

재배(再拜)

존 케네디
동봉 : 이력서

Model– 18 General Specifications

GS-1

GENERAL SPECIFICATION

1. General Information

1.1 This Specification shall be read in conjunction with the Particular Specification, the Contract Drawings, the Conditions of Contract and all other documents forming the Contract.

2. Assistance to the Engineer

2.1 The Contractor shall provide the Engineer with access to the Works in accordance with the Conditions of Contract. The Contractor shall also provide such labour and tools, measuring instruments, devices and other materials reasonably required to assist the Engineer in measuring, checking, testing and examining the Contractor's work.

3. Commencement of Work

3.1 General

3.1.1 In accordance with Singapore building legislation, a permit is required to commence building works except as indicated in Clause 3.2 below.

3.1.2 The Contractor shall obtain approval of structural plans and permits from the Building and Construction Authority (BCA) under the Building Control Act as well as other clearances / approval from the relevant technical agencies for the work.

3.1.3 Permission to commence work shall also be obtained from the Engineer. Before commencement of piling works, site formation works, structural works, tunnelling and any major items of work, the Contractor shall submit to the Engineer all necessary plans, calculations, drawings, method statements and risk assessment reports in accordance with the requirements of the Contract. No major individual items of work shall commence without notice being given to the Engineer to enable such arrangements for inspection to be made as he may consider necessary.

GS-1

일반 시방서

1. 일반정보

1.1 본 시방서는 특별시방서, 계약도면, 계약조건 및 계약을 형성하는 모든 기타 문서들과 연계하여 읽혀진다.

2. 감독관에 대한 조력

2.1 시공자는 감독관에게 계약조건에 따라 공사에 접근하는 것을 제공한다. 시공자는 검측, 점검, 시공자의 공사를 시험 및 검토함에 있어서 감독관을 돕기 위하여 합리적으로 필요한 노동자와 도구, 측정계기, 장치 및 기타 자재 또한 공급한다.

3. 공사개시

3.1 일반

3.1.1 싱가포르 건축법에 따라서 아래의 3조 2항에서 제시된 것을 제외하고 건축공사를 시작하는데 필요한 허가서가 요구된다.

3.1.2 시공자는 구조계획의 승인을 획득하고 건축 및 건설당국(BCA)으로부터 건물관리법 하에서 허가를 획득해야 한다. 마찬가지로 공사를 위하여 관계되는 기술기관으로부터 제거/승인 등을 획득해야 한다.

3.1.3 공사를 시작하기 위한 허가 또한 감독관으로부터 획득하여야 한다. 파일공사, 현장조성공사, 구조공사, 터널공사 및 어떠한 공사의 주요 항목을 시작하기 전에 시공자는 모든 필요한 계획, 계산자료, 도면, 작업방법 기술서 및 위험평가보고서를 계약의 요구조건에 따라 감독관에게 제출한다. 주요한 공사의 개별 항목은 감독관이 필요하다고 여기는 대로 행하여질 검사의 준비를 가능하게 하기 위하여 감독관에게 통지하지 않고 시작할 수 없다.

GS-2

3.1.4 The Contractor is responsible for satisfying himself that any works commenced in advance of his design submission obligations as defined in **Appendix I** of the General Specification, and in advance of his co-ordination obligations defined in **Appendix L** of the General Specification, will nevertheless enable those obligations to be fully complied with. Consent by the Engineer for commencement of work shall not imply acceptance that the Contractor's associated responsibilities for permanent works design and co-ordination have been complied with. However, the Engineer can withhold his approval for the Contractor to commence works in advance of Building Plan Approval if it is considered that the proposed works will clearly compromise the Contractor's ability to meet his permanent works design obligations.

3.2 Temporary Works

3.2.1 The Contractor shall obtain the consent of the Engineer before he commences any kind of Temporary Works. The Contractor shall submit full details of the Temporary Works including calculations, method statement and risk assessment report to the Engineer for approval. No Temporary Works shall commence unless the Engineer has given the consent. The Temporary Works and design calculations shall be prepared and endorsed by a Professional Engineer in the civil and/or geotechnical discipline and submitted to the relevant authorities for approval as and when required.

3.2.2 The Contractor shall engage Professional Engineers to design and supervise the construction of Temporary Works in connection with the building construction and /or tunnel/roads/bridge construction or marine works. Each Professional Engineer shall hold a valid practising certificate as issued by the Professional Engineers Board, Singapore. The Professional Engineers who design the Temporary Works shall also be stationed full time at Site to supervise the construction of Temporary Works. Professional Engineers shall keep proper record of the Temporary Works and shall submit a certificate of supervision to the Engineer for record. The Contractor shall submit full site records, as-built Temporary Works drawings and calculation for the Engineer's record. The Professional Engineers shall prepare report which contains recommendations on the measures to be taken in connection with the construction of the buildings, tunnels, roads, bridges or related earthworks so as to prevent any settlement or other movement which may impair the stability of or cause damage to the whole or part of any surrounding premises or buildings.

GS-2

3.1.4 시공자는 일반시방서 부록 1에서 정의한 대로 자신의 설계제출 의무에 앞서 시작한 어떠한 공사와 일반시방서 부록 L에서 정의된 자신의 조정 의무에 앞서 시작된 공사는 완전히 응해야 할 의무를 그럼에도 불구하고 가능하게 한다는 것을 스스로 충족시킬 책임이 있다. 공사 개시에 대한 감독관의 동의는 시공자의 영구공사 설계 및 조정에 대하여 연관된 책임이 응하여졌다는 수락을 함축하지 않는다. 그러나 만약에 제안된 공사가 시공자의 영구적 공사 설계의무를 충족시키는 그의 능력을 분명히 손상시킨다고 간주되면, 감독관은 건축계획 승인에 앞서 시공자가 공사를 시작하는 자신의 승인을 보류할 수 있다.

3.2 가설공사

3.2.1 시공자는 여하한 종류의 가설공사를 시작하기 전에 감독관의 동의를 획득한다. 시공자는 감독관의 승인을 위하여 계산자료, 작업방법 기술서 및 위험평가 보고서를 포함하여 가설공사에 대한 완전한 내역을 감독관에게 제출한다. 감독관이 동의를 하지 않는 한 가설공사를 시작할 수 없다. 가설공사 및 설계 계산 자료는 작성되고 토목 및/또는 지질분야에 있어서 전문적인 엔지니어의 확인을 받고 필요시에 승인을 위하여 관련된 당국에 제출한다.

3.2.2 시공자는 건축공사 및 터널, 도로, 교량공사 또는 해상공사와 관련하여 가설공사의 시공을 설계하고 감독하기 위하여 전문기술자를 고용한다. 각각의 전문기술자는 싱가포르 전문기술자국에 의하여 발급된 유효한 면허증을 갖는다.

가설공사를 설계하는 전문기술자는 가설공사의 시공을 감독하기 위하여 현장에 전적으로 주재해야 한다.

전문기술자는 가설공사에 대한 기록을 유지해야 하고 기록을 위하여 감독관에게 감리증명서를 제출한다. 시공자는 완전한 현장기록, 준공가설공사 도면 및 감독관의 기록을 위하여 계산 자료를 제출한다.

전문기술자는 건물, 터널, 도로, 교량 또는 관련 토공사를 시공하는 것과 관련하여 안정성을 해치고 또는 어떠한 주변의 토지 또는 건물에 피해를 줄 수도 있는 어떠한 침하 또는 기타 운동을 방지하기 위하여 취해야 할 대책의 권고안이 포함된 보고서를 작성한다.

GS-3

3.2.3 The Contractor is responsible to ensure that Temporary Works that fall within the MRT Railway Protection Zone and MRT Railway Safety Zone will not commence unless clearance is obtained from the Development & Building Control Division of LTA [DBC (LTA)]. Similarly, the Contractor shall also obtain approval before commencement of Temporary Works that fall within the road structure safety zone of the road structure from DBC (LTA).

3.3 Risk assessment report

3.3.1 The submission of piling plans, Temporary Works drawings and/or structural plans must also be accompanied by a Construction Safety Submission (CNSS) which fully addresses all potential risks to adjacent buildings, service utilities and other facilities. The Contractor shall also identify any protection measures, ground instrumentation works and structural monitoring works, etc. which will be implemented. The Contractor shall demonstrate in his submission that the integrity of adjacent buildings, roads infrastructure, service utilities and other facilities will not be jeopardised and that the requirements of the Contract will be met. In addition, the Contractor shall also demonstrate in the CNSS that all potential risks during construction works are migrated through proper risk analysis and management. A detailed requirement regarding CNSS is included in **Appendix A** of the General Specification. The CNSS is subject to the Engineer's acceptance.

3.4 Engineering works and restricted activities within the railway protection and safety zones.

3.4.1 DBC (LTA) is delegated with the authority to protect the railway under the Rapid Transit Systems (Transit Protection, Restricted Activities) Regulations and Rapid Transit Systems (Development and building works in Railway Corridor and Railway Protection Zone) Regulations, the Code of Practice for Railway Protection, the Guide to Carrying out Restricted Activities within Railway Protection and Safety Zone and any other relevant regulations in relation to the rapid transit systems currently in force. The Contractor shall comply with these regulations and meet the requirements of the Codes when carrying out engineering works or restricted activities in the railway protection and railway safety zones. The definition of engineering works is spelt out in the Code of Practice for Railway Protection.

GS-3

3.2.3 시공자는 지하철 보호구역 및 지하철 안전지역 범위에서 가설공사가 LTA[DBC(LTA)]의 개발 및 건물관리 본부로부터 허가가 획득되지 않는 한 시작하지 않는다는 것을 보장할 책임이 있다.

유사하게 시공자는 도로안전지역에서 가설공사를 시작하기 전에 DBC(LTA)로부터 또한 승인을 획득해야 한다.

3.3 위험평가 보고서

3.3.1 파일계획, 가설공사 도면 및/또는 구조계획의 제출은 인근 건물, 서비스 유틸리티 및 기타 시설물에 대하여 모든 가능한 위험을 전적으로 취급하는 시공안전 제출물(CNSS)이 동반되어야 한다.

시공자는 또한 이행될 여하한 방호대책, 지상 계장공사 및 구조감시 공사 등을 식별해야 한다. 시공자는 또한 자신의 제출물에서 인근 건물, 도로 하부구조, 공익시설 및 기타 시설물의 보전이 위협받지 않고 계약의 요구조건을 충족시키는 것을 제시한다.

추가로, 시공자는 또한 CNSS에서 건설공사 기간 중 모든 가능한 위험이 적절한 위험 분석 및 관리를 통하여 이전되는 것을 제시한다. CNSS에 관한 상세한 요구조건은 일반시방서 부록 A에 포함되어 있다. CNSS는 감독관의 승낙을 받아야 한다.

3.4 철도보호 및 안전지역에서 엔지니어링 공사 및 제한된 활동

3.4.1 DBC(LTA)는 고속운송시스템(운송보호, 제한된 활동)규칙 및 고속운송시스템(철도회랑 및 철도보호 구역)규칙, 철도보호를 위한 실행법, 철도보호 및 안전지역 이내에서 제한된 활동을 이행하기 위한 지침 및 현재 유효한 고속운송시스템과 관계되는 기타 규칙 하에서 철도를 보호할 권한을 위임받았다.

시공자는 엔지니어링공사를 시행하고 또는 철도보호 및 철도안전지역에서 제한된 활동을 할 때 이러한 규칙에 순응하고 법의 요구조건을 충족시킨다.

엔지니어링공사의 정의는 철도보호를 위한 실행법에서 자세히 설명되어 있다.

GS-4

3.4.2 Engineering evaluations of the effects and implications of the works on the operating rapid transit system including any other relevant documents such as drawings, method statements, monitoring proposal, risk/hazard analysis, contingency action plans, etc in accordance to the regulations and the relevant Code of Practice; shall be submitted to the DBC (LTA) for clearance before the proposed works are allowed to commence at Site. The Contractor shall also furnish any additional information and carrying out additional analysis that may be required to demonstrate that the Contractor's proposed method of work is safe and can be carried out within the requirements of the Code of Practice for Railway Protection.

3.4.3 The Contractor shall engage a Professional Engineer (PE), registered with the Professional Engineers Board, Singapore to provide standing supervision of critical engineering works and restricted activities at sites within the Railway Protection Zone. The Professional Engineer shall be responsible to ensure that works carried out within the Railway Protection Zone are safe and that they do not endanger the integrity and safety of the existing rapid transit systems and operations from the hazards that may be posed by such activities. He shall keep proper daily record at the Site of the details of the conditions of the plant and equipment deployed at the Site, supervisory staff employed details of arrangement made to safeguard the rapid transit systems as outlined in the method statement, etc.

4. Temporary Portable Toilets

4.1 The Contractor is required to maintain the Site in a hygienic condition at all times with proper sanitation facilities for construction workers in addition to those provided elsewhere on the Site.

4.2 Adequate temporary portable toilets with washing facilities are to be provided at Site as directed by the Engineer for the whole duration of the Works.

4.3 These toilets shall be serviced and cleaned frequently to ensure that these are kept clean and tidy. The Contractor shall provide necessary protective measures for the Engineer's acceptance to ensure that any overflow of sewage or wastewater or any discharge from cleaning or washing these toilets will not contaminate the concrete base slabs and/or floor finishes.

4.4 The Contractor shall provide proper signs and ensure construction workers working on Site use these toilet facilities set up for their needs.

GS-4

3.4.2 규칙 및 관련 시행령에 따라서 도면, 작업방법 기술서, 감시제안서, 위험분석, 비상행동계획 등과 같은 어떠한 관계 문서를 포함하여 고속운송시스템을 운용하는데 관한 공사의 효과와 함축에 대한 엔지니어링 평가는 제안된 공사가 현장에서 시작하는 것을 허락하기 전에 승인을 위하여 DBC(LTA)에 제출된다.

시공자는 어떠한 추가 정보를 제공하고, 철도보호를 위한 시행령의 요구조건 안에서 시공자의 제안된 작업방법이 안전하고 시행될 수 있는가를 제시하는 필요한 추가 분석을 이행한다.

3.4.3 중대한 엔지니어링 공사에 대한 상시 감리 및 철도보호 구역 안에서 현장에서 제안된 활동을 감리하기 위하여 시공자는 전문기술자협회에 등록되어 있는 전문기술자(PE)를 고용한다. 전문기술자는 철도보호 구역 안에서 시행되는 공사가 안전하고 그것들이 그와 같은 활동에 의하여 노출될 수도 있는 위험으로부터 기존의 고속운송시스템 및 운영의 보전과 안전을 위험하게 하지 않는다는 것을 보장할 책임이 있다.

그는 현장에서 배치된 플랜트와 장비 상태의 상세사항에 대한 적절한 일일 기록을 유지하고 작업방법 기술서 등에서 밝혀진 고속운송 시스템을 보호하기 위하여 작성 · 채용된 감리원의 상세배치 내역을 유지한다.

4. 임시 이동 화장실

4.1 현장에서 도처에 제공된 것에 첨가하여 건설노동자들을 위한 적절한 위생 시설물을 함으로써 시공자는 현장을 언제나 위생적인 상태를 유지하도록 요구된다.

4.2 전 공사 기간 중 감독관이 지시한 대로 현장에 세면 시설이 있는 충분한 이동 화장실을 제공해야 한다.

4.3 이러한 화장실은 청결하고, 말쑥하게 유지되는 것을 보장하기 위하여 용역과 청소가 자주 이루어져야 한다. 시공자는 청소 또는 화장실을 세척함으로써 하수 또는 폐수, 여하한 배출물의 범람이 콘크리트 기초 슬래브와 바닥 마감을 오염시키지 않는다는 것을 보장하기 위하여 필요한 예방대책을 감독관의 승인을 얻기 위해 제공한다.

4.4 시공자는 적절한 표지판을 제공하고 현장에서 일하는 건설노동자들이 그들의 니즈를 위하여 설치된 이러한 화장실을 이용하는 것을 보장한다.

GS-5

5. Consumables for Engineer's Offices

5.1 The Contractor shall provide and replenish consumables required for the Engineer's office such as toilet paper, soap, washing up liquid, detergent, plastic bags for rubbish and rubbish containers, fluorescent tubes, lighting bulbs and all necessary for the maintenance and upkeep of the office.

6. Worksite Plan and Access

6.1 The Contractor shall submit a Site Utilisation Plan showing the proposed location of offices, entrances, assembly areas during emergencies, fire engine access, sheds, temporary buildings, workers accommodation (if any) etc. for the Engineer's acceptance prior to construction.

6.2 The Contractor shall obtain a Factory Permit and other authorities' approval for truck wash facilities before construction of site facilities.

6.3 The Contractor shall provide accessways with proper drainage facilities from the public roads to the Site and within the Site including all necessary temporary roads, hardstandings for staging and storage areas, tracks, crossings, etc. and shall be responsible for the removal and reinstatement of any existing barriers or works affected by the access.

7. Signs, Advertisements and Publicity

7.1 Within one (1) month from Contract Award, the Contractor shall provide and maintain on Site approved signboards, including all necessary framing, stands and foundations, with descriptions of the project in the four official languages. The signboards shall be in accordance with a sample to be submitted by the Contractor and accepted by the Engineer. Within one (1) week of the substantial completion of the whole of the Works, the signboards shall be removed from the Site and disposed of. The area around the signboard shall be reinstated to match the existing or proposed works.

7.2 The Contractor shall not use the hoarding or any part of the Site or Works for advertising purposes, except with the specific written approval of the Engineer.

GS−5

5. 감독관 사무실용 소모품

5.1 시공자는 화장지, 비누, 세척제, 합성세제, 쓰레기 봉투, 쓰레기통, 형광등, 백열등 및 사무실을 유지하는데 필요한 모든 것과 같은 감독관 사무실에 필요한 소모품을 제공하고 보충한다.

6. 공사현장 계획 및 접근

6.1 시공자는 시공에 앞서 사무실 입구, 위치, 비상시 집합지역, 소방차 접근로, 창고, 가설건물, 근로자 숙소(있다면) 등의 제안된 위치를 보여 주는 현장 공익설비 계획을 감독관의 승인을 얻기 위해 제출한다.

6.2 시공자는 현장 시설물을 시공하기 전에 트럭세차 설비에 대한 공장허가 및 기타 당국자의 승인을 획득한다.

6.3 시공자는 공공도로로부터 현장까지 적절한 배수설비가 있는 접근도로 및 현장 내에서 모든 필요한 임시도로, 야적용 부지, 소도로, 교차로 등을 제공한다.
그리고 접근에 의하여 영향을 받는 여하한 기존 울타리 또는 공사의 제거나 원상복구에 대한 책임이 있다.

7. 표지, 광고 및 공표(선전)

7.1 낙찰 후 1개월 이내에 시공자는 현장에 필요한 모든 테두리, 대 및 기초가 있고 4개국 공식 언어로 프로젝트의 내역을 기술한 승인받은 입간판을 제공하고 유지한다.
입간판은 시공자가 제출하고 감독관이 승인하는 샘플대로 해야 한다. 전체공사의 실질적 완공일로부터 1주일 이내에 입간판은 현장에서 철거되고 처분된다. 입간판 주위는 기존의 또는 제안된 공사로 원상복구된다.

7.2 시공자는 감독관의 특별한 문서상 승인이 있는 것을 제외하고 울타리나 현장의 또는 공사의 여하한 부분을 광고 목적으로 사용하지 않는다.

7.3 Any information pertaining to the Project whether acquired during tendering or in performance of the Contract, shall not be disclosed in any manner whatsoever by the Contractor or his representatives, servants, agents or consultants to anyone without the prior written approval of the Authority or its authorised representatives.

8. Hoarding and Signs

8.1 The Contractor shall provide and regularly maintain temporary hoarding complete with gates, vehicular access, doors and fastenings, for the protection of the public and occupants of adjoining premises. Hoarding shall be constructed strictly to the requirements of the Engineer in accordance with the typical design and decoration details shown in the Drawings.

8.2 The Contractor shall provide hoarding along all worksites including site offices. This hoarding shall be of the same standard as that specified in Clause 8.1 above. All hoarding may be dismantled and relocated to suit the Contractor's method of working subject always to the Engineer's acceptance.

8.3 The Contractor shall liaise with the Engineer on all hoarding displays and signages prior to erection.

8.4 All hoarding and signboards put up by the Contractor must be maintained in good condition. Repairs to hoarding and signboards will be required of the Contractor when considered necessary by the Engineer.

8.5 The Contractor shall not allow any unauthorised signage, notices, posters or graffiti to be displayed on the hoarding and shall ensure that all such items are removed immediately.

8.6 The Contractor shall remove and dispose of the signboards from the Site upon instruction from the Engineer. The area around the signboards shall be reinstated to match the existing or proposed works.

9. Percentage Fee on Provisional Sum

9.1 Where certain Provisional Sum works are specified to be designed by the Contractor, the design cost of these Provisional Sum works is deemed to be included in the Contract and no other separate payment will be paid out of it from the Provisional Sum.

GS-6

7.3 입찰기간 중 또는 계약이행 중에 획득하였든지 간에 프로젝트에 관계된 여하한 정보는 무엇이든지 간에 어떠한 방법으로 당국자 또는 그의 인가된 대표자의 사전 문서상 승인 없이 시공자나 그의 대표자, 종업원, 대리점, 컨설턴트에 의하여 공개하지 않는다.

8. 울타리 및 표지

8.1 시공자는 공중 및 인접한 토지의 점유자들을 보호하기 위하여 정문, 차량접근, 문과 잠금장치를 갖춘 가설 담장을 제공하고 정기적으로 보수해야 한다. 담장은 도면에서 제시된 전형적인 설계 및 장식에 따라 감독관의 엄격한 요구조건을 수렴하여 시공된다.

8.2 시공자는 현장 사무실을 포함하여 모든 작업장을 따라 담장을 제공한다. 이 담장은 상기 8조 1항에 기술된 대로 동일한 기준이다. 모든 담장은 해체되고 언제나 감독관의 승인을 받는 조건으로 시공자의 작업방법에 맞추어 재배치될 수 있다.

8.3 시공자는 설치 전에 모든 담장 전시물과 표지를 감독관과 연락한다.

8.4 시공자가 설치한 모든 담장과 간판은 양호한 상태로 유지되어야 한다. 담장과 간판에 대한 수리가 감독관이 필요하다고 생각할 때 시공자에게 요구된다.

9. 잠정금액에 대한 보수비율

9.1 시공자에 의하여 특정한 잠정금액공사가 설계되도록 기술된 곳에서, 이러한 잠정금액공사의 설계비용은 계약에 포함된 것으로 간주된다. 그리고 잠정금액으로부터 그것에 대한 별도의 대금지급이 없을 것이다.

GS-7

9.2 The percentage fee(s) on the Provisional Sum inserted by the Contractor shall include and not be limited to the compilation and printing of the Provisional Sum tender documents and drawings, tender processing, tender clarifications, Contractor's recommendations, reports, award, contract administration, co-ordination and supervision of the Provisional Sum works. The Provisional Sum fee shall also include all the services required:-

a) for preparing the overall Programme for all Provisional Sum works for acceptance by the Engineer, including maintaining and updating the Programme as necessary;

b) for selecting / pre-qualifying and recommending acceptable sub-contractors for the Authority's approval to tender;

c) for preparing and issuing tender drawings and documentation complete with full Bills of Quantities / Price Schedules in the format acceptable to the Engineer / Authority;

d) for issuing the tender documents and drawings and for acting as Tender Co-ordinator in managing the overall tender exercise, i.e. preparing the tender schedule; updating, reporting, replying to Tenderers' queries; reviewing, evaluating and reporting on the tender returns; reporting on the selection and short-listing of tenderers for further evaluation and clarification of their tenders; issuing tender clarification questions; reporting on the acceptability of the answers received; preparing the Wrap-Up Letters and making recommendations on the award of the tenders for the Engineer's acceptance; arranging all meetings for tender evaluation and clarifications; providing sufficient copies of all documents, questions and answers; ensuring all shortlisted tenders are acceptable for award; repeating of the whole tender process if necessary to obtain acceptable tenders, any advertising costs incurred during the tendering process, etc.;

e) for co-ordination and supervision of the subcontract works including finalising the accounts for these Provisional Sum works;

f) gathering all as-built information affecting the Works and prepare the as-built drawings for the acceptance of the Engineer;

g) provision of all control samples of architectural materials/works to the acceptance of the Engineer;

GS-7

9.2 시공자에 의하여 삽입된 잠정금액에 관한 보수비율은 편집물에 제한되지 않고 잠정금액 입찰문서의 인쇄물 및 도면, 입찰과정, 입찰 설명하기, 시공자의 권고안, 보고서, 낙찰, 계약행정, 조정 및 잠정금액 공사의 감리를 포함한다.

a) 필요한 대로 공정표를 유지하고 또한 최신의 것으로 하는 것을 포함하여 모든 잠정금액 공사에 대한 전반적인 공정표를 감독관이 승낙하기 위하여 준비

b) 입찰에 대하여 당국자의 승인을 획득하기 위하여 수락될 수 있는 하도급자를 선정/사전 자격심사 및 추천

c) 감독관과 당국자에게 수락될 수 있는 양식으로 완전한 물공량 명세서/가격표를 구비한 입찰도면과 문서를 작성하고 발급하기

d) 입찰문서 및 도면을 발급하고 전반적인 입찰실행을 관리함에 있어서 입찰조정자로서 행동하는 것, 즉 다시 말하면 입찰을 준비, 갱신하기, 보고하기, 입찰자의 질의에 답변하기, 검토하기, 평가하고 입찰서 개찰 보고하기, 그들의 입찰에 대한 평가 및 설명을 위하여 입찰자 선정이나 선발 후보자 명단에 올리기에 대한 보고하기, 수취한 답변의 수락가능성에 관하여 보고하기, 요약서한 작성 및 감독관 수락용 낙찰자에 대하여 추천하기, 입찰 평가 및 설명을 위한 모든 회합 주선하기, 모든 문서, 질의 및 회신에 대한 충분한 복사물 제공하기, 모든 입찰 후보자 명단에 포함된 자들이 낙찰에 대하여 수락할 수 있는가를 확인하고, 필요하다면 수락할 수 있는 입찰자들을 획득하기 위하여 여하한 광고비용 등

e) 잠정금액 공사에 관한 정산을 끝내는 것을 포함하여 하도급계약 공사에 대한 조정 및 감리

f) 공사에 영향을 끼치는 정보 수집 및 감독관의 승낙을 위한 준공도면 작성

g) 감독관의 승낙을 위하여 건축자재/공사에 대한 모든 통제 샘플 제공

GS-8

h) preparing the Cost Loaded Programme for the Provisional Sum works, reporting and monitoring the progress of the Works;

i) scheduling and programming the Provisional Sum works to match the agreed Co-ordinated Installation Programme(CIP);

j) Contractor's profit and overheads, attendance upon the Provisional Sum works including any variation works;

k) providing the Provisional Sum works Sub-contractors full access to all available site, storage, protection, lifting facilities and scaffolding including its usage without separate levies or charges;

l) providing manpower and equipment to clear up and dispose off all waste generated by the Provisional Sum works;

m) providing all Provisional Sum works Sub-contractors with water and electricity supply for the Works without separate metering, additional levies or charges, etc.;

n) providing the Environmental Considerations, Safety and Security Programme Plan to include the Provisional Sum works;

o) the Contractor shall upon the substantial completion of the Provisional Sum works sub-contract, assess the performance of the appointed Provisional Sum works Sub-contractors and submit to the Engineer a "Performance Report for Sub-Contractor". The report shall be prepared in accordance with the attached sample format given in **Table 9-2**; and

p) for all other duties required by the Engineer regarding these works.

9.3 The percentage fee(s) shall not be varied regardless of the extent of the Provisional Sum expenditure. The fee payable by the Authority on the actual Provisional Sum expenditure will be the fixed percentage fee (and not the amount) as inserted by the Contractor in the Form of Tender applied to the actual Provisional Sum expenditure.

9.4 The Contractor shall be fully responsible for all the works undertaken by his Sub-contractors under the Provisional Sum.

GS-8

h) 잠정금액 공사용 원가가 들어간 공정표 작성, 공사의 진행을 보고하고 모니터하기

i) 합의 · 조정된 설치공정표와 일치시키기 위하여 잠정금액 공사를 스케줄링하고 계획하기

j) 시공자의 이윤 및 본/지사 관리비, 여하한 설계변경 공사를 포함하여 잠정금액 공사를 수행하기

k) 잠정금액 공사 하도급자들에게 별도의 부과금 또는 청구하지 않고 모든 이용 가능한 현장, 야적장, 보호시설, 양중시설 및 지주에 대한 완전한 접근을 제공하기

l) 잠정금액 공사에 의하여 발생한 모든 폐기물을 청소하고 처분할 인력과 장비를 제공하기

m) 별도의 계량, 추가 부과금 또는 청구 없이 모든 잠정금액 공사 하도급들에게 공사용 용수 및 전기 공급하기

n) 잠정금액 공사를 포함하는 환경적 고려사항, 안전 및 보안프로그램 계획을 제공하기

o) 시공자는 잠정금액 공사 하도급계약의 실질적인 준공 후에 임명된 잠정금액 공사 하도급자의 성과를 평가하고 감독관에게 "하도급자의 성과보고서"를 제출한다. 보고서는 표 9-2에서 첨부된 샘플 양식에 따라 작성된다.

p) 이러한 공사와 관련하여 감독관이 요구하는 모든 의무사항

9.3 잠정금액 지출의 한도에 상관없이 보수비율은 변동되지 않는다. 실제적인 잠정금액 지출에 관하여 당국자가 지급하는 보수는 시공자가 입찰서 양식에서 실제적인 잠정금액 지출에 적용되는 것에 삽입한 바와 같이 고정된 보수비율(금액이 아님)이다.

9.4 시공자는 잠정금액 하에서 하도급자에 의하여 시공된 모든 공사에 대하여 전적으로 책임이 있다.

GS-9

9.5 The Contractor shall observe the Authority's internal procedures on all tenders involving Provisional Sum works. Document charges (if any) levied for collection of tender documents shall be consistent with those charged by the Authority, which are at cost.

9.6 The Contractor shall recommend at least 8 Tenderers for the External Facade Finishes Provisional Sum works tender. The Contractor's participation in these tenders is at the sole discretion of the Authority and if allowed, the Percentage Fee on Provisional Sum works shall be paid to the Contractor just like any other successful tenderer for such works. The Authority is not obligated to give any reason to the Contractor if the Authority chooses not to allow the Contractor to tender. The Contractor is deemed to be participating in the tender if any of the recommended tenderers is related to the Contractor or Joint Venture partner(s) through majority or controlling shareholding in the Company. Only one tender can be submitted by the Contractor (his Joint Venture partners and all of their associated companies included) if allowed by the Authority to participate. In the event that the Contractor is allowed to tender then the tendering procedure shall strictly follow such further procedures as required by the Authority.

9.7 Provisional Sum tenders for Supply of Drainage Pumps, Fire-rated Doors/Shutters and Ironmongery shall be called by the Authority on behalf of the Contractor. The Contractor is required to enter into sub-contract with each of these successful tenderers.

9.8 In preparing the tender documentation, the Contractor shall endeavour to incorporate these requirements:-

a) Tender procedures should be transparent and should follow the Authority's guidelines on tender practices.

b) The proposed Liquidated Damages for the Provisional Sums works sub-contract shall be subjected to the Engineer's approval. Such Liquidated Damages for the Provisional Sum works sub-contract shall not be the same as the Liquidated Damages payable by the Contractor under the main contract.

GS-9

9.5 시공자는 잠정금액 공사를 포함하여 모든 입찰에 관한 당국자의 내부 절차를 준수한다. 입찰문서를 입수하기 위하여 부과되는 문서대금(있다면)은 당국자에 의하여 청구되는 것, 즉 실비와 일치해야 한다.

9.6 시공자는 적어도 외부정면 마감 잠정금액 공사 입찰을 위하여 8명의 입찰자들을 추천한다. 이 입찰에 시공자가 참여하는 것은 당국자의 전적인 자유재량에 달려 있다.
만약에 허용되면, 잠정금액 공사에 관한 보수비율이 그와 같은 공사에 대하여 여타의 성공적인 입찰자들과 같이 시공자에게 지급된다.
당국자는 만약에 당국자가 시공자가 입찰하는 것을 허용하지 않기를 선택한다면 시공자에게 사유를 제시할 의무가 없다. 시공자는 만약에 추천된 입찰자들 중에 누군가 시공자 또는 합작사 파트너와 그 회사에 있어서 대주주 또는 지배주주를 통하여 관계가 있다면 입찰에 참여하는 것으로 간주된다.
오직 한 개의 입찰이 시공자(그의 합작 파트너 및 그들의 연관된 모든 회사를 포함하여)에 의하여 제출될 수 있다. 만약에 시공자가 입찰이 허용된다면, 그때는 입찰절차는 엄격히 당국자에 의하여 요구되는 절차를 따르게 된다.

9.7 배수펌프공급, 화재 등급이 되어 있는 문/방화문 및 철물에 대한 잠정금액 입찰은 시공자를 대리하여 당국자가 실시한다. 시공자는 이들 각각의 성공한 입찰자들과 계약을 체결하는 것이 요구된다.

9.8 입찰문서를 작성함에 있어서 시공자는 이러한 요구조건을 통합하기 위하여 노력한다.

a) 입찰절차는 투명해야 하고 입찰업무에 관한 당국자의 지침을 따라야 한다.

b) 잠정금액 공사의 하도급에 대한 제안된 지체배상금은 감독관의 승인을 받아야만 한다.
그와 같은 잠정금액 하도급에 대한 지체배상금은 주 계약 하에서 시공자가 지급하는 지체배상금처럼 동일해서는 안 된다.

GS-10

c) The Contractor shall inform all tenderers to strictly follow the Authority's procedures. All tender submissions including queries and tender clarification answers must be deposited in the Authority's tender box or handed over to the Authority's Tenders Section staff as directed. Tender and answer submissions shall be jointly opened by the representatives from the Authority and the Contractor.

d) Where the Contractor, its partners and/or related companies participates in the tender, all the other tenderers must be invited to witness the opening of the financial packages of the tender.

e) Tender documents, drawings and control samples of materials must clearly demarcate the extent of work for both the Provisional Sum tender and those of Civil or other contractors.

f) Tender documents and drawings must be accepted by the Engineer before the invitation to tender can be sent out.

g) The tender period should generally not be less than 6 weeks. The Contractor must allow a further 2 months for the Authority's review of the Contractor's recommendation for the award of the sub-contract(s).

h) The Contractor shall also allow at least 28 days for each presentation for the Engineer's review of the tender documentation and drawings. The Contractor shall incorporate all comments by the Engineer and resubmit as quickly as possible for further review, taking into account the minimum time of 28 days required by the Engineer to collate all the comments for each review exercise.

i) The Authority wishes to encourage local participation in these tenders and the Contractor shall invite at least seven (7) local tenderers. Tenderers registered with the Building and Construction Authority in the appropriate trades and financial category and with good track records shall be invited. The Authority is not obliged to give any reason for the rejection of any tenderer. The Contractor shall replace a rejected tenderer with another tenderer for the Authority's acceptance. The Authority shall have the discretion to include others to tender provided these tenderers are also acceptable to the Contractor.

GS-10

c) 시공자는 모든 입찰자들에게 당국자의 절차를 엄격하게 따를 것을 알려야 한다. 질문 및 입찰해명 답변을 포함한 모든 입찰제출물은 당국자의 입찰상자 안에 보관되어야 하거나 지시된 대로 당국자의 입찰과 직원에게 인도된다. 입찰 및 답변 제출물은 당국자와 시공자의 대표자들에 의하여 합동으로 개봉된다.

d) 시공자, 그의 동업자 그리고/또는 관계사가 입찰에 참여하는 곳에서, 모든 여타의 입찰자들은 입찰의 재무적 패키지 개봉을 목격하도록 초청되어야 한다.

e) 입찰문서 및 도면, 자재에 대한 관리 샘플은 분명히 잠정금액 입찰 및 그것들의 토목이나 다른 시공자들을 위하여 공사의 한계를 정해야 한다.

f) 입찰문서 및 도면은 입찰초청장이 발송되기 전에 감독관에 의하여 수락되어야만 한다.

g) 입찰기간은 일반적으로 6주보다 적어서는 안 된다. 시공자는 하도급계약의 낙찰을 위하여 시공자 권고를 당국자가 검토하기 위하여 추가로 2개월을 허용하지 않으면 안 된다.

h) 시공자는 또한 입찰문서 및 도면에 대한 감독관의 검토를 위하여 각각의 프레젠테이션을 위해 적어도 28일을 허용해야 한다. 시공자는 감독관에 의한 모든 논평을 통합하고 각각의 검토과제에 대하여 모든 감독관에 의하여 요구되는 최소시간 28일을 감안하여 차후의 검토를 위하여 가능한 한 빨리 재제출한다.

i) 당국자는 이러한 입찰에 현지인 참여를 장려하기를 원하고, 시공자는 적어도 7명의 현지 입찰자를 초청한다. 적절한 공종 및 재무적 범위에서 건물 및 건설국에 등록되었고, 양호한 실적을 가지고 있는 입찰자들은 초청받는다.
당국자는 어떠한 입찰자의 거절에 대한 사유를 제공할 의무가 없다. 시공자는 거절된 입찰자를 당국자의 수락을 위하여 다른 입찰자로 교체한다. 당국자는 이러한 입찰자들이 또한 시공자에게 수락된다면 타인을 입찰에 포함시키는 자유재량권을 갖는다.

GS-11

10. Environmental, Safety and Security Consideration (ESS)

10.1 The Contractor shall throughout the progress of the Works have full regard for the safety of all persons entitled to be upon the Site and shall keep the Site and the Works in a safe state, to avoid danger to such persons and shall maintain at his own cost all ventilation, lights, security personnel, fences, warning signs and watching when and where necessary or required by the Engineer or by any statutory or other agencies for the protection of the Works or for the safety and convenience of the public or others. Detailed requirements regarding Safety, Health and Environment, Site Security and Vehicular Control, Workers' Quarters and Lifting Operations are included as **Appendix A** of the General Specification.

10.2 Safety Performance Scheme (SPS)

10.2.1 The Contractor shall cost load 1.5% of the lump sum stated in the Letter of Acceptance for the provision of ESS facilities.

10.2.2 The Safety Performance Scheme comprising bonus and discount elements is set up to motivate contractors to improve the safety performance on Site. The total bonus or discount under this scheme is subject to a cap of $1 million.

10.2.3 The Engineer shall conduct a monthly ESS assessment using the form in **Attachment A-5** (of **Appendix A** of the General Specification**)** on the Contractor's ESS provisions. Upon completion of the assessment, the Engineer will compute the ESS final score for each month.

a) The period for Safety Performance Scheme comprises 3 bands. Each band is given a weightage for computing the ESS payment. The Contractor shall refer to the banding and weightage illustrated in **Diagram 10.1.**

GS-11

10. 환경, 안전 및 보안 고려사항(ESS)

10.1 시공자는 공사의 진행을 통하여 현장에 있는 자격 있는 모든 사람들의 안전에 대하여 완전히 고려해야 하고, 그와 같은 사람들에 대한 위험을 회피하기 위하여 안전한 상태에서 현장과 공사를 유지하고 또한 자신의 비용으로 모든 환풍, 조명, 보안인력, 담장, 경고 표지 및 감시를 필요할 때, 그리고 필요한 곳이나 감독관이 요구할 때 또는 공사의 보호를 위하여 성문법상의 기타 기관에 의하여 또는 공중, 타인의 안전과 편의를 위하여 요구될 때에 유지한다.
안전, 보건 및 환경, 현장 보안 및 차량통제, 기능공의 숙소나 양중작업에 관한 상세한 요구조건은 일반시방서 부록 A에 포함되어 있다.

10.2 안전이행 계획(SPS)

10.2.1 시공자는 환경, 안전 및 보안시설물의 공급에 대하여 수락서한에서 진술된 총 계약금액의 1.5%를 원가에 첨가한다.

10.2.2 보너스와 할인요소로 구성된 안전이행 계획은 시공자가 현장에서 안전성과를 향상시키는 것을 동기 부여하기 위하여 설정되었다. 본 계획 하에서 총 상여금 또는 할인은 최대 싱가포르 달러 1백만 달러까지이다.

10.2 3 감독관은 시공자의 ESS규정에 관한 별첨 A-5(일반시방서 부록 A)에 있는 양식을 사용하여 월별 ESS 평가를 실시한다.

a) 안전이행계획에 대한 기간은 3권역으로 구성된다.
각각의 권역은 ESS지급을 계산하기 위하여 가중치가 제시되어 있다. 시공자는 도표 10.1에서 예시된 권역과 가중치를 참조한다.

GS-12

Diagram 10.1

Band 1 20%	Band 2 70%	Band 3 10%
Actual Start Date of Earth Retaining System to Planned End Date of Earth Retaining System	Actual Commencement of Excavation Works for Tunnel/Structures to BSC[1]	Actual BSC to Planned Power On Date
Commencement of SPS ⟵⟶		End Of SPS

b) Interim payment on the Contractor's ESS provisions is made up of 2 components. The first component, Monthly Fixed Weighted ESS Component. The second component, Monthly Variable Weighted adjustment (bonus/discount) based on his ESS score achieved in accordance to **Table 10.1**. The computation of the interim ESS payment is given as follows:

$$\text{Interim ESS payment} = \underbrace{\left[\frac{1.5\% \times W_i \times C}{D_i}\right]}_{\text{Fixed Component}} + \underbrace{\left[\frac{A\% \times W_i \times C}{D_i}\right]}_{\text{Variable Component}} \quad \text{where}$$

W_i = Weightage of each band
C = Contract Value
D_i = Duration of each band
A = Variable Adjustment according to Table 10.1

[1] BSC refers to last Basic Structure Completion Date.

GS-12

도표 10.1

권역 1 20%	권역 2 70%	권역 3 10%
실질적 토옹벽 시스템 개시일부터 계획된 토옹벽 시스템 종료일까지	실질적 터널/구조물에 대한 굴착공사 시작부터 최종 기본 구조물 준공일까지	실질적 기존 준공일부터 계획된 가동일
안전이행계획 개시 ◀──	────────────	──▶ 안전이행계획 종료

b) 시공자의 ESS규정에 관한 임시지급은 2개의 요소로 되어 있다.
첫째 요소는 월별 고정된 가중치 ESS요소, 두 번째 요소는 표 10.1에 따라서 성취한 자신의 ESS 점수에 근거하여 월별 변동 가중치 조정(상여금/할인) 임시적 ESS지급에 대한 계산방법은 다음과 같다.

$$\text{임시 ESS지급} = \underbrace{\frac{[1.5\% \times Wi \times C]}{Di}}_{\text{고정된 요소}} + \underbrace{\frac{[A\% \times Wi \times C]}{Di}}_{\text{변동된 요소}}$$

Wi = 각 권역의 가중치

C = 공사계약금액

Di = 각 권역의 기간

A = 도표 10.1에 따라 변동조정

BSC는 최종 기본 구조물 준공일을 가리킨다.

GS-13

c) The Planned End Dates for bands 1, 2 and 3 shall be subject to 6 monthly or at other intervals review as deemed appropriate by the Engineer. In the event of delay in any of the bands, the monthly Fixed and Variable Weighted Components in each band shall be adjusted using the revised dates for the band regardless of the cause of the delay. The adjustment of the Fixed and Variable Weighted Component based on the revised dates is for the purpose of ensuring that the SPS remains effective during the 'extended' period and shall not be construed as an extension of time under Clause 51 of the Conditions of Contract. The Contractor shall separately apply for extension of time under the said Clause. Please refer to working examples on adjustment of ESS payments due to delays.

d) If the Contractor achieves an ESS score of 65, he will be paid the Monthly Fixed Weighted ESS Component without the monthly variable weighted adjustment. If the Contractor achieves an ESS score higher than 65, the Contractor will be paid an adjustment which is added to the Monthly Fixed ESS Component. If the Contractor achieves an ESS score lower than 65, the adjustment would be deducted from the Monthly Fixed Weighted ESS Component. The Contractor will be paid the bonus or allow the Authority the discount on a monthly basis and the cumulative total adjustment, subject to a cap of $1 million, will be added to or deducted from the Final Account.

GS-13

c) 권역 1, 2 및 3에 대한 계획된 종료일은 감독관에 의하여 적절하다고 간주되는 대로 6개월 또는 기타 간격의 검토를 받아야 한다. 어떠한 권역에 있어서 지연이 있는 경우에는 각 권역에 있는 월 고정 및 변동가중치 요소는 지연의 원인에 관계없이 권역에 대한 수정된 날짜를 사용하여 조정된다.
수정된 날짜에 기초한 고정 및 변동 가중치 요소의 조정은 안전이행계획이 연장된 기간 동안에 유효한 채로 남아 있는 것을 보장하기 위한 목적이고 계약조건 제51조 하에서 공기연장으로 해석되지 않는다. 시공자는 별도로 상기의 조정 하에서 공기연장을 신청한다. 지연으로 인한 ESS 지급의 조정에 관한 계산 샘플을 참조하시오.

d) 시공자가 ESS 점수 65를 성취하면, 시공자는 월별 변동 가중치 조정 없이 월별 고정 가중치 ESS 요소를 지급받는다. 만약 시공자가 ESS 점수 65점 이상을 달성하면, 시공자는 월별 ESS 요소에 첨가된 조정으로 지급받는다.
만약 시공자가 ESS 점수를 65점 미만으로 성취하면, 조정은 월별 고정 가중치 요소로부터 감액된다. 시공자는 상여금을 지급받거나 당국자가 월별 베이스로 할인을 허용하고, 누적 총 조정금액은 싱가포르 달러 1백만 달러를 한도로 하여 최종 정산에 첨가되거나 감액된다.

Model– 19 **Bill of Quantities**

Qatari Diar Real Estate Investment Company
Lusail Development Project

Volume 2
BOQ

Part 2

Preamble to BOQ

PREAMBLE TO BOQ

TABLE OF CONTENTS

모델– 19 물공량 명세서

카타르 디아르 부동산투자회사

×××개발 프로젝트

볼륨 2

물공량 명세서

파트 2

물공량 명세서 서문

서 문

순서

1.0 GENERAL

1. The Tender Price entered in these Bills of Quantities shall be a lump sum price for the whole of the works. However the Tenderer should be aware that certain Preliminaries items, as listed in Section 4 – Preliminaries, are re-measurable.

2. The Tenderer shall note that the Employer shall have the right, during the Contract period, to increase or decrease the Works in compliance with the Conditions of Contract, by up to 20% (twenty percent) of the Accepted Contract Amount.

3. The Tenderer shall price the Whole of the Works, and submit a Tender, in accordance with the Tender Documents. A Tender which excludes part of the Works may be rejected as unresponsive.

4. The Works will not be subject to re-measurement, except for those Preliminaries Items listed in Section 4 below, and the Contract Price will not be adjusted or altered in any way whatsoever except in accordance with the Contract.

5. Except as provided under Clause 13 (Variations and Adjustments) the quantities set out in the Bills of Quantities are to be taken to be the actual and correct quantities of the works to be executed by the Contractor in fulfilment of the Contractor's obligations under the Contract and are not subject to re-measurement except for those Preliminaries Items listed in Section 4 below. Any error in or omission from the Bill of Quantities shall not in any way vitiate or invalidate the Contract nor be grounds for adjusting the Contract Price.

6. Variations under Sub-Clause 13 (Variations and Adjustments) shall be evaluated and agreed using the following criteria:
   a) In the first instance using rates and prices in the Contract with reasonable adjustments, if required, to take account of any differences in the nature of or execution of the Works;
   b) if existing rates and prices are not relevant then using new rates and prices derived from relevant or equivalent rates or prices in the Contract.
   c) if no rates or prices are relevant for the derivation of new rates or prices the Variation shall be evaluated based on costs plus reasonable profit.

1.0 일반 사항

1. 물공량 명세서에 기재된 금액은 공사 전체에 대한 총금액이다. 그러나 입찰자는 섹션 4 잠정란에 열거된 대로 특정한 잠정적 항목은 재검측됨을 알아야 한다.

2. 입찰자는 계약기간 중에 발주자가 계약조건에 순응하여 수락한 계약금액의 20%까지 공사를 증액하거나 감액할 권리를 갖는다는 것을 명심한다.

3. 입찰자는 공사 전체를 가격산정하고 입찰서를 입찰조건에 따라 제출한다. 공사의 일부를 제외한 입찰은 사절될 수 있다.

4. 섹션 4에서 열거된 잠정항목을 제외하고 공사는 재검측을 받지 않는다. 그리고 계약금액은 계약에 따르는 것을 제외하고 어떠한 방법으로 조정되지 않거나 변경되지 않는다.

5. 제13조(설계변경 및 조정) 하에서 규정된 것을 제외하고, 물공량 명세서에서 규정된 물량은 계약 하에서 시공자의 의무를 이행함에 있어 시공자가 이행할 실제적이고 정확한 공사물량으로 간주된다. 그리고 섹션 4에서 열거된 잠정항목을 제외하고 재검측을 적용받지 않는다. 물공량 명세서에서의 오류 및 누락은 결코 계약을 손상 또는 무효화하지 않고, 계약금액을 조정하는 근거가 되지 않는다.

6. 제13조(설계변경 및 조정) 부칙 하에서 설계변경은 아래의 기준을 사용하여 평가되고 합의된다.
   가) 첫째로 계약에 있는 요율과 단가를 사용하여 합리적인 조정을 하고, 필요하다면 공사의 성격 또는 시행에 있어 차이를 계산한다.
   나) 만약에 기존의 요율 및 단가가 관련이 없다면, 계약에서 연관이 있는 또는 동등한 요율 및 단가에서 나오는 새로운 요율 및 단가를 사용한다.
   다) 새 요율 및 단가의 유추를 위하여 요율 및 단가가 관련이 없는 경우에 설계변경은 원가 더하기 합리적인 이윤을 근거로 하여 평가된다.

7. Where reference is made to Conditions of Contract this means the Conditions of Contract for Construction First Edition 1999 published by the Fédèration International des Ingénieurs-Conseils (FIDIC).

8. Deletion of individual items from the Contract, and/or omission of any item(s) in full or in part shall not entitle the Contractor to reimbursement for loss or alleged loss of overheads or profit or to financial compensation for executing a reduced Scope of Work.

9. The Contractor shall not use the Bill of Quantities as the basis for any construction programming or for the purposes of ordering materials or arranging sub-contracts. The references for these activities will be the drawings, specification.

2.0 METHOD OF MEASUREMENT

1. Unless stated otherwise the Bills of Quantity have generally been measured and prepared in accordance with the Institution of Civil Engineers (UK) Civil Engineering Standard Method of Measurement, third edition (CESMM3).

2. In pricing the document the tenderer will be deemed to have taken account of all measurement, definition and coverage rules within CESMM3.

3. Paragraphs 5.25, 5.26, 6.3, 6.4, and 6.5 of CESMM3 do not apply.

3.0 PRICING

1. The Bills of Quantities shall be fully priced. A rate or price shall be entered against each item in the Bills of Quantities and any item left unpriced will be deemed to be included for elsewhere in the Bills of Quantities and hence the rate for that item shall be NIL. The Contractor will be asked to identify where in the Bills of Quantities the item has been priced and to provide a detailed breakdown of that price.

2. Lump sums set against groups of items are not acceptable. The Contractor will be asked for a full breakdown of all lump sums included in the priced Bills of Quantities.

7. 계약조건을 참조하는 곳에서, 이것은 국제컨설팅엔지니어연맹(FIDIC)에서 출판된 "건설용 계약조건 초판 1999년" 을 의미한다.

8. 계약으로부터 개별 항목 삭제 및 어떠한 항목을 전액 또는 부분적으로 생략하는 것이 시공자로 하여금 손실에 대한 상환이나 관리비와 이윤의 주장된 손실 또는 줄어든 공사범위를 이행함에 대한 재무적 보상을 주장할 권리가 없다.

9. 시공자는 물공량 명세서를 건설용 프로그래밍에 대한 근거 또는 자재를 발주할 목적이나 하도급계약을 준비할 목적으로 사용할 수 없다. 이러한 활동을 위한 참조는 도면, 시방서이다.

2.0 검측 방법

1. 달리 진술되지 않는 한, 물공량 명세서는 일반적으로 검측되었고, 영국의 토목엔지니어협회의 토목엔지니어링 표준 검측 방법, 제3판(CESMM3)에 따라 작성되었다.

2. 문서를 가격 산정함에 있어서 입찰자는 모든 검측, 정의 및 커버 규칙을 고려한 것으로 간주된다.

3. CESMM3의 문단 5.25, 5.26, 6.3, 6.4 및 6.5는 적용되지 않는다.

3.0 가격 산정

1. 물공량 명세서는 가격이 완전히 기재되어야 한다. 요율 또는 단가는 물공량 명세서의 각 항목마다 기재되어야 하고, 금액이 산정되지 않은 채 비어 있는 항목은 물공량 명세서의 다른 곳에 포함된 것으로 간주된다. 그리고 기재되지 않은 항목에 대한 요율은 0이다.

2. 항목들의 그룹에 매겨진 총액은 용납되지 않는다. 시공자는 가격이 산정된 물공량 명세서에 포함된 모든 총액의 완전한 내역을 요구받는다.

3. Rates and prices shall be inserted in the rate column of the Bills of Quantities in Qatari Riyals with Dhirams inserted as decimal fractions of one Riyal.

4. The Tenderer shall carry all page totals to the section summary and all section summary totals to the Main summary page.

5. The Tenderer shall complete the main summary in full, including the profit and overheads section. The percentage allowances will be used in the valuation of any Variations under Clause 13 and will be deemed as reasonable profit under the Contract.

6. Where the Tender Price is computed by a Tenderer by making a lump sum adjustment to the summed total of the Bills of Quantities or to the summed total of a section of the Bills of Quantities, then the lump sum adjustment so made will be deemed to apply proportionally to the individual rates and prices throughout the Bills of Quantities, or throughout that section of the Bills of Quantities, with the exception of Provisional and PC Sums.

7. Tenderers shall satisfy themselves as to the sources of supply, sufficiency and means of obtaining and delivering all materials, water, fuel, power and other matters or things required for the Works and they must examine and consider all other matters and all possible and probable contingencies and generally must obtain their own information on all matters that may affect the Works and all associated risks which shall be deemed to be covered within the rates and prices entered into their Tender.

8. Tenderers shall acquaint themselves with and make due allowance in their programme and pricing for port congestion and surcharges, costs of air-freighting and trucking imported materials, difficulties connected with obtaining continuous adequate supplies and difficulties that may be experienced in obtaining clearances, visas and in mobilising all staff and labour.

3. 요율과 단가는 물공량 명세서의 요율란에 카타르 리얄화로 삽입된다.

4. 입찰자는 모든 페이지 합계를 섹션 합계로 옮겨 적고 또한 모든 섹션 합계는 매인 요약 페이지에 옮겨 적는다.

5. 입찰자는 주요 요약을 이윤 및 관리비 섹션을 포함하여 완전히 완성한다. 제13조에서 어떠한 설계변경의 평가금액은 퍼센트 어라우언스(Percentage Allowance)를 사용하고 본 계약 하에서 합리적인 이윤으로 간주된다.

6. 입찰금액이 물공량 명세서의 합계된 총액에 대하여 또는 물공량 명세서의 섹션 합계된 총액에 대하여 총액 조정을 함으로써 입찰자가 계산한 곳에서, 여태까지 행해진 총액 조정은 물공량 명세서를 통하여 개별적 요율 및 단가에 대하여 또는 물공량 명세서의 섹션을 통하여 비율적으로 적용되는 것으로 간주한다. 잠정금액 및 프라임 코스트 금액은 제외한다.

7. 입찰자는 공사에 필요한 모든 자재, 용수, 연료, 전기 및 기타 문제나 사항에 대한 공급원천, 충분성이나 획득 조달에 대하여 스스로 만족해야 하고 그들은 기타 모든 문제와 가능하고, 생길지도 모르는 예비비를 검토하고 고려해야 하며, 그들은 공사에 영향을 주는 모든 문제와 그들의 입찰서에 기재된 요율과 단가 안에서 커버되는 것으로 간주될 모든 관련 위험에 관하여 일반적으로 자신의 정보를 획득해야만 한다.

8. 입찰자들은 항만적체 및 부가요금, 항공운송료 및 수입자재에 대한 운송, 계속적으로 충분한 공급품을 획득하는 것과 관련된 어려움 및 통관, 입국사증 및 직원과 근로자를 동원함에 있어서 겪게 될 수도 있는 어려움 등을 파악하고 그들의 공정표나 가격산정에서 충분히 반영하여야 한다.

4.0 TENDERER'S ADJUSTMENT SCHEDULE

1. No alterations shall be made to the printed text of the Bills of Quantities and any such alteration shall be ignored and the text read as originally printed.

2. If the Tenderer deems it necessary they may include for items additional to those in the Bills of Quantities or for any omission from the Bills of Quantities in the Tenderers Adjustment Schedule which has been included at the end of each Bill section.

3. Any additions or omissions entered into the Tenderers Adjustment Schedule must have been measured and prepared in accordance with the Institution of Civil Engineers (UK) Civil Engineering Standard Method of Measurement, third edition (CESMM3).

4. In pricing the additions and omissions the Tenderer will be deemed to have taken account of the measurement, definition and coverage rules within CESMM3.

5. The Tenderer will be required to submit all quantity take off calculations and any other documentation deemed necessary by the Engineer in order to justify the additional and/or omitted items.

5.0 PRELIMINARIES

6. Interim payments for Preliminaries shall only be made for those costs which have been properly incurred and for which the Contractor has inserted prices against the items in the Bills of Quantities Preliminaries Section. Payment for such shall be valued proportionally at the same rate as the value of permanent work executed in any month bears to the total value of permanent work included in the Contract.

7. In addition, at the Engineer's discretion and only where priced for by the Contractor in the Bills of Quantities Preliminaries section the cost of Insurances and Performance Bond may be certified by the Engineer for payment in full when executed. Such certification shall be the lesser value of:

4.0 입찰자의 조정 별표

1. 물공량 명세서의 인쇄된 원본에 대한 어떠한 변경이 행해지지 않고, 그와 같은 변경은 무시되고 원본은 당초 인쇄된 대로 읽혀진다.

2. 만약에 입찰자가 변경이 필요하다고 간주하면, 그들은 물공량 명세서에 있는 항목에 대하여 추가로 포함시킬 필요가 있는 항목과 물공량 명세서에서 생략할 항목을 각각의 물공량 명세서 섹션의 마지막에 포함된 입찰자 조정 별표에 포함시킬 수 있다

3. 입찰자의 조정 별표 안으로 기재된 여하한 추가 또는 생략은 검측되어야 하고 영국토목엔지니어링협회의 토목엔지니어링 검측 방법 제3판(CESMM 3)에 따라 작성되어야 한다.

4. 추가 및 생략을 산정함에 있어서 입찰자는 CESMM 3 이내에서 검측, 정의 및 카버 규칙을 적용한 것으로 간주된다.

5. 입찰자는 모든 물량산출 계산 자료 및 추가 또는 생략 항목을 정당화하기 위하여 엔지니어(감독관)가 필요하다고 간주하는 기타 문서를 제출할 필요가 있다.

5.0 사전 준비

6. 사전 준비에 대한 기성지급은 정당하게 발생한 원가 및 시공자가 물공량 명세서에서 사전 준비 섹션 항목에 대하여 금액을 기입한 것에만 행해진다. 그와 같은 것에 대한 지급은 계약서에 포함된 영구적 공사의 금액처럼 동일한 요율에 따라 비례적으로 지급된다.

7. 추가로 감독관의 자유재량에 따라 시공자에 의하여 물공량 명세서 섹션에서 가격이 산정된 곳에서 보험료 원가 및 이행보증금은 집행되었을 때 전액 지급에 대하여 감독관이 인정한다. 그와 같은 인정은 보다 적은 금액이어야 한다.

(a) The prices given by the Contract in the Preliminaries section of the Bills of Quantities; or

(b) The net reimbursement to the Contractor of the actual cost incurred provided always the Engineer considers such cost to be fair and realistic and such cost shall be exclusive of any profit or Contractor's overhead mark-up.
Where (b) is less than (a) the balance shall be valued for interim payments proportionally with the permanent works as previously described.

8. The following Preliminaries Items will be subject to re-measurement under this Contract:

Bill Page 1/1R1 Items G to M

Bill Page 1/2R1 Items A to M

Bill Page 1/3R1 Items A to I

Bill Page 1/4R1 Items A to R

Bill Page 1/5R1 Items A, C, D, E, G and H

Bill Page 1/6R1 Items A to D

9. Payment for specific items relating to the supply and establishment of accommodation, vehicles, services and equipment for Engineer's staff will not commence until the Engineer has confirmed the satisfactory completion and or handover of such items.

10. Payment for the removal of any such item will be made following satisfactory completion of their removal from site.

6.0 PROVISIONAL SUMS AND PROVISIONAL QUANTITIES

1. Where items of work are noted as Provisional Sums they shall be expended by the Engineer in accordance with the Contract.

2. Where items of work are noted as having a Provisional Quantity the Contractor will execute the works as required by the Contract and the actual quantity of works completed will replace the Provisional Quantity.

(가) 물공량 명세서의 준비 섹션에서 시공자가 제시한 금액

(나) 다만, 감독관이 그와 같은 원가가 공정하다고 간주하고 또한 그와 같은 원가가 어떠한 이윤 또는 시공자의 관리비를 제외했다면 시공자에게 실제적으로 발생한 원가의 상환, (나)가 (가)보다 적으면 차액은 기성 지급을 위하여 전에 기술된 대로 영구적 공사와 함께 비율적으로 금액이 산정된다.

8. 아래의 준비 항목은 본 계약 하에서 재검측받아야 한다.

명세서 페이지	1/1 R1	항목	G에서 M
〃	1/2 R1	〃	A에서 M
〃	1/3 R1	〃	A에서 I
〃	1/4 R1	〃	A에서 R
〃	1/5 R1	〃	A, C, D, E 및 H
〃	1/6 R1	〃	A에서 D

9. 숙박시설의 공급 및 설치, 차량, 감독관의 직원을 위한 용역 및 장비에 관계된 특정 항목에 대한 지급은 감독관이 만족스러운 완공 또는 그와 같은 항목의 인도를 확인할 때까지 개시하지 않는다.

10. 그와 같은 항목의 철거에 대한 지급은 현장으로부터 그들의 철거를 만족스럽게 완료한 후에 행해진다.

6.0 잠정금액 및 잠정물량

1. 공사항목이 잠정금액으로 표시된 곳에서 그것들은 계약서에 의거하여 감독관에 의하여 사용된다.

2. 공사 항목이 잠정적인 물량으로 표시된 곳에서 시공자는 계약에 의하여 요구되는 대로 공사를 시행하고 완공된 공사의 실제 물량은 잠정물량을 대체한다.

7.0 DAYWORKS SCHEDULE

1. Dayworks shall only be applied by instruction of the Engineer. Under no other circumstances will the Contractor evaluate any works on a daywork basis.

   The Tenderer is to complete the Dayworks Schedule in full.

   The Tenderer shall quote hourly unit rates for labour and equipment as specified in the Schedule of Daywork Rates. The rates shall be all inclusive including but not limited to wages, bonuses, overheads, profits, insurances, consumables, transport, materials and the like.

   The rates shall apply to all hours worked regardless of the fact that the works are carried out after normal working hours.

2. Labour

   The unit rates for labour shall include for the cost of wages, accommodation, messing, medical, all insurance required in the General Conditions of Contract, all indemnities and additional payments required under any laws, regulations or orders of the State of Qatar relating to the employment of labour, recruitment, transport and repatriation of expatriate labour, transporting labour to and about the Site, site supervision and staff (including but not limited to Engineers, Project Manager, general foremen, other foremen and chargehands, timekeepers, surveyors and clerks), small tools (including but not limited to picks, shovels, barrows, trowels, ladders, hand saws, buckets, chisels and all items of a like nature), head office and other overhead charges and profit.

3. Plant

   The unit rates for plant shall include for mobilisation and demobilisation, fuel, oil, lubricants, insurance, taxes, operators, drivers, sharpening of tools, points, etc. maintenance, repairs, site supervision, depreciation, head office and other overhead charges and profit.

   The rates will only apply for the time that the plant is engaged on Daywork, and will exclude time lost, through breakdowns, repairs and travel to and from Site.

   Plant not listed will be paid for at hire cost plus the relevant percentage additional to be entered by the Tenderer in the Schedule of Daywork Rates. The hire cost plus the percentage addition will represent the total amount to be paid for such plant.

4. Procurement of Additional Goods and Materialsl

   Additional goods and materials requested by the Engineer and procured by the Contractor shall be paid on actual invoice cost plus reasonable profit.

7.0 일일공사 요율표

1. 일일공사는 감독관의 지시에 의하여 적용된다. 시공자는 기타 상황 하에서 어떠한 공사를 일일공사 기준으로 산정할 수 없다.

   입찰자는 일일공사 요율표를 완전히 완성한다. 입찰자는 일일공사 요율표에서 기술된 대로 기능공 및 장비에 대한 시급을 견적한다.

   요율은 임금, 보너스, 관리비, 이윤, 보험, 소모품, 수송, 자재 및 기타 등을 포함한다.

   요율은 공사가 정상근로시간 후 시행된 것에 관계 없이 근로한 모든 시간에 적용된다.

2. 노동

   노동에 대한 단가는 임금, 숙박, 식사, 의료, 일반조건에서 요구하는 모든 보험, 모든 배상금 및 어떠한 법률, 규칙 또는 카타르 정부의 명령 하에서 요구되는 추가 지급, 노동자의 고용, 채용, 외국인 노동자의 송출 및 재송출, 노동자를 현장에서 현장주변으로 수송, 현장감독 및 직원(감독관, 현장 소장, 총 반장, 기타 반장 및 시간 체크자, 측량사 및 사무원), 소도구(곡괭이, 삽, 손수레, 흙손, 사다리, 쇠톱, 물통, 끌 및 비슷한 종류의 항목을 포함), 본/지사 관리비 및 이윤을 포함한다.

3. 플랜트

   플랜트의 요율 단가는 동원 및 철수, 연료, 오일, 윤활유, 보험, 세금, 운전원, 운전사, 도구의 갈기 등 유지보수, 수리, 현장감독, 감가상각, 본/지사관리비 및 이윤을 포함한다.

   요율은 플랜트가 일일공사에 사용된 시간에만 적용된다. 그리고 고장, 수리, 현장으로 또는 현장에서 이동을 통한 시간 손실은 제외한다.

   열거되지 않은 플랜트는 임차료에 일일공사요율표 안에서 입찰자가 기재한 추가 비율을 더하여 지급된다.

   임차료에 첨가한 추가 비율은 그와 같은 플랜트에 대하여 지급될 총금액을 표시한다.

4. 추가 재화와 자재 구매

   감독관이 요청하고 시공자가 구매한 추가 재화 및 자재는 실제적인 송장(인보이스)원가에 합리적인 이윤을 더하여 지급된다.

Model– 20 INVIATION FOR BIDS

(Letterhead paper of the PLN)

(date)

To :

(name of pre–qualified company)
(address)

Reference : JBIC Loan No. IP–000
AAA Gas Fired Power Plant Extension Project

Dear Sirs,

1. We hereby inform you that your company is one of others being invited to participate for bidding of the AAA Gas Fired Power Plant Extension Project.

2. We now invite you and other pre–qualified bidders to submit sealed bids (Technical Proposal and Price Proposal) for the execution and completion of the cited contract.

3. You may obtain further information, and inspect and acquire documents, at our offices at :

   PT. PLN(Persero) Head Office
   Jl. Trunojoyo Blok M I/135.
   Kebayoran Baru,
   Jakarta Selatan 12160

모델- 20 입찰초청장

(회사 레터 헤드)

날　짜 :

수신자 :

주　소 :

참조번호 : JBIC Loan No. IP-000
AAA 가스 화력발전소 확장 프로젝트

귀하

1. 귀사가 AAA가스 화력발전소 확장 프로젝트의 입찰에 참여하도록 초청받은 회사 중의 하나임을 알려드립니다.

2. 당사는 상기의 거명된 계약 이행 및 준공을 위하여 귀사나 사전자격이 부여된 입찰자들에게 봉인된 입찰서(기술적 제안서 및 가격제안서)를 제출하도록 초청합니다.

3. 귀사는 당 사무소에서 추가 정보를 획득하고 문서를 검사하고 구매할 수 있습니다.

주소 : PT. PLN (Persero) Head Office
Jl. Trunojoyo Blok MI/135
Kebayoran Baru,
Jakarta Selatan 12160

INDONESIA
For the attention : Director of Generation and Primary Energy
c/o Deputy Director for Primary Energy
First Building, Fifth Floor
Facsimile : 62-21-725-1341

4. The Government of Indonesia through its executing agency PT. PLN(Persero) has received an ODA Loan from Japan Bank for International Cooperation, (hereinafter referred to as the JBIC), toward the cost of AAA Gas Fired Power Plant Extension Project, dated July 22, 2003, and intends to apply a portion of the proceeds of the loan to payments under the contract for which this Invitation for Bid is issued. Disbursement of the ODA Loan by JBIC will be subject, in all respects, to the terms and conditions of the Loan Agreement, including the disbursement procedures and the "Guidelines for Procurement under JBIC ODA Loans". No party other than Government of Indonesia shall derive any rights from the Loan Agreement or have any claim to Loan proceeds.

5. JBIC requires that bidders and contractors, as well as Government of Indonesia, under contracts funded with JBIC ODA Loans, observe the highest standard of ethics during the procurement and execution of such contracts. In pursuance of this policy, JBIC ;

(a) will reject a proposal for award if it determines that the bidder recommended for award has engaged in corrupt or fraudulent practices in competing for the contract in question ; and
(b) will recognize a contractor as ineligible, for a period determined by JBIC, to be awarded a contract funded with JBIC ODA Loans if it at any times determines that the contractor has engaged in corrupt or fraudulent practices in competing for, or in executing, another contract funded with JBIC ODA Loans or other Japanese ODA.

Indonesia
For the attention : Director of Generation and Primary Energy
c/o Deputy Director for Primary Energy
First Building, Fifth Floor
Facsimile no. 62-21-725-1341

4. 인도네시아 정부는 그의 집행기관인 PT. PLN(Persero)를 통하여 일본국제협력은행(이제부터 "JBIC"로 칭한다.)으로부터 AAA 가스 화력발전소 확장 프로젝트의 비용에 대한 해외개발 원조자금을 수취하였고 그 차입자금의 일부를 입찰 초청장이 발부된 계약의 대금 지급조로 활용하고자 한다.
모든 면에서 JBIC에 의한 해외개발 원조자금 분배는 분배절차를 포함하여 JBIC 해외개발 원조자금 하에서 구매지침을 적용받게 됩니다.
인도네시아 정부를 제외한 어떠한 당사자도 융자협정으로부터 권리를 주장할 수 없고 또는 융자금을 청구할 수 없습니다.

5. 일본국제협력은행은 입찰자와 시공자 및 인도네시아 정부도 JBIC 해외 원조자금을 지원받는 계약 하에서 그와 같은 계약 획득 및 집행하는 동안에 고도의 윤리기준을 준수할 것을 요구합니다. 이 방침에 순응하여 일본국제협력은행은

가. 만약에 입찰자가 낙찰을 위해 추천된 입찰자가 문제의 계약을 경쟁함에 있어서 부패하거나 사기성 수단을 사용하였다면 제안서를 거절한다.

나. 일본국제협력은행에 의하여 결정된 기간 동안 시공자가 JBIC 해외개발 원조자금 또는 기타의 일본 해외원조자금을 지원받는 다른 프로젝트와 경쟁하거나 집행함에 있어서 부패하거나 사기성 수단을 사용한 것이 적발되면 언제라도 JBIC 해외개발 원조자금을 지원받는 계약을 낙찰하기에 부적격한 자로 간주한다.

6. A complete set of bidding documents may be purchased at the above office, and upon payment of a non-refundable fee of Rp 10,000,000(Indonesian Rupiah Ten Million) starting from August 22,2006.
   The Bid closing time is November 1, 2006, seventy-one(71) days after the issue of the Bid Document.

7. International competitive bidding will be conducted in accordance with Japan Bank for International Cooperation (JBIC) Guidelines.
   A "two envelopes" bidding procedure will be adopted. Bidders are required to submit two (2) sealed envelopes, one containing Technical Proposal and the other containing Price Proposal submitted simultaneously.

8. All bids must be accompanied by a security of a minimum of three millions dollars(US$ 3,000,000) or an equivalent amount in freely convertible currency in accordance with Bid Document, Part 1, Sub-Clause 14.1 and must be delivered by hand or registered mail to the address shown in item No. 3 above, at or before time and date of Deadline for Bid Submission in accordance with Instructions to Bidders.
   The technical proposal will be opened immediately thereafter in the presence of Bidder's representatives who choose to attend.

9. To ensure fair competition, the following rules for the association/Joint Venture shall be followed in general :

(a) Main Bid Proposal (except Alternative) shall be a single price in the financial bid proposal and a single performance guarantee value in the technical bid proposal.
(b) The construction firm(s), which is(are) "solely" or "jointly" and "severally" liable for the entire performance under the contract, shall not be allowed to participate in more than one proposal in any capacity including nominated sub-contractor or association.
(c) A contractor, if acting in the capacity including nominated sub-contractor or association, which is not liable for the entire performance under the contract, may participate in more than one proposal in that capacity.

6. 완전한 입찰문서는 상기의 사무소에서 인도네시아 루피 일천만(환급하지 않음)을 지급하면 구입할 수 있다. 입찰 마감시간은 2006년 11월 1일, 입찰서 발급 이후 71일이다.

7. 국제경쟁 입찰이 일본 국제협력은행 지침에 따라 실시된다.
 "2개의 봉투" 입찰절차가 채택된다. 입찰자들은 2개의 봉인된 봉투를 제출하도록 요구된다. 하나는 기술적 제안서 및 다른 하나는 가격제안서를 동시에 제출한다.

8. 문서, 파트 1, 14조 1항에 따라 최소 미화 3백만 달러 또는 자유롭게 환전할 수 있는 동등한 화폐의 보증서가 수반되어야 하고 입찰자 지시서에 따라서 입찰서 제출 시간 및 마감일 전에 인편으로 또는 항목 3에 제시된 주소로 등기우편으로 전달되어야 한다.
 기술적 제안서는 참석하기를 선택하는 입찰자들의 입회하에 즉시 개봉된다.

9. 공정한 경쟁을 확인하기 위하여 연합/합작사에 대한 아래의 규칙을 일반적으로 따른다.

 가. 주 입찰제안서(대안 제외)는 재무적 입찰제안서에서 단일가격이어야 하고, 기술적 입찰제안서에서 단일 입찰보증이어야 한다.

 나. 단독으로 또는 연대하여 계약 하에서 전체의 이행에 책임이 있는 건설회사(들)는 지명된 하도급자 또는 연합을 포함하여 한 개 이상의 제안에 참여하는 것이 허용되지 않는다.

 다. 본 계약 하에서 전체의 이행을 책임지지 않는 시공자는 지명된 하도급자 또는 연합을 포함하여 한 개 이상의 프로포우절에 참여할 수 있다.

10. Please confirm receipt of this letter immediately in writing by cable or fax. If you do not intend to bid, we would appreciate being so notified also in writing at your earliest opportunity.

Yours truly,

Authorized signature

Name and title

PT PLN(Persero)

10. 본 서한의 수취를 전보 또는 팩시밀리로 즉시 확인하여 주십시오. 입찰에 참여하지 않는다면, 불참한다는 것을 문서상으로 귀측의 편의대로 통지해 주시면 감사하겠습니다.

서명 : ______________________________

이름 및 직책 : ______________________________

PT. PLN(Persero)

부록 용어해설

account : 계좌, 정산

amend : 개정하다.

approval : 승인

arbitration : 중재

articles of incorporation : 정관

as-built drawings : 준공도면

assignment : 양도

at one's discretion : ~의 자유재량으로

at arm's length : 당사자가 서로 독립한 주체로서 거래하는 관계로, 제3자와 거래할 때 적용되는 가격을 사용하는 정상거래를 의미한다.

award : 중재인의 재정

Bill of Exchange : 환어음

Bill of Lading(B/L) : 선하증권

bond : 보증

breach of contract : 계약위반

British Standards(B. S) : 영국 표준

cast in-situ : 현장타설

certificate : 증명서

certificate of origin : 원산지 증명서

certificate of completion : 준공증명서

clean L/C(Letter of Credit) : 클린신용장

certified public accountant(C P A) : 공인회계사

commercial invoice : 상업 송장

confidentiality obligation : 비밀엄수 의무

commencement of works : 착공

completion : 완공, 준공

concept design : 개념 설계

consent : 동의

consideration : 약인, 대가

consortium : 조합, 협회, (국제)차관단, 배우자권

construction management : 건설사업 관리

construction supervision : 건설 감리

contract drawings : 계약도면

contract price : 계약금액

covenant : 맹세, 서약, 신과의 언약

customs duties : 관세

damage : 피해

deed : 날인증서(계약)

delegation : 위임

designate : 지정하다.

defects : 결함, 하자

defects liability period : 하자보수기간

definition : 정의

demobilization : 철수, 동원 해제

default : 해태

disclaim : 부인하다.

discharge : 해제하다.

disputes : 분쟁

documentary L/C(Letter of Credit) : 화환 신용장

drawings : 도면

embankment : 성토

employer : 발주자

endorse : 배서하다.

engineer : 감독관(감리자)

execution : 집행, 이행

extension : 연장

excise : 소비세

expense : 경비

express or implied : 명시적 또는 묵시적으로

final account : 최종 정산

final sum : 최종 정산금액

force majeure : 불가항력

governing law : 준거법

goods and service tax : 재화 및 용역세

heading : 소제목

impose : 부과하다.

income tax : 소득세

indemnity : 면책, 배상

injury : 신체적 또는 재산적 손상

insurance policy : 보험증권

inure to the benefit of : ~에게도 효력이 있다.

jointly and severally : 연대책임으로

joint venture agreement : 합작계약서

job description : 직무기술서

letter of guarantee : 보증서

liability : 법적인 책임

liquidated damages : 지체배상금

limit of indemnity : 면책 한계, 배상 한도

license : 면허

liquidation : 청산

lump sum contract : 정액계약

manuals : 편람

minutes of meeting : 회의록

master schedule : 주공정표

method statement : 작업방법 기술서(진술서)

mobilization : 동원

modify : 수정하다.

negligence : 태만

negotiated contract : 수의계약

nominated subcontractor : 지명된 하도급자

nominated vendor : 지명된 공급자

notice : 통지

notice to proceed : 착공지시서

obligation : 법적인 의무

offer : 청약

offer price : 청약금액

omission : 누락, 생략, 부작위

operation and maintenance(O&M) : 운영 및 유지보수

patent rights : 특허권

packing list(P/L) : 포장 명세서

perform : 이행하다.

performance bond(P/BOND) : 이행보증

prejudice : 침해

preliminaries : 서두(물공량 명세서의 첫 부분)

privilege : 특권(을 주다)

power of attorney(P. O. A) : 위임장

pre-qualification questionnaire (P Q) : 사전자격 질문서

prime cost sums : 통상적으로 물공량 명세서에 있는 항목에 의해 계약서에 포함되어 있는 금액의 총액. 그 금액은 공급자들이 공급하는 자재나 상품에 사용되며 발주자가 지명한 하도급자가 시행하는 공사에 사용된다. 시공자는 입찰단계에서 이 금액에 자신의 이윤을 첨가한다.

priority : 우선순위

proceedings : 소송절차

procurement : 구매, 획득

pro-forma invoice : 견적용 송장

programme : 공정표

promissory note : 약속어음

provisions : 규정

provisional sum : 잠정 금액

provisional quantities : 잠정 물량

quotation : 견적

request for quotation : 견적요청서

request for proposal : 제안요청서

retention money(fund) : 유보금

risk assesment report : 위험평가 보고서

safety performance scheme : 안전 이행계획

schedule : 일정, 공정, 별표, 기차시간표

scope of works : 공사범위

settlement : 해결, 결제, 침하

settlement of disputes : 분쟁의 해결

schedule of rates : 공사 요율표(물공량 명세서가 없고 도면 및 시방서만 있는 경우 시공자가 물량 및 금액을 산출한다)

shop drawings : 제작도면

short list : 입찰자 명단

signature authority : 서명 권한

specification : 시방서, 사양서

statement : 진술서, 성명서

sum : 총금액

surety bond : 이행보증(보증자가 전적인 책임을 진다.)

subbase : 보조기층

taking–over certificate : 인수증명서 (감리자가 발급한다.)

temporary works : 가설공사

temporary facilities : 가설 시설물

tender : 입찰

termination : 해지, 종료

third party liability : 제3자 책임

undertake : 도급하다. 맡다. 보증하다.

unit price contract : 단가계약

value : 가치

valuation : 가치산정(감리자가 현장을 방문하여 육안으로 검측하고 공사의 가치를 산정한다.)

value added tax(V. A. T.) : 부가가치세

variations : 설계변경

warranty : 담보, 보증, 약속

withholding tax : 원천 징수세

without prejudice to any other rights : 다른 권리를 침해하지 않고, 이 조항 하에서 작성된 서한은 법원에서 증거로 사용될 수 없다.(영미법체제하에서 사용됨)

works : 공사

working drawings : 작업도면

workmen's compensation insurance : 근로자 재해 보상보험

김 종 환

1968.3~1973.2	한국외국어 대학교 영어과 졸업(부전공 : 상경학)
1973~1975	육군 제3사관학교 영어교관(ROTC 통역장교)
1975~1978	제일합섬㈜ 수출과
1978~1989	삼성종합건설㈜ 해외자재부 리비아지사, 밀라노지점, 런던구매본부 바그다드 아부그라이브 고속도로 현장
1989~1991	삼성그룹 회장 비서실 파견(삼성인력개발원 교수)
1991~1996	삼성물산㈜ 건설부문 해외영업팀 삼성그룹 해외발전 Task Force팀
1996~1998	㈜한미파슨스 영업 및 계약담당 이사
1998~1999	산업능률연구원 전문위원 (日本의 産能大學과 제휴한 연구원)
1999	㈜HTH 전무
2000~2008	㈜탑경영컨설팅 부사장
2008.3~2008.8	중앙대학교 건설대학원 겸임교수

◈ 사회활동 :

- 경복고 43회 교연회 회원
- 대한민국 육군장교 ROTC 총 동기회 회원
- RIO 11회원 (통역장교 모임)

◈ 저　　서 :

2006.9	실용건설실무영어(기문당)
2008.1	건설계약/공사보험실무영어(기문당)
2008.6	해외건설실무영어회화(기문당)
2009.2	건설수주실무영어(기문당)

◈ 기　　타 :

1989~1993	삼성그룹 관리자 교육(신임과장, 중견과장, 신임부장) 80회 이상 출강
1999~현재	삼성물산 건설부문, 해외건설협회, 한국건설기술인 협회, 대한건설협회, 건설산업교육원, 한양대학교 공학대학원(해외건설전문가 양성 과정) 등 출강
2002.10	삼성인력개발원, 핵심인재 확보 및 유지방안 세미나 발표

건설인을 위한 영문서류 작성법

2009년 8월 25일 1판 1쇄 인쇄
2009년 8월 30일 1판 1쇄 발행

저 자 김 종 환
발 행 인 강 해 작
발 행 처 기 문 당
주 소 서울시 성동구 공명길 39(하왕십리동 966-22)
전 화 02) 2295-6171(대)~5
팩 스 02) 2296-8188
출판등록 1976. 10. 7 (1-44)
홈페이지 http : // 기문당
http : // www.kimoondang.com
I S B N 978-89-6225-168-5 93540
정 가 25,000원